AutoCAD操作教程

Auto CAD CAOZUO JIAOCHENG

主　编○陈勇亮　郭维昭

副主编○陶　亢　陈　刚　徐妍清

参　编○肖　莹　易丽芬

重庆大学出版社

内容简介

本书为适应高等职业教育的发展要求，根据高等职业教育的特点，结合多年教学经验，以及多本AutoCAD书籍撰写经验编写而成。本书中，任务1~8为几何图形绘制、任务9~15为图形的尺寸标注、任务16~21轴测图与三维建模3个篇章。

本书讲解通俗易懂，操作步骤清楚规范，并结合实例演示，适用于高职高专各机械类专业教学用书，也可用于机械行业入门人员参考用书。

图书在版编目(CIP)数据

AutoCAD操作教程/陈勇亮，郭维昭主编.—重庆：重庆大学出版社，2017.2(2021.1重印)

ISBN 978-7-5689-0419-3

Ⅰ.①A… Ⅱ.①陈…②郭… Ⅲ.①AutoCAD软件—高等职业教育—教材 Ⅳ.①TP391.72

中国版本图书馆CIP数据核字(2017)第032964号

AutoCAD操作教程

主　编　陈勇亮　郭维昭

副主编　陶　亢　陈　刚　徐妍清

参　编　肖　莹　易丽芬

策划编辑：彭　宁

责任编辑：文　鹏　　版式设计：彭　宁

责任校对：邬小梅　　责任印制：张　策

*

重庆大学出版社出版发行

出版人：饶帮华

社址：重庆市沙坪坝区大学城西路21号

邮编：401331

电话：(023) 88617190　88617185(中小学)

传真：(023) 88617186　88617166

网址：http://www.cqup.com.cn

邮箱：fxk@cqup.com.cn (营销中心)

全国新华书店经销

重庆华林天美印务有限公司印刷

*

开本：787mm×1092mm　1/16　印张：12　字数：300千

2017年2月第1版　　2021年1月第2次印刷

印数：3 001—4 000

ISBN 978-7-5689-0419-3　定价：39.00元

前言

AutoCAD 是现今使用人数最多的计算机辅助设计软件之一,被广泛应用于机械、建筑、电子等行业,成为工程技术人员必须掌握的设计绘图工具之一。

本书以 AutoCAD 2012 版软件为平台,采用任务式教学的方式编排内容。本书共分几何图形绘制、图形的尺寸标注、轴测图与三维建模 3 篇,共 21 个任务,每个任务都由任务提出、任务引入、任务知识点、任务实施四个部分组成。每个任务精心挑选与任务相关的知识点进行详细讲解和实操过程,供学生训练。

通过本书的学习和训练,学生能掌握 AutoCAD 二维平面设计和三维建模基本知识,达到机械、建筑、电子等工程技术人员对机械制图绘制的要求。本书建议学时为 60 学时。

本书的主要特点如下:

1.每个任务采用知识点和实例相结合,重要命令辅以示例,每个实例的实施包含该任务所有知识点。且每个任务后有拓展图库,以加强练习。

2.所有图样、零件图都采用最新的国标,包括颜色、线型、字体等。

3.任务所选用的图都是精心挑选的简单图形,容易掌握,特别适合没有基础的人作为入门教材。

4.本书任务 1 到任务 8 的学习不需要学生有机械制图基础,学校开设 CAD 课程可在大一上学期进行,解决了学校上下学期教学任务不均衡的问题。

本书由陈勇亮、郭维昭任主编,陶亢、陈刚、徐妍清任副主编,肖莹、易丽芬参编。陈勇亮编写任务 2、任务 3、任务 16、任务 21;郭维昭编写任务 17 至任务 20;陶亢编写任务 4 至任务 7;徐妍清编写任务 8、任务 9;陈刚编写任务 10 至任务 13;

肖莹编写任务 14、任务 15，易丽芬编写任务 1，全书由陈勇亮统稿，由江西工业工程职业技术学院刘小群教授审稿。

由于编者水平有限，书中难免有错误之处，恳请读者批评指正。

编　者

2016 年 11 月

目录

第1篇　几何图形绘制 …… 1
任务1　直线绘制简单平面图 …… 1
知识点1　认识并熟悉AutoCAD软件的工作界面 …… 2
知识点2　图形文件操作 …… 5
知识点3　直线命令 …… 7
知识点4　多段线命令 …… 8
知识点5　放弃和重做命令 …… 8
知识点6　选择对象和删除对象 …… 9
知识点7　快速缩放和平移图形 …… 10
知识点8　绝对直角坐标和绝对极坐标 …… 10
知识点9　相对直角坐标和相对极坐标 …… 10
知识点10　正交模式和极轴追踪 …… 10
任务2　设置图层 …… 12
知识点1　新建图层以及图层颜色、线型、线宽的设定、修改 …… 13
知识点2　图层冻结、打开、锁定等图层状态控制 …… 15
知识点3　设置线型比例 …… 16
知识点4　显示与隐藏线宽 …… 17
任务3　绘制A4图框及标题栏 …… 20
知识点1　偏移命令 …… 20
知识点2　修剪命令 …… 21
知识点3　栅格设定 …… 22
知识点4　设定常用的对象捕捉 …… 23
知识点5　单位的设置 …… 24
知识点6　图形界限的设定 …… 25
知识点7　文字样式设定 …… 26
知识点8　多行文字命令 …… 27

任务 4　绘制手柄零件图…………………………………………… 31
知识点 1　圆命令………………………………………………… 32
知识点 2　圆弧命令……………………………………………… 34
知识点 3　椭圆命令……………………………………………… 35
知识点 4　画切线………………………………………………… 35
知识点 5　画圆弧连接…………………………………………… 36
任务 5　绘制盖板组件俯视图……………………………………… 38
知识点 1　多边形命令…………………………………………… 39
知识点 2　矩形命令……………………………………………… 40
知识点 3　矩形阵列命令………………………………………… 40
知识点 4　环形阵列命令………………………………………… 41
知识点 5　路径阵列命令………………………………………… 42
知识点 6　分解命令……………………………………………… 43
知识点 7　拉长命令……………………………………………… 44
任务 6　绘制拖拉机简图…………………………………………… 46
知识点 1　旋转命令……………………………………………… 47
知识点 2　填充命令……………………………………………… 47
知识点 3　特性命令……………………………………………… 49
知识点 4　延伸命令……………………………………………… 51
任务 7　绘制组合体主视图………………………………………… 53
知识点 1　镜像命令……………………………………………… 54
知识点 2　打断命令……………………………………………… 55
知识点 3　打断于点命令………………………………………… 56
知识点 4　缩放命令……………………………………………… 56
知识点 5　移动命令……………………………………………… 57
任务 8　绘制栅格散热盖板………………………………………… 59
知识点 1　圆角命令……………………………………………… 60
知识点 2　斜角命令……………………………………………… 61
知识点 3　拉伸命令……………………………………………… 62
知识点 4　点的样式与绘制……………………………………… 63
知识点 5　定数分点与定距分点………………………………… 64
拓展练习一　……………………………………………………… 66

**第 2 篇　图形的尺寸标注　**……………………………………… 74
任务 9　标注样式管理器的设置…………………………………… 74

知识点 1　新建制图标注样式…………………………… 75
知识点 2　新建文字水平的标注样式……………………… 82
知识点 3　修改标注样式…………………………………… 83
任务 10　简单尺寸标注 ……………………………………… 84
知识点 1　线性标注………………………………………… 85
知识点 2　对齐尺寸标注…………………………………… 86
知识点 3　半径尺寸标注…………………………………… 86
知识点 4　直径尺寸标注…………………………………… 87
知识点 5　角度尺寸标注…………………………………… 88
任务 11　快速尺寸标注 ……………………………………… 90
知识点 1　基线标注………………………………………… 91
知识点 2　连续标注………………………………………… 92
知识点 3　倾斜标注………………………………………… 93
知识点 4　合并命令………………………………………… 94
任务 12　标注样式替代 ……………………………………… 96
知识点 1　样式替代的设定………………………………… 97
知识点 2　样式替代的修改………………………………… 99
任务 13　块操作……………………………………………… 102
知识点 1　块定义属性 …………………………………… 103
知识点 2　创建块 ………………………………………… 104
知识点 3　插入块 ………………………………………… 106
任务 14　公差的标注………………………………………… 108
知识点 1　对称尺寸公差的标注 ………………………… 110
知识点 2　极限偏差的标注 ……………………………… 112
知识点 3　形位公差的标注 ……………………………… 113
知识点 4　引线命令 ……………………………………… 114
任务 15　参数化绘图………………………………………… 117
知识点 1　使用几何约束绘图 …………………………… 118
知识点 2　标注约束 ……………………………………… 120
知识点 3　自动约束与删除约束 ………………………… 121
拓展练习二 …………………………………………………… 124

第 3 篇　轴测图与三维建模 ……………………………… 128
任务 16　轴测图绘制及标注………………………………… 128
知识点 1　设置轴测图绘图环境 ………………………… 129

知识点 2　正等轴测图的椭圆的绘制 ……………… 130
知识点 3　轴测图的标注 ……………………………… 130
任务 17　三维建模绘图环境介绍……………………… 135
知识点 1　三维视图方向 ……………………………… 137
知识点 2　切换与管理视口 …………………………… 140
知识点 3　视觉样式 …………………………………… 142
知识点 4　三维动态观察 ……………………………… 144
知识点 5　用户坐标系 ………………………………… 144
任务 18　绘制梯子实体图形…………………………… 147
知识点 1　基本三维实体的绘制 ……………………… 148
知识点 2　创建面域 …………………………………… 150
知识点 3　布尔运算 …………………………………… 151
知识点 4　边界命令 …………………………………… 153
知识点 5　拉伸命令 …………………………………… 154
任务 19　绘制组合体实体图形………………………… 158
知识点 1　剖切命令 …………………………………… 159
知识点 2　压印命令 …………………………………… 161
知识点 3　抽壳命令 …………………………………… 161
知识点 4　三维移动 …………………………………… 163
知识点 5　三维旋转 …………………………………… 164
知识点 6　三维阵列 …………………………………… 164
任务 20　绘制零件实体图形…………………………… 167
知识点 1　旋转命令 …………………………………… 168
知识点 2　倒角边命令 ………………………………… 169
知识点 3　圆角边命令 ………………………………… 171
知识点 4　三维对齐 …………………………………… 172
知识点 5　三维镜像 …………………………………… 173
任务 21　输出与打印 AutoCAD 文件 ………………… 177
知识点 1　输出图形 …………………………………… 178
知识点 2　打印图形 …………………………………… 178
拓展练习三 ……………………………………………… 183

第 1 篇
几何图形绘制

任务1　直线绘制简单平面图

【学习目标】

1 ·认识并熟悉AutoCAD软件的工作界面
2 ·掌握图形文件的操作
3 ·会使用直线命令
4 ·会使用多段线命令
5 ·会使用放弃和重做命令
6 ·能灵活使用选择对象方式和删除对象
7 ·会快速缩放和平移图形
8 ·掌握绝对直角坐标和绝对极坐标和绘图方法
9 ·掌握相对直角坐标和相对极坐标的绘图方法
10 ·掌握正交模式和极轴追踪的设置方法

【任务提出】

绘制如图 1.1 所示的简单平面图形。要求：
- 采用 1∶1 的比例绘图。
- 外部轮廓线线宽为 0.5 mm，内部轮廓线线宽为默认线宽，不标注尺寸。

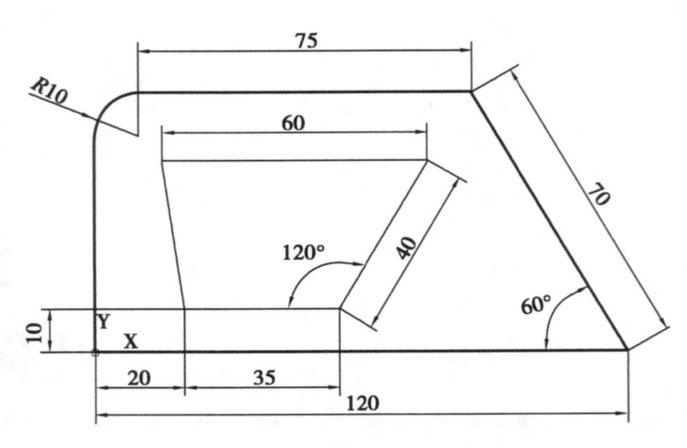

图 1.1　简单平面图形

【任务引入】

要学习使用 AutoCAD 软件绘制简单的平面图形，先要从认识并熟悉 AutoCAD 软件的工作界面和绘图环境开始，可从直线、多段线等简单绘图命令及撤销、重做、对象选择、删除等简单的编辑命令入手。

【任务知识点】

知识点 1　认识并熟悉 AutoCAD 软件的工作界面

要完成本次任务，首先要熟悉 AutoCAD 程序的启动、关闭、退出，熟悉如图 1.2 所示的 AutoCAD工作界面基本布局。

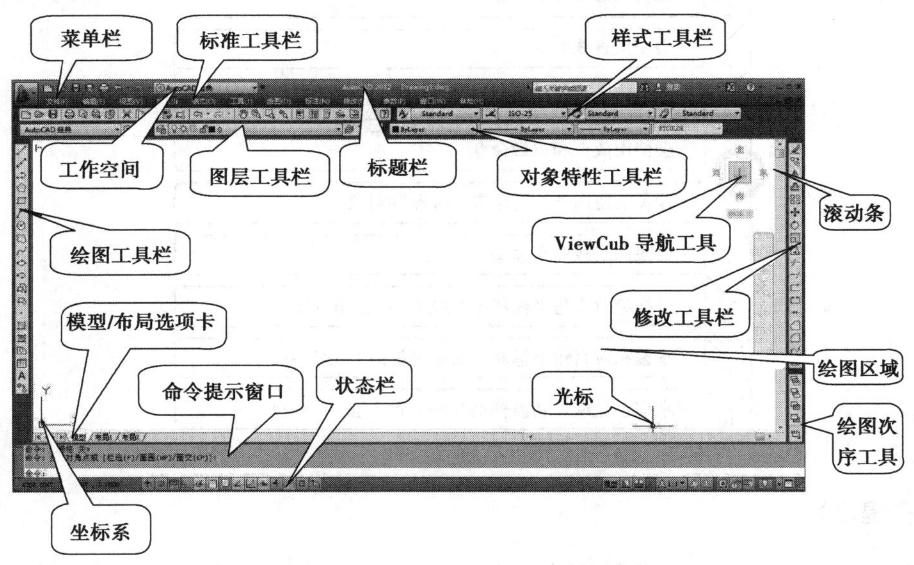

图 1.2　AutoCAD××××工作界面

(1)启动 AutoCAD 程序

单击 Windows 任务栏上的“开始”按钮，选“所有程序”选项，从级联菜单中依次选择 Autodesk/AutoCAD××××-Simplified Chinese/AutoCAD××××，或双击桌面上 AutoCAD××××的快

捷图标，启动 AutoCAD 程序，进入 AutoCAD 绘图工作界面，如图 1.2 所示，包括标题栏、菜单栏、工具栏、命令提示窗口、状态栏、绘图区域等。

（2）标题栏

标题栏位于 AutoCAD 工作界面的最上方，标题栏的最左边为程序图标，显示了系统目前正在运行的 AutoCAD 应用程序和用户正在使用的图形文件名称，默认的文件名称为 Drawing1.dwg，如图 1.2 所示。

（3）菜单栏

菜单栏位于标题栏的下方，包括“文件”“编辑”“视图”“插入”“格式”“工具”“绘图”“标注”“修改”“参数”“窗口”“帮助”菜单项，如图 1.3 所示。

文件(F)　编辑(E)　视图(V)　插入(I)　格式(O)　工具(T)　绘图(D)　标注(N)　修改(M)　参数(P)　窗口(W)　帮助(H)

图 1.3　菜单栏

菜单采用下拉式的，单击其中某一菜单项，会显示其下拉菜单，如图 1.4 所示，单击下拉菜单中的命令执行相应的操作。通过菜单栏能执行 AutoCAD 的大部分命令。

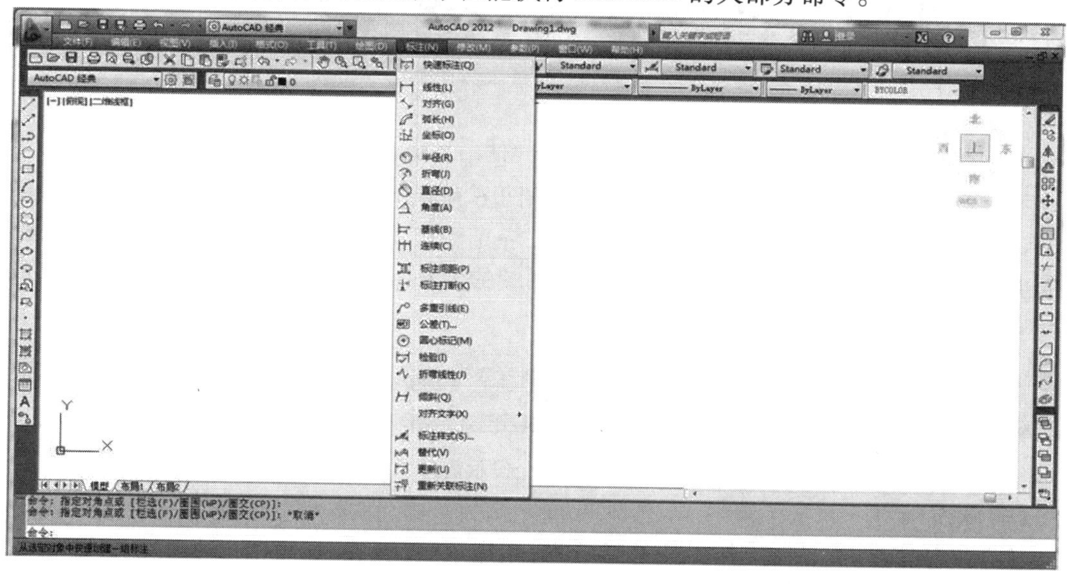

图 1.4　“标注”菜单及下拉菜单

（4）工具栏

工具栏是 AutoCAD 所有工具按钮的集合，其中包括“标准”工具栏、“图层”工具栏、“对象特性”工具栏、“绘图”工具栏、“修改”工具栏等共计 53 个工具栏，一般系统默认打开的工具栏有“标准”工具栏、“图层”工具栏、“对象特性”工具栏、“绘图”工具栏、“修改”工具栏、“样式”工具栏、“绘图次序”工具栏。将光标移至某个工具栏按钮上时，1～2 秒钟后会显示相应的工具按钮名称，单击按钮就可以执行相应的命令。在任意工具栏上单击鼠标右键就可从快捷菜单中选择需要的工具栏并打开，打开的工具栏可以采用浮动或固定方式放置。若采用浮动方式放置，可以放置在绘图区域的任意位置；若采用固定方式放置，可放置在绘图区域的任一边，将鼠标移至某工具栏的非按钮区，按住鼠标左键出现虚线框时拖动，就可以将相应的工具栏拖动到新的位置放置，如图 1.5 所示。

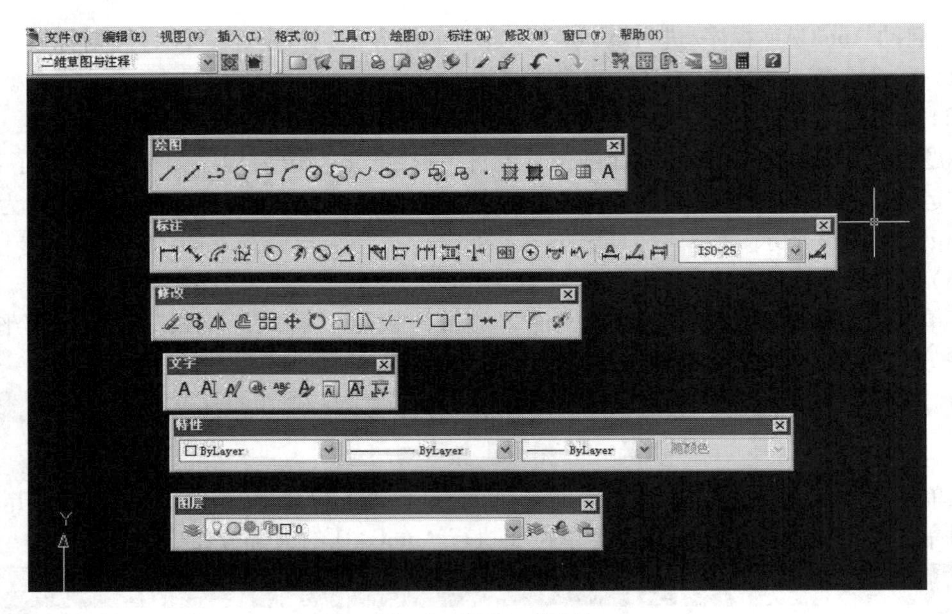

图 1.5　任务工具栏

(5)命令提示窗口

命令提示窗口默认位于“绘图区域”的下方,是用户输入命令和显示命令及命令的执行过程、系统变量、命令选项、信息和提示的区域如图 1.6 所示。命令提示窗口可以扩大或缩小显示,将光标放在命令窗口与绘图区域的分界处,待光标形状变成上下箭头形状后按住鼠标左键向上或向下拖动就可以调整命令提示窗口区域的大小,也可按功能键 F2 进行命令提示窗口与文本窗口的转换。

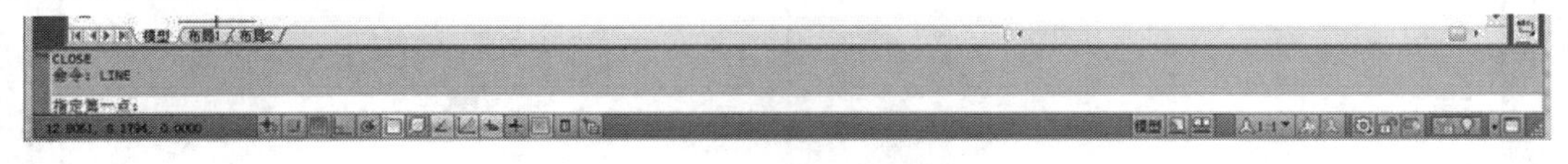

图 1.6　命令提示窗口

(6)状态栏

状态栏位于 AutoCAD 工作界面的最下方,左边数字显示的是绘图区中光标定位点的 X、Y、Z 坐标值,如 4708.6047, 162.2997, 0.0000 。中间部分依次为:“约束”“捕捉”“栅格”“正交”“极轴追踪”“对象捕捉”“三维对象捕捉”“对象捕捉追踪”“允许/禁止动态 UCS”“动态输入”“显示/隐藏线宽”“显示/隐藏透明度”“快捷特性”“选择循环”共 14 个功能开关按钮,单击这些开关按钮,可以辅助绘图人员完成图形的精确绘图。右边为状态托盘,集中了一些常见的显示工具和注释工具,通过这些工具可以控制图形或绘图区域的状态,显示的依次是:“3 个模型或图纸空间”“快速查看布局”“快速查看图形”“注释比例”“注释可见性”“自动添加注释”“切换工作空间”“锁定”“硬件加速”“隔离对象”“应用程序状态栏菜单”“全屏显示”。

(7)绘图区域

绘图区域在整个 AutoCAD 工作界面的中间大片空白区域,也可称为绘图窗口,类似于绘图图纸,是用户使用 AutoCAD 绘制、编辑、显示所绘图形的区域。

知识点2　图形文件操作

常用的图形文件操作主要有新建图形文件、打开图形文件、保存图形文件、关闭图形文件、退出程序等。

(1)新建图形文件

【命令启动方法】

- 菜单栏:“文件”→“新建”
- 工具栏:单击“标准”工具栏上的按钮
- 命令:NEW 或<组合键>Ctrl+N

【操作方法】

输入“NEW”→空格→“选择样板”对话框中以系统样板文件“Acadiso.dwt”创建新文件“Drawing1.dwg”→单击“打开”按钮,如图1.7所示。

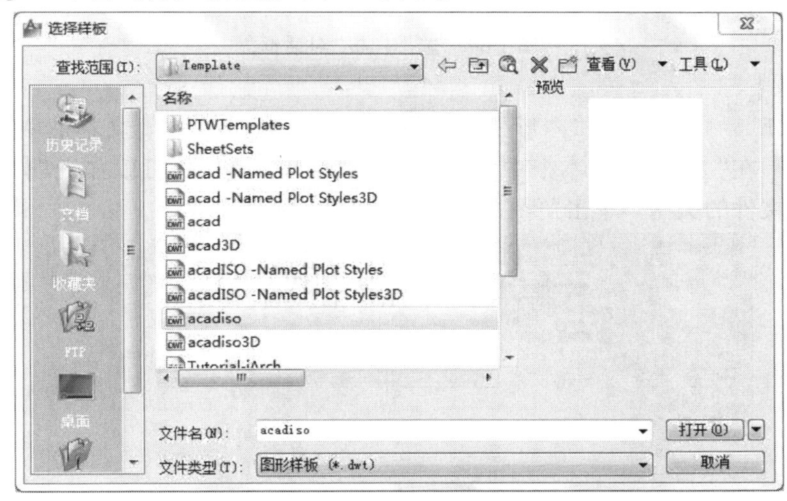

图1.7　“选择样板”对话框

(2)打开图形文件

【命令启动方法】

- 菜单栏:“文件”→“打开”
- 工具栏:单击“标准”工具栏上的按钮
- 命令:OPEN 或<组合键>Ctrl+O

【操作方法】

输入“OPEN”→空格(弹出“选择文件”对话框)→在“文件类型”下拉列表中选择.dwg或.dwt文件→在该对话框的图形文件列表框选中要打开的图形文件→单击“打开”按钮,如图1.8所示。

(3)保存图形文件

【命令启动方法】

- 菜单栏:“文件”→“保存”
- 工具栏:单击工具栏上的按钮
- 命令:SAVE(或QSAVE)或<组合键>Ctrl+S

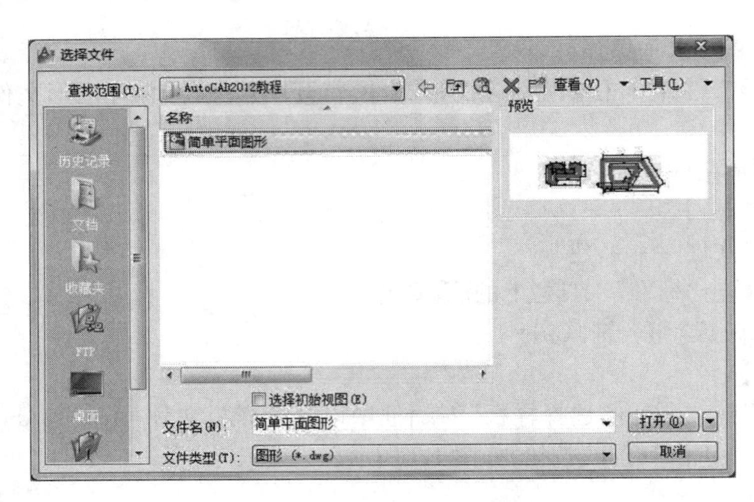

图 1.8 “选择样板”对话框

【操作方法】

输入“SAVE”→空格(弹出“图形另存为”对话框)→在“保存于”文本框中为图形文件指定保存的路径→在“文件名”文本框中为图形文件指定文件名,也可以在“文件类型”下拉列表中选择保存文件的类型→单击“保存”按钮,如图 1.9 所示。

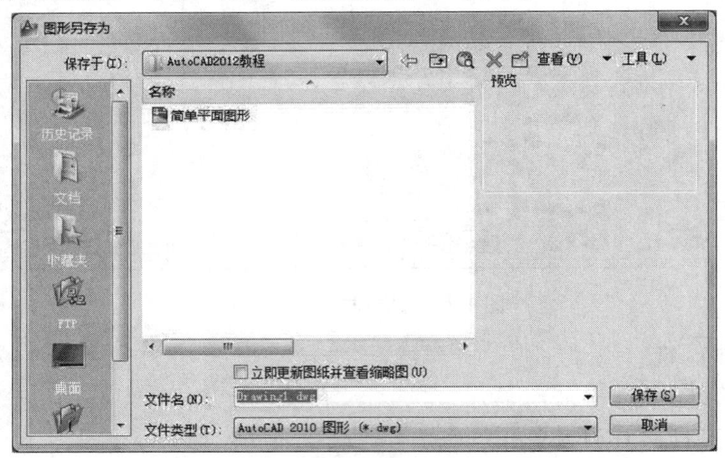

图 1.9 “图形另存为”对话框

为防止断电或计算机系统故障导致丢失所绘图形内容,可将图形文件设置自动保存功能,利用系统变量 SAVETIME 指定间隔时间,如图 1.10 所示。

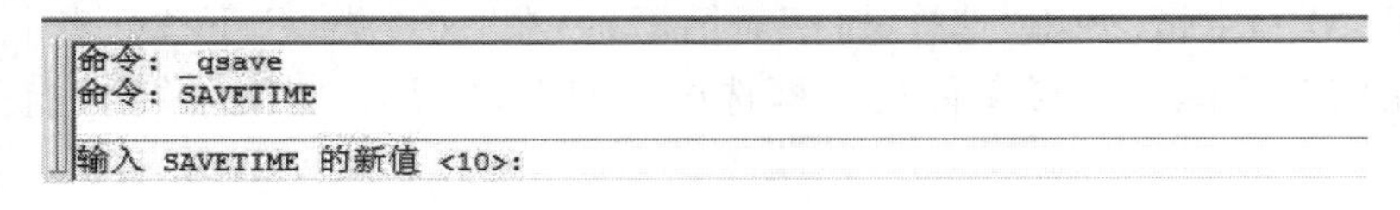

图 1.10 SAVETIME 系统变量

(4)关闭图形文件

【命令启动方法】

- 菜单栏:“文件”→“关闭”
- 图形文件标题栏:单击☒按钮

- 命令:CLOSE

(5)退出程序

【命令启动方法】

- 菜单栏:“文件”→“退出”
- 程序标题栏:单击按钮
- 命令:QUIT(或 EXIT)或<组合键>Ctrl+Q

知识点 3　直线命令

【功能】

直线是二维图形最常用的元素之一,多用在绘制图形轮廓线。

【命令启动方法】

- 菜单栏:“绘图”→“直线”
- 工具栏:单击“绘图”工具栏中的按钮
- 命令:LINE 或<快捷键>L

【操作方法】

- 方法一　输入“L”→空格→指定第一点(输入直线段的起点坐标或用鼠标指定一点)→指定下一点→指定下一点(依次执行下去)→C(闭合)或 ESC(退出)。
- 方法二　输入“L”→空格→指定第一点(输入直线段的起点坐标或用鼠标指定一点)→移动鼠标拉出直线方向→输入直线长度→空格→移动鼠标拉出直线方向→输入直线长度→空格(依次执行下去)→C(闭合)或 ESC(退出)。

【命令选项】

- 闭合(C):系统会自动连接起始点和最后一个端点,从而绘制出封闭的图形。
- 放弃(U):放弃前一次操作绘制的直线段,删除直线序列中最近绘制的直线段,多次输入“U”将按绘制次序的逆序逐个删除直线段。

【实例】

用直线命令绘制图 1.11 所示平面图形,不标注尺寸。

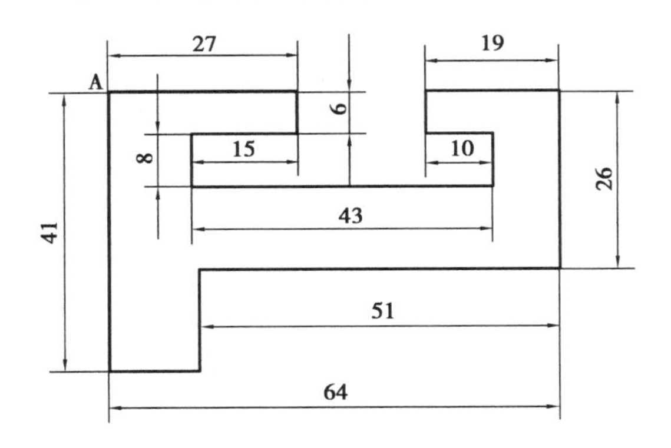

图 1.11　平面图形

操作步骤:

输入“L”→空格→鼠标任意单击一点→F8(打开正交模式)→41(输入前鼠标向下拉出方向)→空格→13(输入前鼠标向右拉出方向)→空格→15(输入前鼠标向上拉出方向)→空

格→51(输入前鼠标向右拉出方向)→空格→26(输入前鼠标向上拉出方向)→空格→19(输入前鼠标向左拉出方向)→空格→6(输入前鼠标向下拉出方向)→空格→10(输入前鼠标向右拉出方向)→空格→8(输入前鼠标向下拉出方向)→空格→43(输入前鼠标向左拉出方向)→空格→8(输入前鼠标向上拉出方向)→空格→15(输入前鼠标向右拉出方向)→空格→6(输入前鼠标向上拉出方向)→空格→C(闭合)。

知识点 4　多段线命令

【功能】

绘制由直线段或圆弧组合连接而成的复杂图形。

【命令启动方法】

- 菜单栏:“绘图”→“多段线”
- 工具栏:单击“绘图”工具栏上的按钮
- 命令:PLINE 或<快捷键>PL

【操作方法】

输入“PL”→空格→指定多段线的起点→空格→指定下一个点或［圆弧(A)/半宽(H)/长度(L)/放弃(U)/宽度(W)］→指定下一点(依次执行下去)→ESC。

【命令选项】

- 圆弧(A):系统会切换为绘圆弧方式,并提示:指定圆弧的端点或［角度(A)/圆心(CE)/闭合(CL)/方向(D)/半宽(H)/直线(L)/半径(R)/第二个点(S)/放弃(U)/宽度(W)］。
- 半宽(H):指定从宽多段线线段的中心到其一边的宽度。
- 长度(L):在与前一线段相同的角度方向上绘制指定长度的直线段。
- 放弃(U):放弃最近一次添加到多段线上的一段线。
- 宽度(W):指定下一段线段的宽度。
- 闭合(C):系统会自动连接起始点和最后一个端点,从而绘制出封闭的图形。

【实例】

用多段线命令绘制图 1.12 所示的多段线。

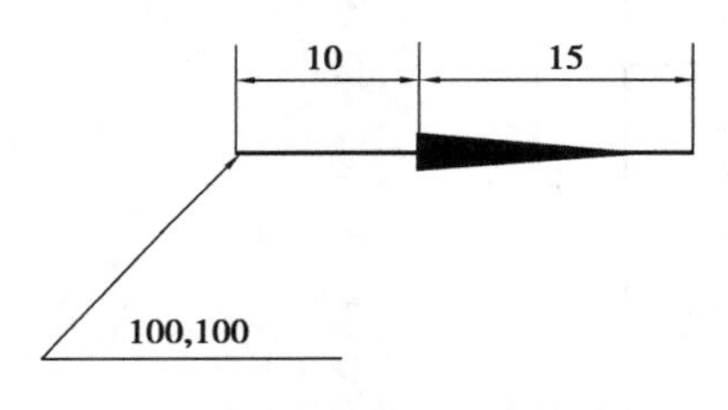

图 1.12　多段线的绘制宽度

操作步骤:

①输入“PL”→空格→输入“100,100”→空格。

②设置箭线线宽,输入“W”→空格→0.5(指定起点宽度)→空格→0.5(指定端点宽度)→空格。

③绘制箭线,输入“10”(输入前鼠标向右拉出方向)→空格。

④设置箭头线宽,输入“W”→空格→2(指定起点宽度)→空格→0(指定端点宽度)→空格。

⑤绘制箭头,输入“15”(输入前鼠标向右拉出方向)→空格。

知识点 5　放弃和重做命令

(1)放弃命令

【功能】

在命令执行的任何时刻都可以取消或终止命令的执行。

【命令启动方法】

● 菜单栏:“编辑”→“放弃”

● 工具栏:在标准工具栏中单击按钮

● 命令:UNDO 或<快捷键>U 或<组合键>Ctrl+Z

(2)重做命令

【功能】

重做刚用放弃命令所放弃的命令操作。

【命令启动方法】

● 菜单栏:“编辑”→“重做”

● 工具栏:单击标准工具栏上的按钮

● 命令:REDO

知识点 6　选择对象和删除对象

(1)选择对象

【功能】

选择需要编辑的对象。

【命令启动方法】

● 命令:SELECT

【操作方法】

SELECT→空格→选择要编辑的对象。

● 方式一:点。

直接通过点取的方式选择对象。用鼠标移动拾取框到要选择的对象上,然后单击鼠标左键,就可选中所需对象并虚像显示。

● 方式二:窗口(W)。

按住鼠标左键自左往右拖动,由两个对角点确定矩形窗口范围,全部在矩形窗口内的对象被选中并虚像显示,与矩形窗口边相交的对象不会被选中。

● 方式三:窗交(C)。

按住鼠标左键自右往左拖动,由两个对角点确定矩形窗口范围,全部在矩形窗口内及与矩形窗口相交的对象都会被选中并虚像显示。

(2)删除对象

【功能】

删除选中的对象。

【命令启动方法】

● 菜单栏:“修改”→“删除”

● 工具栏:单击“修改”工具栏上的按钮

● 命令:ERASE 或<快捷键>E

【操作方法】

● 方法一:E→空格→选择要删除的对象→空格。

● 方法二:选择要删除的对象→E→空格。

知识点 7　快速缩放和平移图形

(1)快速缩放

【功能】

将图形对象快速完成缩放,在当前绘图区域能观察到全部图形对象。

【操作方法】

双击鼠标中间的滚轮,可以快速使绘图区域绘制的图形全部显示在屏幕内。小滚轮向上滚动,视角拉近,图形显示变大;小滚轮向下滚动,视角变远,图形显示变小。

(2)平移图形

【功能】

将在当前视口以外的图形部分移动进视口进行查看或编辑,但不改变图形的缩放比例。

【命令启动方法】

- 菜单栏:“视图”→“平移”
- 工具栏:单击“标准”工具栏上的按钮
- 快捷菜单:在绘图区域内单击鼠标右键→平移
- 命令:PAN

【操作方法】

按住鼠标中间的滚轮拖动鼠标。

知识点 8　绝对直角坐标和绝对极坐标

【功能】

用绝对直角坐标和绝对极坐标输入方法确定点的位置,以精确确定某个对象。

【操作方法】

绝对直角坐标输入格式:“X,Y”,X 与 Y 中间用逗号隔开,如“100,100”表示当前点相对坐标原点的位置相对位移为(100,100)。

绝对极坐标输入格式:“长度<角度”,如“40<60”表示该点位置相对坐标系原点的距离为 40,与坐标系原点连线相对水平线的夹角为 60°。

知识点 9　相对直角坐标和相对极坐标

【功能】

用相对直角坐标和相对极坐标输入方法确定点的位置,以精确确定某个对象。

【操作方法】

相对直角坐标输入格式:@ X,Y,如@ 100,100 表示当前点相对前一点的位置相对位移为(100,100)。

相对极坐标输入格式:@ 长度<角度,如@ 40<60 表示该点位置相对前一点的距离为 40,与前一点连线相对水平线的夹角为 60°。

知识点 10　正交模式和极轴追踪

(1)正交模式

【功能】

快速画出水平线、垂直线。

【命令启动方法】

- 状态栏:单击状态栏上的按钮

• 命令:ORTHO 或<功能键> F8

【操作方法】

按功能键 F8 打开或关闭正交模式。

(2)极轴追踪

【功能】

具有自动追踪功能,可用于快速画出水平线、垂直线、与水平线成任意角度的倾斜线。

【命令启动方法】

• 状态栏:单击状态栏上的按钮。

• 功能键:F10

【操作方法】

按功能键 F10 打开或关闭极轴追踪;在按钮上单击鼠标右键→设置(弹出“极轴追踪”选项卡)→完成极轴角设置→单击“确定”按钮,弹出“极轴追踪”选项卡如图 1.13 所示。

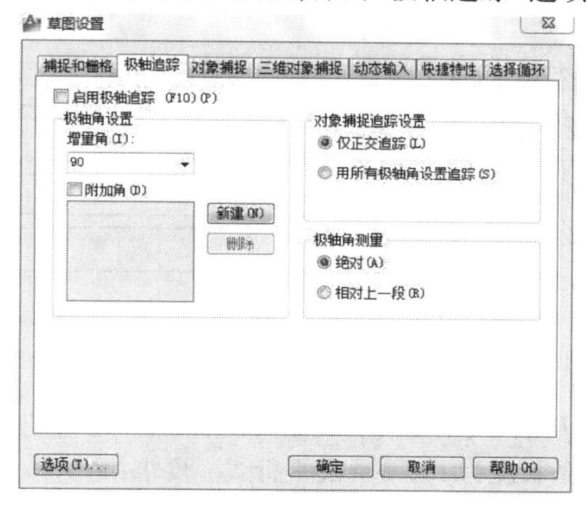

图 1.13　“极轴追踪”选项卡

【任务实施】

01 在菜单栏中选择“文件”→“新建”命令,新建空白文档。

02 使用多段线命令,绘制图 1.14 所示简单平面图中 120,70,75,R10 等外部轮廓线段。

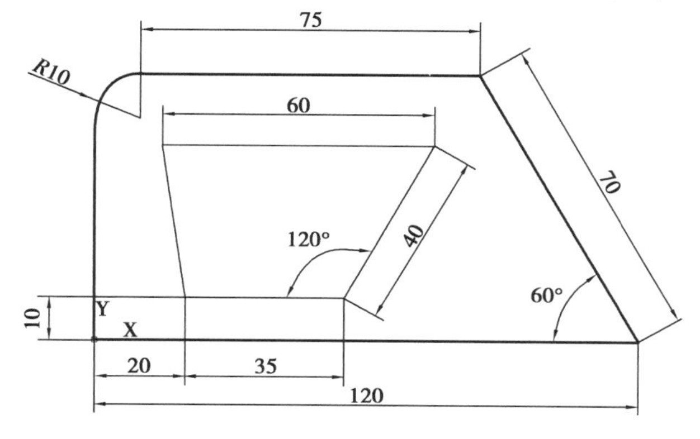

图 1.14　简单平面图形

输入“PL”→空格→0,0(确定 A 点坐标)→空格→W→空格→0.5→空格→0.5→空格→120,0→空格→F10(打开极轴追踪)→设置极轴追踪的增量角为 120°→确定→在 120°方向出现虚亮显示时输入:“70”→空格→F8(打开正交模式)→75(输入前鼠标向左拉出方向)→空格→A→空格→@ -10,-10→空格→C(闭合)。

03 使用直线命令,绘制图 1.14 所示简单平面图中 35,40,60 等内部轮廓线段。输入“L”→空格→20,10→空格→55,10→空格→@ 40<60→空格→@ -60,0→空格→C(闭合)。

04 使用 Save 命令将文档保存为“任务一.dwg”。

任务 2　设置图层

【学习目标】

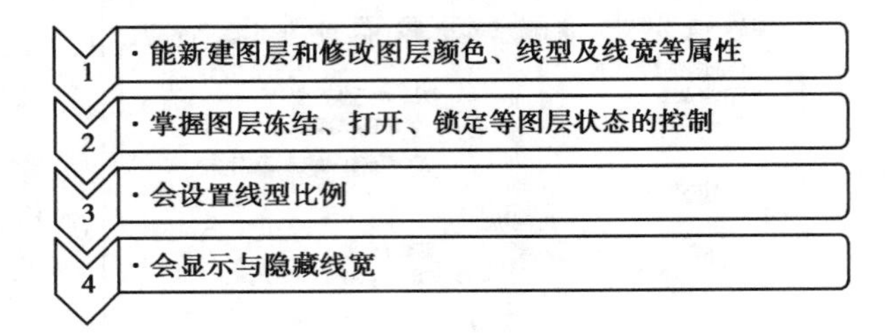

【任务提出】

根据表 2.1 要求的图层名、线型、颜色、线宽设置图层,并且在粗实线层、细实线层、点划线层、虚线层下分别绘制四条长度为 100 mm 的平行线。要求:

- 将粗实线设定为当前层。
- 打开显示线宽。
- 将点划线层锁定。

表 2.1　学生常用图层设置

No	图层名	图线形式	图层颜色	线宽	应用举例
01	粗实线	————————	品红	0.7/0.5	可见轮廓线、可见过渡线
02	细实线	————————	白	0.35/0.25	尺寸线、尺寸界线、剖面线
03	虚线	- - - - - - - - - - - - -	黄	默认	不可见轮廓线、不可见过渡线
04	细点划线	—·—·—·—	红	默认	轴线、对称中心线、节圆和节线
05	标注	————————	绿	默认	标注尺寸
06	文字	————————	绿	默认	书写技术要求等文字

【任务引入】

一台机器的装配图包括一般零件、标准件、常用件等,每一个图形或每一个零件就是一个逻辑意义上的层。即使是在同一张图纸上画一个零件的图形,也有线型(粗实线、点划线、虚线等)、颜色的不同。用户在设计时,可以把不同的图形(或线型、颜色)分别绘在不同的图层上,这样可以单独对所需要修改的图层进行修改,不影响其他图层。

【任务知识点】

知识点1　新建图层以及图层颜色、线型、线宽的设定、修改

【功能】

图层是用户管理的强有力工具。AutoCAD默认图层为0层,当用户绘图全部在0层操作,则所绘元素的线型、颜色、线宽则完全相同,会使后续修改及读图带来极大的不便。用户可根据需要划分为不同的图层,则会使图形信息更清晰、更有序,为以后修改、观察及打印图样带来很大便利。学生作业中的机械图样通常为粗实线层、细实线层、点划线层、虚线层、标注层及文字层等。

【命令启动方法】

- 菜单栏:"格式"→"图层"
- 工具栏:单击"图层"工具栏上的按钮
- 命令:LAYER或<快捷键> LA

【操作方法】

左键单击按钮,打开"图层特性管理器"对话框,如图2.1所示。

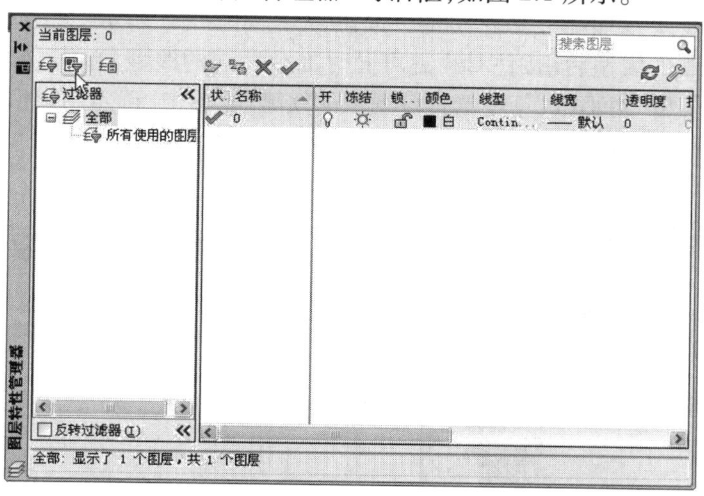

图2.1　图层特性管理器

- 新建图层:左键单击按钮,输入图层名即可以新建图层,或者在名称列表单击右键来新建一个图层,如图2.2所示。学生绘图可设置粗实线(csx)、细实线(xsx)、点划线(dhx)、虚线(xx)、文字(wz)、尺寸标注(dim)6个图层,其中,打绿色标记"√"为当前图层,如图2.3所示。

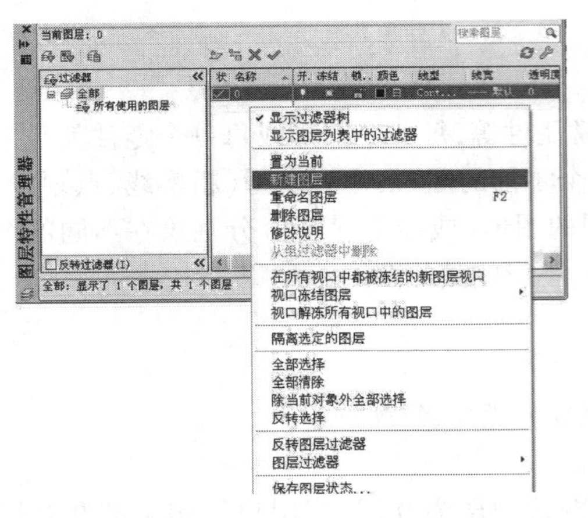

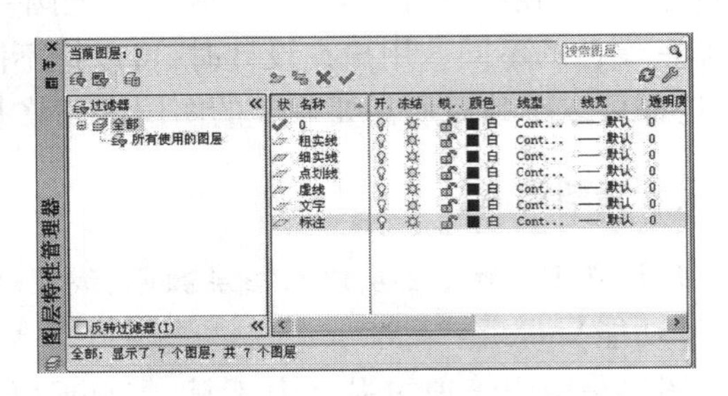

图 2.2　新建图层

图 2.3　学生绘图用图层

• 重命名图层：在图层列表框中双击所选图层的名称（默认图层名按次序依次排为图层1、图层 2……），可为图层重命名，也可在名称列表中单击右键来重命名图层。0 图层不可重命名。

• 设置图层颜色：图层的颜色是指在该层上绘制图形对象时采用的颜色，每一个图层都有相应的颜色。单击“图层特性管理器”对话框中“颜色”列表下的小方块■，弹出“选择颜色”对话框，如图 2.4 所示。该对话框中有 3 个选项卡，分别为“索引颜色”“真彩色”和“配色系统”。这是系统的 3 种配色方法，用户可以根据不同的需要使用不同的配色方案为图层设置颜色，通常可根据表 2.1 来设置图层颜色。

• 设置图层的线型：在图层列表框中单击所选图层的默认实线线型名 Continuous，弹出如图 2.5 所示“选择线型”对话框；单击“加载”按钮，弹出如图 2.6 所示“加载或重载线型”对话框，从中选择要加载的线型后（按住 Ctrl 键可同时加载所需的线型）单击“确定”按钮，返回如图 2.5 所示“选择线型”对话框，从中选择该图层的线型后，单击“确定”按钮即可。

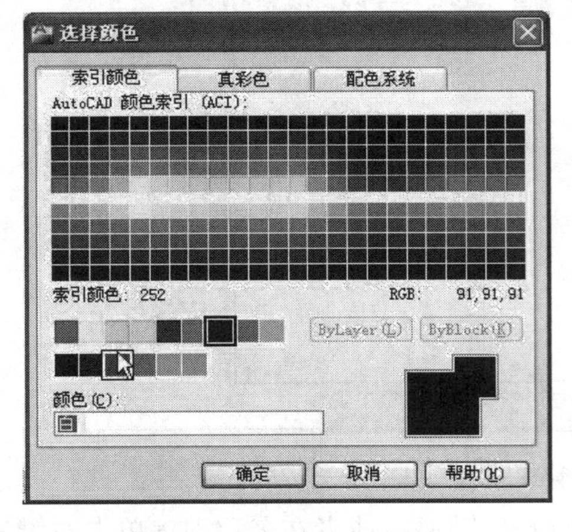

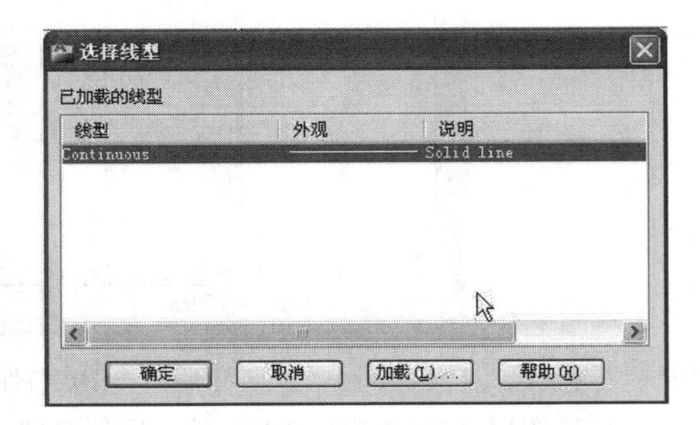

图 2.4　“选择颜色”对话框

图 2.5　“选择线型”对话框

• 设置图层的线宽：在图层列表框中单击所选图层的线宽栏“默认”，弹出如图 2.7 所示“线宽”对话框，从中选择该图层的线宽。一般 A4 图的粗实线图层的线宽取 0.7 mm 或 0.5 mm，细实线取粗实线一半，其他图层取默认值。

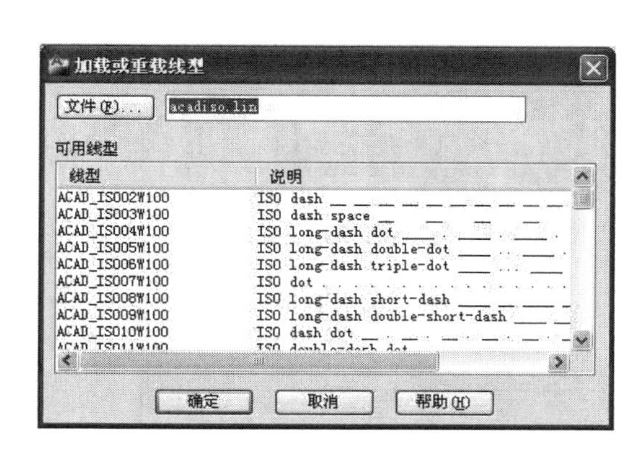

图 2.6　“加载或重载线型”对话框

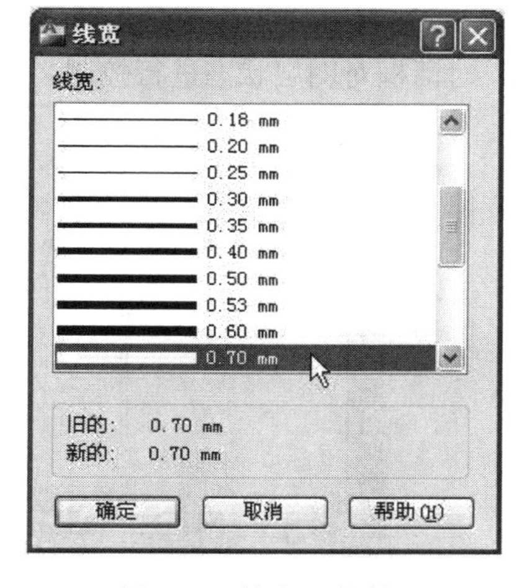

图 2.7　“线宽”对话框

单击“图层特性管理器”对话框左上方标题行上的控制按钮 ,关闭该对话框。

● 删除图层:选择要删除的图层(变蓝即为选中),如图 2.8 所示。右键单击被选中图层,左键单击“删除图层”,即可删除。但如下几种图层不能删除:0 层、Defpoints 层、当前图层、包含对象的图层、依赖外部参照的图层。

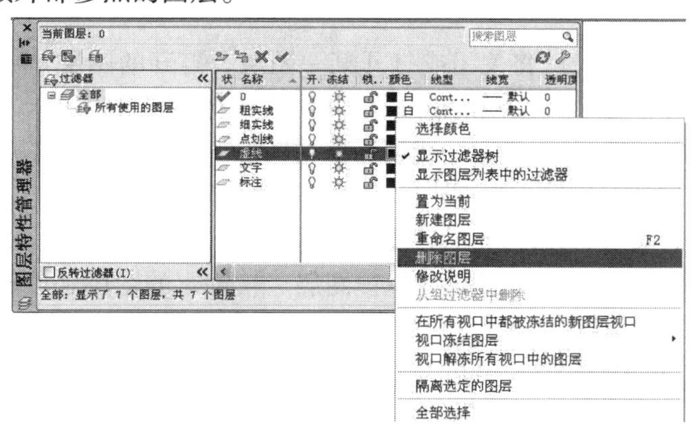

图 2.8　删除图层

● 置为当前:将某一图层设置为当前图层。

方法一:用绘图命令绘制的对象都产生在当前层上,当前层只有一个。若要把某一层定为当前层,只要先选中该层,然后单击“置为当前层”图标 ,单击“确定”按钮。

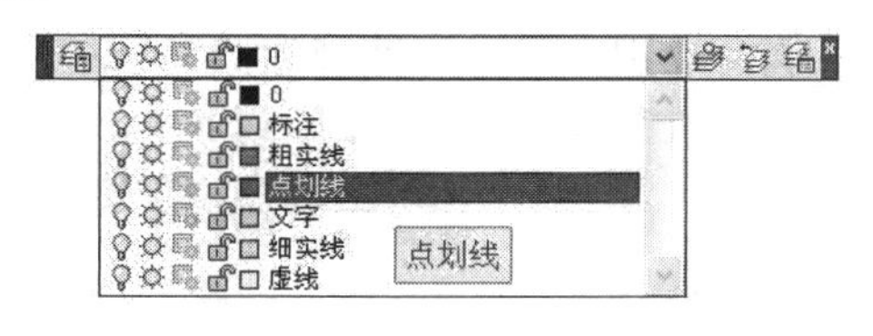

图 2.9　图层置为当前

方法二:单击“对象特性”工具栏中的层下拉列表按钮,便显示所建的全部层,如图 2.9 所示,单击所需的层名,即成为当前层。

知识点 2　图层冻结、打开、锁定等图层状态控制

【功能】

如果工程图样包含大量信息且有很多图层,则用户可通过控制图层状态使编辑、绘制和观察等工作变得更方便一些。图层状态主要包括打开与关闭、冻结与解冻、锁定与解锁、打印

与不打印等，系统用不同形式的图标表示这些状态，如图 2.10 所示。用户可通过“图层特性管理器”对话框对图层状态进行控制。

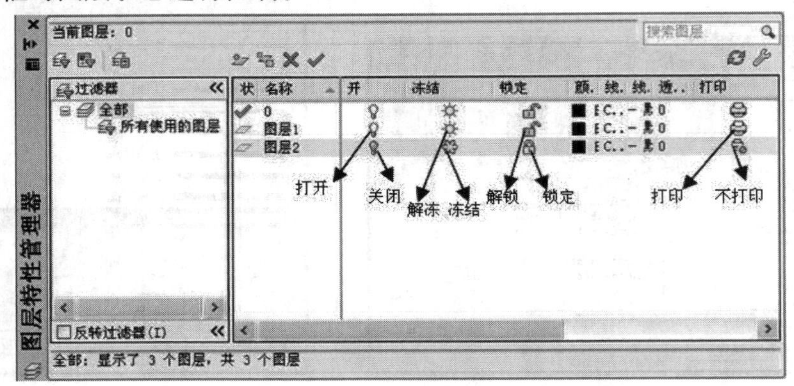

图 2.10　常用图层控制状态

【命令启动方法】

启动方法与知识点 1 的方法相同。

【操作方法】

图层状态控制主要包括打开/关闭；解冻/冻结；解锁/锁定；打印/不打印，如图 2.10 所示，以下对图层状态作详细说明。

- 打开/关闭：单击图标，将关闭或打开某一图层。打开的图层是可见的，关闭的图层不可见，也不能被打印。当重新生成图形时，被关闭的层将一起被生成。
- 解冻/冻结：单击图标，将冻结或解冻某一图层。解冻的图层是可见的，冻结的图层不可见，也不能被打印。当重新生成图形时，系统不再重新生成该层上的对象，因而冻结一些图层后，可以加快执行 ZOOM、PAN 等命令和许多其他操作的运行速度。
- 解锁/锁定：单击图标，将锁定或解锁图层。被锁定的图层是可见的，但图层上的对象不能被编辑。用户可以将锁定的图层设置为当前层，并能向它添加图形对象。
- 打印/不打印：单击图标，就可设定图层是否打印。指定某层不打印后，该图层上的对象仍会显示出来。图层的不打印设置只对图样中可见图层（图层是打开的并且是解冻的）有效。若图层设为可打印但该层是冻结的或关闭的，此时 AutoCAD 不会打印该层。

除了利用“图层特性管理器”对话框控制图层状态外，用户还可通过“图层”工具栏上的“图层控制”下拉列表控制图层状态，如图 2.11 所示。

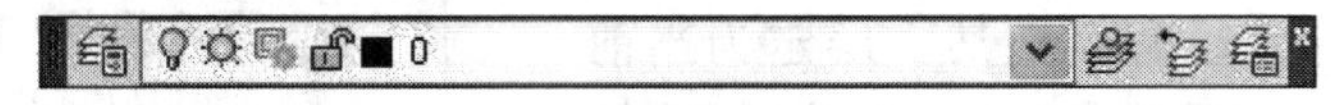

图 2.11　图层工具栏

知识点 3　设置线型比例

【功能】

在使用点划线、虚线等非连续线性时，用户通常会遇到这样一种情况：本想画点划线或者虚线，图层设置也正确，但最终显示和设定的不一致，出现这种情况的原因是线型比例设置的太大或者太小，可通过重新设定线型比例来调整。

【命令启动方法】

- 菜单栏:“格式”→“线型”
- 命令:LINETYPE

【操作方法】

选择“格式”→“线型”命令(弹出“线型管理器”对话框,如图 2.12 所示)→单击“显示细节”按钮(弹出图 2.13 所示的“线型管理器”对话框)→更改“全局比例因子”或者“当前对象缩放比例”值(默认为 1)。

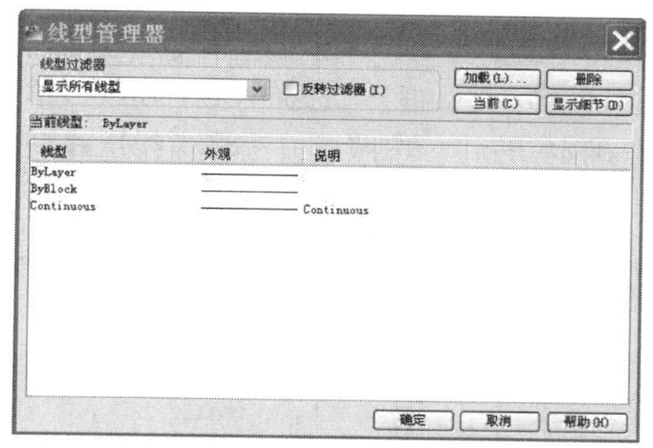

图 2.12　线型管理器对话框

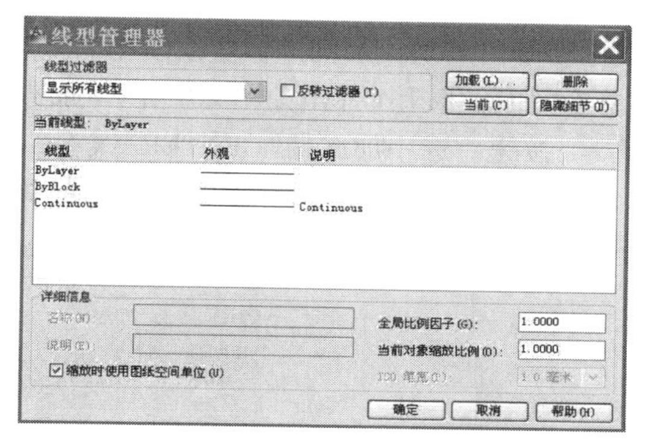

图 2.13　显示细节的线型管理器对话框

- “全局比例因子”用于设置图形中所有线型的比例。当改变“全局比例因子”的数值时,非连续线型本身的长短、间隔发生变化。数值越大,非连续线的线划越长,线划之间的间断距离也越大。改变“全局比例因子”还可以通过命令 LTSCALE(快捷键 LTS)来更改。
- “当前对象缩放比例”只影响此后绘制的图线比例,而对已存在的线型没有影响。改变“当前对象缩放比例”还可以通过命令 CELTSCALE(快捷键 CELT)来更改。

知识点 4　显示与隐藏线宽

【功能】

用户通过图层设置设定好线宽后,可以根据需要选择显示或隐藏线宽。一般情况下在隐藏线宽模式下绘图,当图样绘制完成后打开显示线宽来观察图样效果。

【命令启动方法】

- 菜单栏:“格式”→“线宽”
- 状态栏:单击状态栏上的按钮

【操作方法】

- 方法一:左键单击按钮,即可打开或隐藏线宽。
- 方法二:选择“格式”→“线宽”命令(弹出线宽设置对话框,如图 2.14 所示)→选择“显示线宽”复选框。
- 方法三:右键单击按钮→左键单击“设置”按钮(弹出线宽设置对话框,如图 2.14 所示)→选择“显示线宽”复选框。

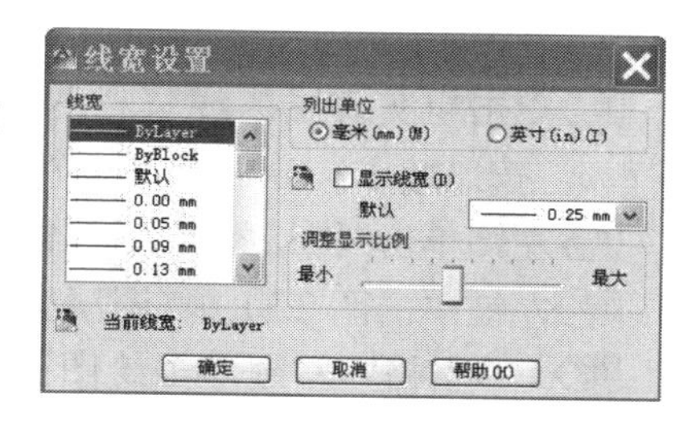

图 2.14　线宽设置

【任务实施】

01 左键单击按钮，打开“图层特性管理器”对话框。

02 左键单击按钮→在图层名文本框输入：粗实线。按照此方法分别新建细实线层、虚线层、点划线层、文字层、标注层。

03 左键单击粗实线层“颜色”列表下的小方块■→选择“洋红”→左键单击“确定”按钮。按照此方法分别设置 6 个图层的颜色。

04 单击点划线层的默认实线线型名 Continuous（弹出如图 2.15 所示“选择线型”对话框）→单击“加载”按钮（弹出如图 2.6 所示“加载或重载线型”对话框）→选择“CENTER”→单击“确定”按钮→选中加载的“CENTER”线型→单击“确定”按钮。按照此方法将虚线层线型设置为“HIDDEN”。完成上述操作后，显示效果如图 2.16所示。

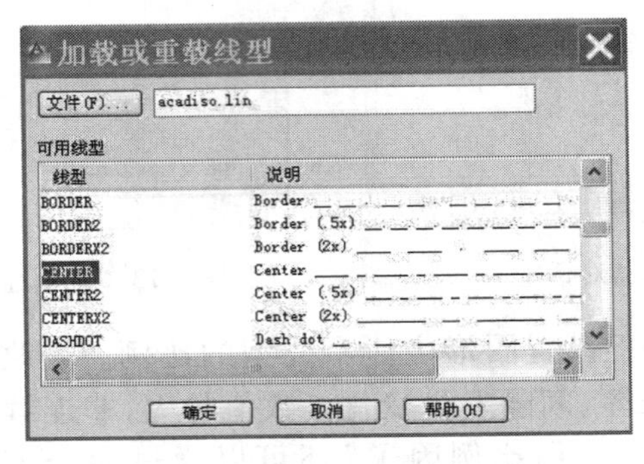

图 2.15　加载“CENTER”线型

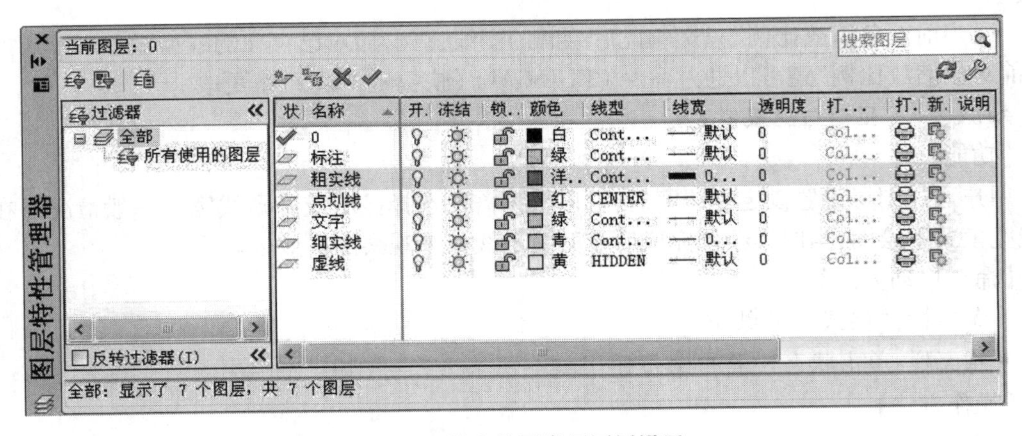

图 2.16　学生绘图常用图层设置

05 单击粗实线层的线宽栏“默认”（弹出如图 2.7 所示“线宽”对话框）→从中选择 0.5 mm。按照此方法分别设置 6 个图层的线宽。

06 左键单击“图层特性管理器”对话框左上角 ✕ 按钮完成设置。

07 左键单击图 2.11 中“图层工具栏”上的下拉菜单→选择粗实线层作为当前层。

08 L→空格→左键单击绘图区域任意一点→按功能键“F8”（打开正交模式）→100→空格。

09 按照步骤 6、7 的方法（不要按功能键“F8”），依次绘制长度为 100mm 的细实线、点划线、虚线。

10 左键单击按钮，即可打开线宽。

11 左键单击按钮（打开“图层特性管理器”对话框）→左键单击点划线层的，效果如图 2.17 所示。

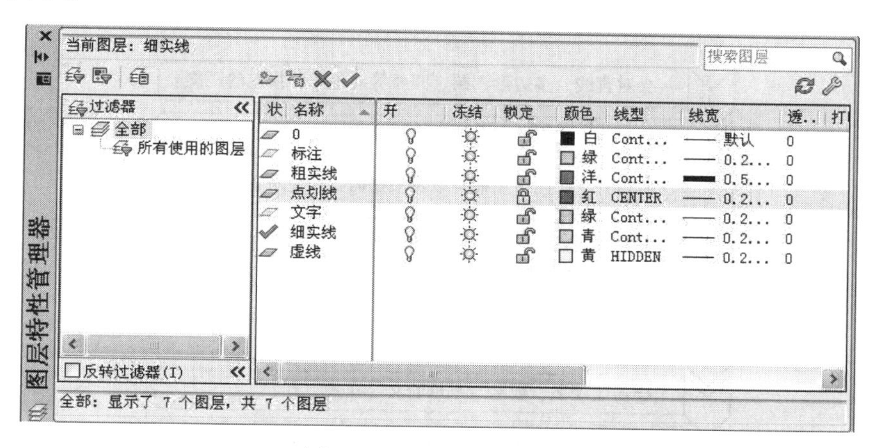

图 2.17　将点划线层锁定

12 左键单击“图层特性管理器”对话框左上角按钮退出，完成任务如图 2.18 所示。

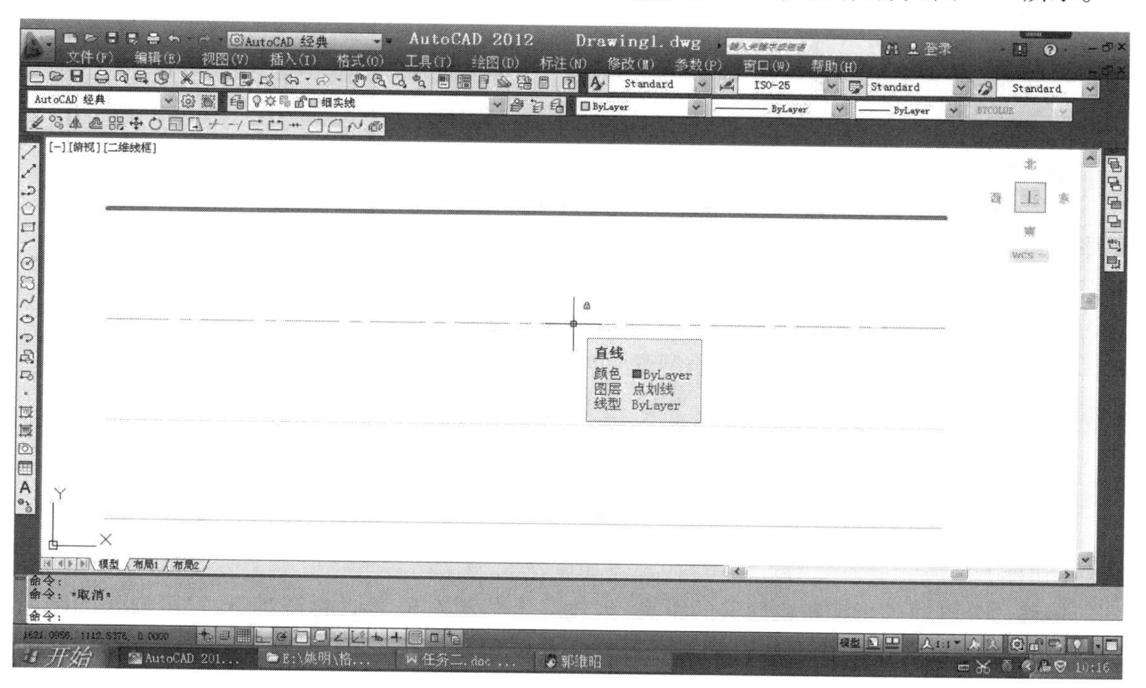

图 2.18　任务 2 完成图

13 左键单击，输入文件名“任务二.dwg”。

任务 3　绘制 A4 图框及标题栏

【学习目标】

1. ·会对直线、多边形、圆、圆弧等对象偏移指定的距离
2. ·会对超出边界的多余线条进行修剪
3. ·会打开、关闭对象捕捉以及根据需要设定对象捕捉
4. ·会打开、关闭删格及设定捕捉间距
5. ·会设置定单位类型及精度
6. ·会正确设定图形界限
7. ·会新建汉字、数字与字母的文字样式
8. ·会正确书写文字、数字并能对文字进行编辑

【任务提出】

绘制简易 A4 图框及标题栏，如图 3.1 所示。

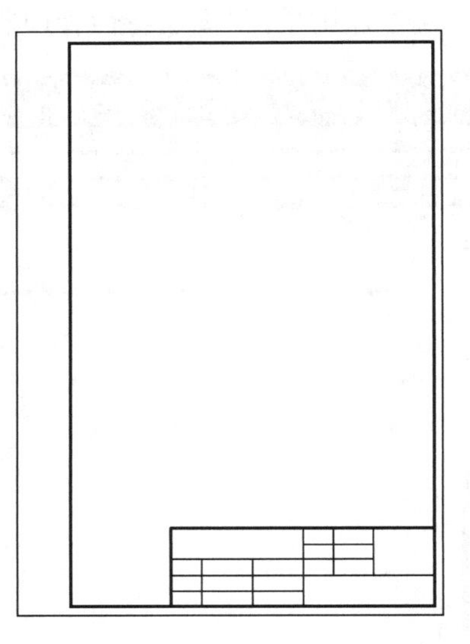

图 3.1　A4 竖放图框及标题

【任务引入】

图纸的图框和标题栏反映了本张图纸的详细信息，每张图纸都必须画出图框和标题栏，图框格式分为不留装订边和留有装订边两种，标题栏一般分生产用和学生练习用标题栏，位置在图纸的右下角，具体绘制尺寸要根据国家标准。在本次任务中，要求绘制学生练习用简易标题栏。

【任务知识点】

知识点 1　偏移命令

【功能】

偏移命令可通过指定对象偏移的距离，创建一个与源对象类似的新对象，它可操作的图源包括直线、圆、圆弧、多线段、椭圆、构造线及样条曲线等。平移一条直线时，可创建平行线。平移一个圆时，可创建同心圆。平移一条封闭的多线段时，可创建与源对象形状相同的闭合图线。

【命令启动方法】

- 菜单栏：“修改”→“偏移”
- 工具栏：单击“修改”工具栏上的按钮
- 命令：OFFSET 或<快捷键> O

【操作方法】

O→空格→输入偏移距离值→空格→选择偏移的对象(左键选择要偏移的对象)→选择要偏移的方向(在要偏移的一侧单击左键)→若仍要偏移可重复上述操作。若完成偏移,按 ESC 退出。

【命令选项】

- 指定偏移距离:用户输入偏移距离值,系统根据此数值偏移源对象产生新对象。
- 通过(T):通过指定点创建新的偏移对象。
- 删除(E):偏移产生新对象后同时删除源对象。
- 图层(L):将偏移后的新对象指定放置在当前图层上或源对象所在的图层上。

【实例】

已知图 3.2(a)所示图形,用偏移命令将其编辑为图 3.2(b)的形式(偏移距离为 5 mm)。

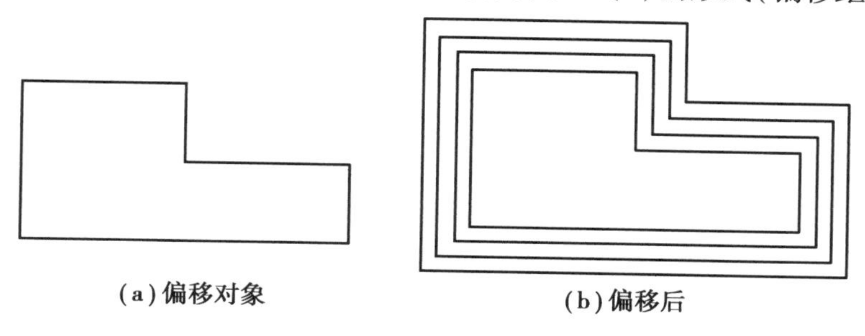

图 3.2　偏移对象及偏移效果

操作步骤:

①用直线命令绘出图 3.2(a)。

②输入"O"→空格→5→空格。

③选择要偏移的对象。

④将光标 □ 移至所要偏移的方向一侧单击左键(重复 3 次)。

知识点 2　修剪命令

【功能】

将超出边界的多余线条修剪掉。

【命令启动方法】

- 菜单栏:"修改"→"修剪"
- 工具栏:单击"修改"工具栏上的按钮
- 命令:TRIM 或<快捷键> TR

【操作方法】

- 方法一:TR→空格→空格→选择被修剪对象→完成修剪按 ESC 退出。
- 方法二:TR→空格→选择修剪对象的截止线→空格→选择被修剪对象要剪掉的一侧。

【命令选项】

- 按住 SHIFT 键选择要延伸的对象:将选定的对象延伸至剪切边。
- 栏选(F):用户绘制连续折线,与折线相交的对象被修剪。
- 窗交(C):利用交叉窗口选择对象。

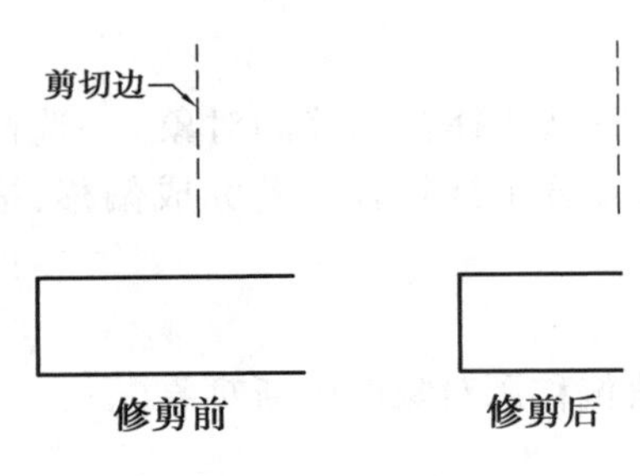

图 3.3　使用延伸(E)选项修剪操作

● 投影(P):该选项可以使用户指定执行修剪的空间。

● 边(E):选择此选项,AutoCAD 提示:

输入隐含边延伸模式[延伸(E)/不延伸(N)]<不延伸>:

延伸(E):如果剪切边太短,没有与被修剪的对象相交,系统假想将剪切边延长,然后执行修剪操作,如图 3.3 所示。

不延伸(N):只有当剪切边与被剪切对象实际相交才进行修剪。

● 删除(R):不退出 TRIM 命令就能删除选定的对象。

● 放弃(U):若修剪有误,可输入字母“U”撤销修剪。

【实例】

将图 3.4(a)所示图形修剪为图 3.4(b)图所示的形状。

操作步骤:

①应用直线和偏移命令绘制图 3.4(a)所示图形。

②输入“TR”→空格→空格→左键单击被修剪部分 1 和部分 2→ESC 退出。

③输入“TR”→空格→左键单击被修剪部分 3 的截止线→空格→左键单击被修剪部分 3→ESC 退出。

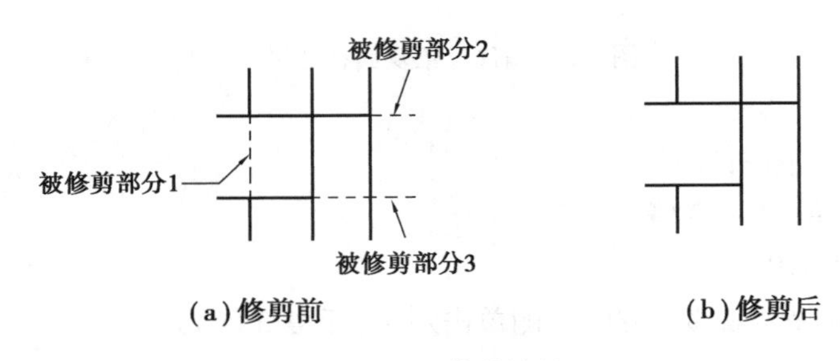

图 3.4　修剪效果

知识点 3　栅格设定

【功能】

栅格是在定位时起参照作用的虚拟线条,它不是图形的一部分,也不会输出。当栅格开关打开时,它会显示出来并充满图形界限。栅格的值根据绘图的需要来定,一般设置成10 mm,如图 3.5 所示。间隔不宜过小,否则会因栅格过密而无法显示。

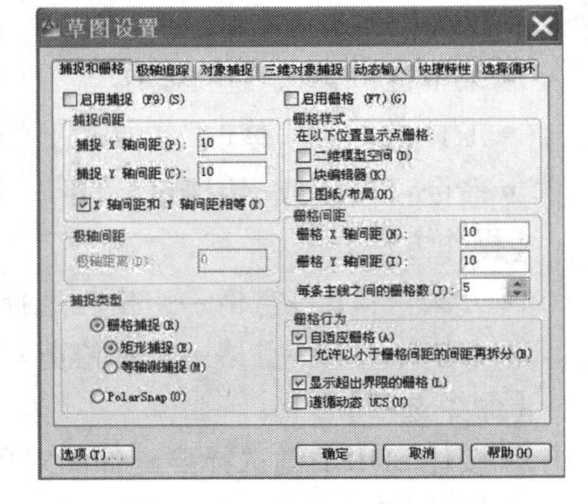

图 3.5　草图设置

【命令启动方法】

● 菜单栏:“工具”→“绘制设置”

● 状态栏:右键单击▦按钮→左键单击“设置”

● 命令:GRID

【操作方法】

按功能键 F7 打开或关闭栅格。

知识点4　设定常用的对象捕捉

【功能】

对象捕捉是AutoCAD中精确定点位的方法，也是计算机绘图和手工绘图的重要区别之一。对象捕捉在精确作图中具有特殊作用，它能提高绘图精度和速度，简化作图过程。如在绘图过程中，用户常常需要在一些特殊几何点间连线，例如过圆心、线段的中点或端点划线等。在这种情况下，若不借助辅助工具，用户是很难直接拾取到这些点的，但运用对象捕捉就能很容易地解决这类问题。

AutoCAD提供了一系列不同方式的对象捕捉工具，这些工具包含在图3.6所示的"对象捕捉"工具栏上。

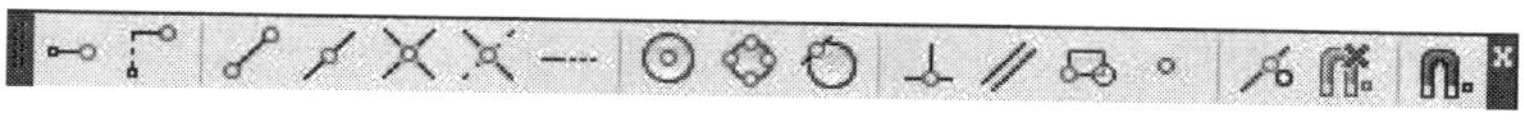

图3.6　"对象捕捉"工具栏

常见的捕捉工具功能如下：

- ：该捕捉方式可以使用户相对于一个已知点定位另一点，捕捉代号为FRO。
- ：捕捉线段、圆弧等几何对象的端点，捕捉代号为END。启动端点捕捉后，将光标移动到目标点附近，AutoCAD就自动捕捉该点，然后单击鼠标左键确认。
- ：捕捉线段、圆弧等几何对象的中点，捕捉代号为MID。启动中点捕捉后，使光标的拾取框与线段、圆弧等几何对象相交，AutoCAD就自动捕捉这些对象的中点，然后单击鼠标左键确认。
- ：捕捉几何对象间真实的或延伸的交点，捕捉代号为INT。启动交点捕捉后，将光标移动到目标点附近，AutoCAD就自动捕捉该点，单击鼠标左键确认。（若两个对象没有直接相交，可先将光标的拾取框放在其中一个对象上，单击鼠标左键，然后把拾取框移到另一对象上，再单击鼠标左键，AutoCAD就自动捕捉到交点）。
- ：在二维空间中与功能相同，该捕捉方式还可在三维空间中捕捉两个对象的视图交点（在投影视图中显示相交，但实际上并不一定相交），捕捉代号为APP。
- ：捕捉延伸点，捕捉代号为EXT。用户把光标从几何对象端点开始移动，此时系统沿该对象显示出捕捉辅助线和捕捉点的相对极坐标。
- ：捕捉圆、圆弧及椭圆等的中心，捕捉代号为CEN。启动中心点捕捉后，使光标的拾取框与圆弧、椭圆等几何对象相交，AutoCAD就自动捕捉这些对象的中心点，然后单击鼠标左键确认。
- ：捕捉圆、圆弧及椭圆的0°、90°、180°或270°处的象限点，捕捉代号为QUA。启动象限点捕捉后，使光标的拾取框与圆弧、椭圆等几何对象相交，AutoCAD就显示出与拾取框最近的象限点，然后单击鼠标左键确认。
- ：在绘制相切的几何关系时，该捕捉方式使用户可以捕捉切点，捕捉代号为TAN。启动切点捕捉后，使光标的拾取框与圆弧、椭圆等几何对象相交，AutoCAD就显示出相切点，再单击鼠标左键确认。
- ：在绘制垂直的几何关系时，该捕捉方式使用户可以捕捉垂足，捕捉代号为PER。启动垂足捕捉后，使光标的拾取框与直线、圆弧等几何对象相交，AutoCAD就自动捕捉垂足点，然后单击鼠标左键确认。

● ⫽:平行捕捉,可用于绘制平行线,捕捉代号为 PAR。

● ∘:捕捉 POINT 命令创建的点对象,捕捉代号为 NOD,操作方法与端点捕捉类似。

● 捕捉距离光标中心最近的几何对象上的点,捕捉代号为 NEA,操作方法与端点捕捉类似。

【命令启动方法】

● 菜单栏:“工具”→“绘制设置”

● 状态栏:右键单击□按钮→左键单击“设置”

● 命令:OSNAP 或 DS→空格→左键单击“草图设置”

【操作方法】

● 方法一:用户可以采用自动捕捉方式来定位点,当打开这种方式时,AutoCAD 将根据事先设定的捕捉类型自动寻找几何对象上相应的点。

● 方法二:绘图过程中,当 AutoCAD 提示输入一个点时,用户可单击捕捉按钮或输入捕捉代号简称来启动对象捕捉,然后将光标移动到要捕捉的特征点附近,AutoCAD 就自动捕捉该点。

● 方法三:启动对象捕捉的另一种方法是利用快捷菜单。发出 AutoCAD 命令后,按下 SHIFT 键并单击鼠标右键,弹出快捷菜单,如图 3.7 所示。通过此菜单,用户可选择捕捉何种类型的点。

前面所述的捕捉方式仅对当前操作有效,命令结束后,捕捉模式自动关闭。

【实例】

设定常用的对象捕捉工具,如图 3.8 所示。

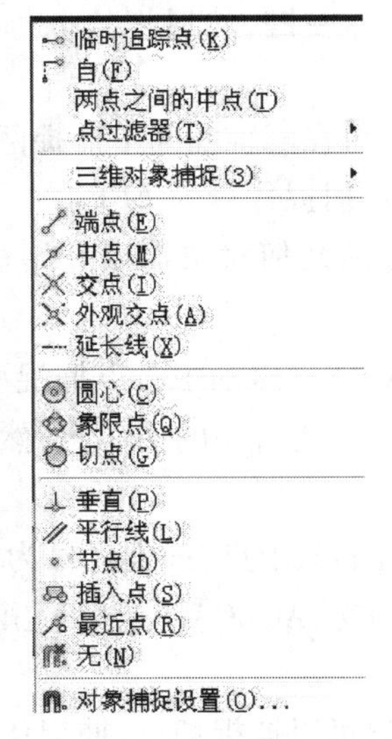

图 3.7 对象捕捉快捷菜单

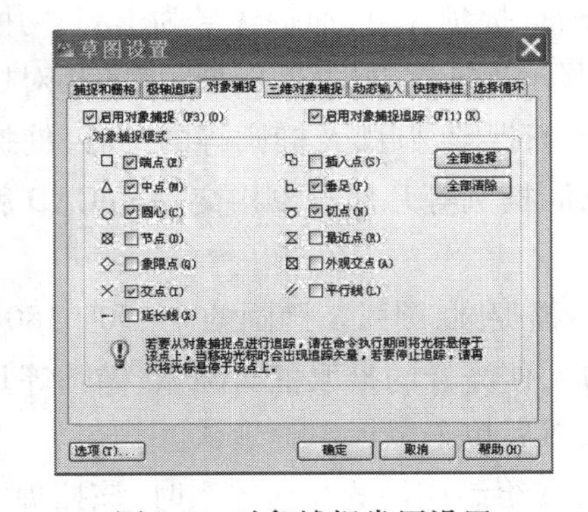

图 3.8 对象捕捉常用设置

知识点 5 单位的设置

【功能】

根据用户需要设置绘图的单位和精度等。

【命令启动方法】

- 菜单栏:“格式”→“单位”,或应用程序 →“图形实用工具” →“单位”
- 命令:UNTICS 或快捷键 UN

【操作方法】

按上述任一方法调用命令后,系统弹出“图形单位”对话框,如图 3.9 所示。在“图形单位”对话框的“长度”栏中,可设置长度的单位类型和精度:默认的长度单位类型为“小数”,精度取 0.0000。

在“角度”栏中可选择角度的单位类型、精度和角度的测量方向。取默认的角度单位类型“十进制度数”,精度为“0”。默认角度测量方向逆时针为正(若选择“顺时针”复选框,则角度测量方向为顺时针方向为正方向)。

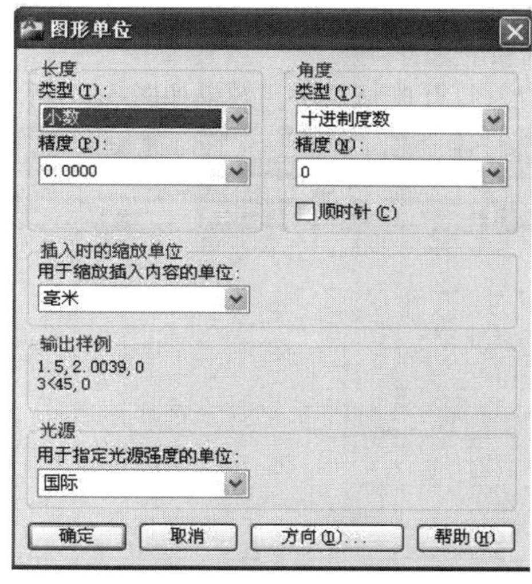

图 3.9　“图形单位”对话框

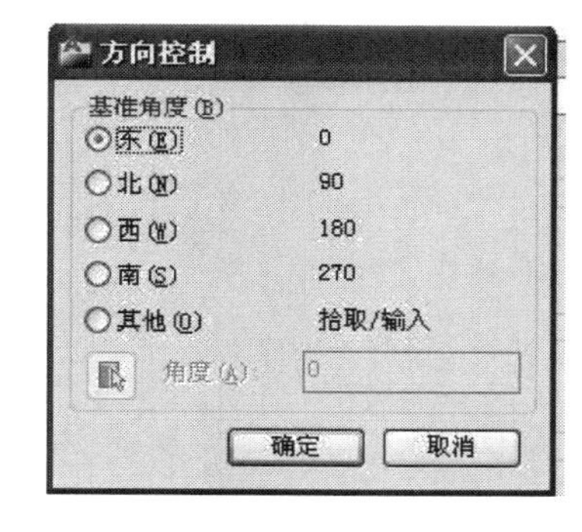

图 3.10　“方向控制”对话框

在插入时的缩放单位栏中,控制插入到当前图形中的块和图形的测量单位。

输出样例栏,显示用当前单位和角度设置的例子。

光源栏用于指定光源强度的单位,控制当前图形中光度控制光源的强度测量单位。

点击方向按钮可弹出方向控制对话框,如图 3.10 所示。用户可根据需要从中选择角度的基准方向。取系统默认角度的基准方向正东方向。单击“确定”按钮,完成单位设置。

知识点 6　图形界限的设定

【功能】

AutoCAD 的绘图空间是无限大的,该命令可以设定窗口中绘图区域的大小。绘图时,事先对绘图区域的大小进行设定将有助于用户了解图形分布的范围。

【命令启动方法】

- 菜单栏:“格式”→“图形界限”
- 命令:LIMITS

【操作方法】

输入“LIMITS”→空格→输入左下角点的坐标→空格→输入右上角点的坐标→空格。

【命令选项】

• 开(ON):表示打开图形界限检查功能,该功能用来检查用户输入的点位是否在所设置的图形界限内,拒绝绘制在图形界限范围之外的点,保证所绘制的图形都在图形界限范围内。

• 关(OFF):表示关闭图形界限检查功能,AutoCAD 在默认状态下,图形界限是关闭的。

【实例】

用 LIMITS 命令设定 200 * 200 的绘图区域。

操作步骤:

①在菜单栏中选择“格式”→“图形界限”命令。

②指定左下角点,输入“0,0”。

③指定右上角点,输入“200,200”。

④将光标移动到状态栏,右键单击▦按钮,选择“设置”选项,打开“草图设置”对话框,取消对话框右下角“显示超出界限的栅格”复选项的选择。

⑤关闭“草图设置”对话框,按功能键“F7”,打开栅格显示。效果如图 3.11 所示。

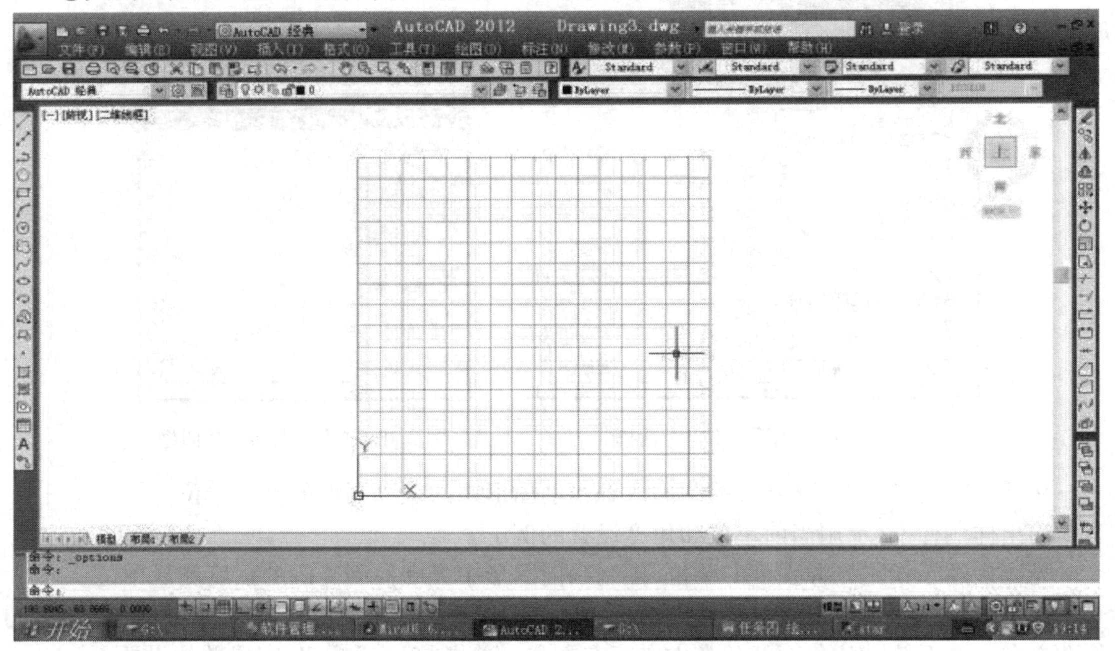

图 3.11　200 * 200 图形界限

知识点 7　文字样式设定

【功能】

文字是工程图样中必不可少的部分。为了能完整表达设计者的思想,除了正确的图形外,还要在图样中标注尺寸、书写技术要求、填写标题栏等。这时就需要注写汉字、数字与字母。文字样式可以对文字的字体、字高、宽高比等按设计者的要求进行设定。

【命令启动方法】

• 菜单栏:“格式”→“文字样式”

• 工具栏:单击 A 按钮

• 命令行:STYLE 或快捷键 ST

【操作方法】

设置字体、字高与特色效果等外部特征以及修改、删除文字样式等操作都是在“文字样式”对话框中进行的，该对话框常用选项如下：

- 置为当前：单击此按钮可以将新建或修改后的文字样式，设置为当前样式。
- 新建按钮：单击此按钮，就可以创建新文字样式。
- 删除按钮：在“样式”列表框中选择一个文字样式，再单击此按钮就可以将该文字样式删除。当前样式和正在使用的文字样式不能被删除。
- 字体名：此下拉列表中罗列了所有的字体。带有双“T”标志的字体是 Windows 系统提供的“TrueType”字体，其他字体是 AutoCAD 自带的字体。
- 使用大字体：大字体是指专为亚洲国家设计的文字字体。其中，“gbcbig.shx”字体是符合国标的工程汉字字体，该字体文件还包含一些常用的特殊符号。由于“gbcbig.shx”中不包含西文字体定义，因而使用时可将其与“gbenor.shx”和“gbeitc.shx”字体配合使用。
- 高度：输入字体的高度。如果用户在该文本框中指定了文本高度。
- 颠倒：选择此复选项，文字将上下颠倒显示。该复选项仅影响单行文字。
- 反向：选择该复选项，文字将首尾反向显示。该复选项仅影响单行文字。
- 垂直：选择该复选项，文字将沿竖直方向排列。
- 宽度因子：默认的宽度因子为 1。若输入小于 1 的数值，则文本将变窄，否则文本变宽。
- 倾斜角度：该文本框用于指定文本的倾斜角度，角度值为正时向右倾斜。

【实例】

新建“数字与字母”与“汉字”两个文字样式如图 3.12 所示，要求：

- “数字与字母”样式选择使用大字体，字体名栏选择“gbeitc. shx”，大字体栏选择“gbcbig.shx”，其他取默认值。
- “汉字”样式取消使用大字体的选择，从字体名栏选择“Tr 仿宋_GB2312 ”，宽度因子文本框输入 0.7，其他取默认值。

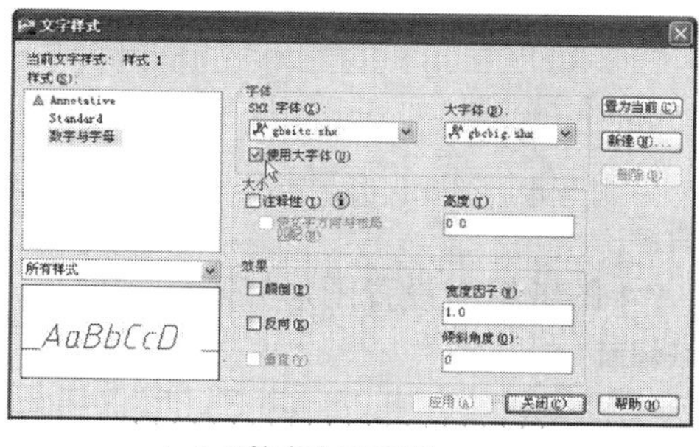

(a)“数字与字母”

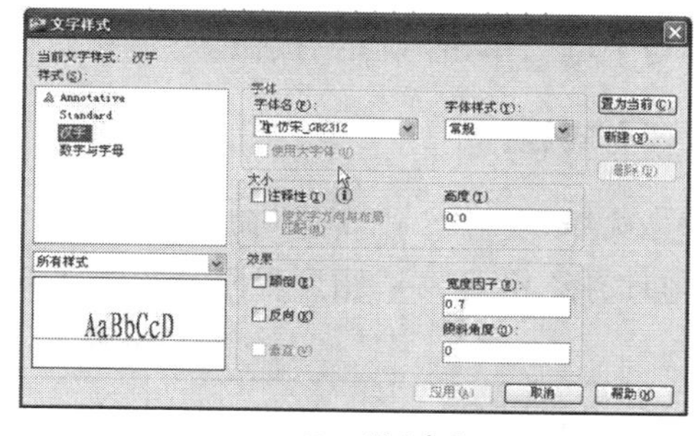

(b)“汉字”

图 3.12　文字样式

知识点 8　多行文字命令

【功能】

多行文字可创建段落文字，如标注图形的技术要求和说明等，能方便地输入文字，同时还可以使用不同的字体和文字样式。

【命令启动方法】

- 菜单栏："绘图"→"文字"→"多行文字"
- 工具栏：单击【绘图】工具栏上的A按钮
- 命令：MTEXT 或<快捷键> MT

【操作方法】

T→空格→将光标移至要书写文本的起点单击左键→将光标往右下角移动（确定文本横向范围）→单击左键（弹出"多行文字编辑器"对话框）→在文本区域输入文本→单击"确定"按钮。

【命令选项】

- 高度（H）：指定输入文字的字高。
- 对正（J）：指定文字在文本输入区域的对正方式。
- 行距（L）：指定行距类型。
- 旋转（R）：对文本旋转指定角度。
- 样式（S）：指定文字的文字样式。
- 宽度（W）：指定文本横向范围的宽度。
- 栏（C）：定义文本输入区域的栏高、类型、宽度等。

【实例】

用 MTEXT 命令创建多行，文字内容如图 3.13 所示。

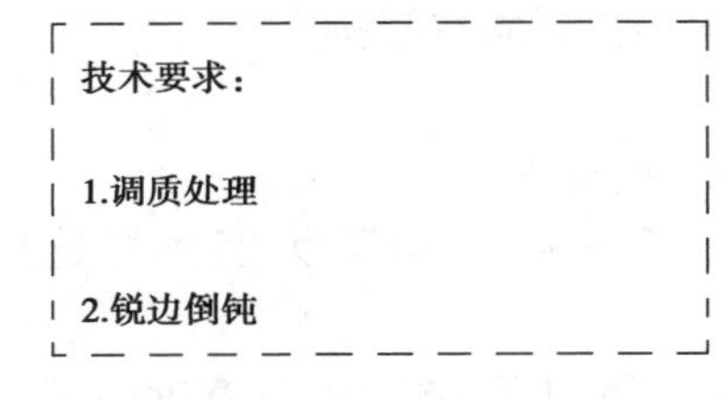

图 3.13　技术要求

操作步骤：

①左键单击选择知识点 7 新建的"汉字"样式。

②输入"T"→空格→将光标移至要书写文本的起点单击左键→将光标往右下角移动→单击左键（弹出"多行文字编辑器"对话框）→在文本区域输入如图 3.13 所示文字→单击"确定"按钮。

③双击所写文字，选择数字 1 和点，更改文字样式为"数字与字母"，单击"确定"按钮。

【任务实施】

01 选择"文件"→"新建"命令，新建空白文档。

02 选择"格式"→"图形界限"，根据表 3.1 中 A4 图纸幅面设置图形界限。

表 3.1　图纸幅面

幅面代号	A0	A1	A2	A3	A4
$B\times L$	841×1 189	594×841	420×594	297×420	210×297
e	20		10		
c	10			5	
a	25				
注：在 CAD 绘图中对图纸有加长加宽的要求时，应按基本幅面的短边（B）成整数倍增加					

03 指定左下角点,输入“0,0”→空格;指定右上角点,输入“210,297”→空格。

04 按照任务 2 的方法设置图层,并将“细实线”层设置为当前图层。

05 使用直线命令,绘制图 A4 图框的外框线。输入“L”→空格→0,0(捕捉到坐标原点)→空格→F8(打开正交模式)→210(输入前鼠标向右拉出方向)→空格→297(输入前鼠标向上拉出方向)→空格→210(输入前鼠标向左拉出方向)→空格→C(闭合线段)或者单击状态栏上对象捕捉按钮,打开对象捕捉模式按照图 3.8 设置对象捕捉,捕捉到第一条直线的左端点,左键单击→ESC(退出)。效果如图 3.14 所示。

06 使用偏移命令绘制内框线。输入“O”→空格→25→空格→左键单击线段 1→左键单击线段 1 右边空白处→ESC(退出)→空格→5→空格→左键单击线段 2→左键单击线段 2 下方空白处→左键单击线段 3→左键单击线段 3 左边空白处→左键单击线段 4→左键单击线段 4 上方空白处→ESC(退出)。效果如图 3.15 所示。

07 使用修建命令对内框线多余线条进行修改。输入“TR”→空格→空格→左键单击 8 条虚线线段→ESC(退出),如图 3.16 所示。

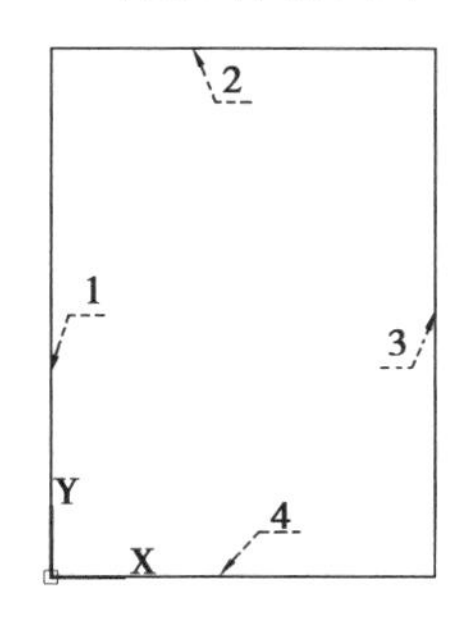

图 3.14　绘图效果

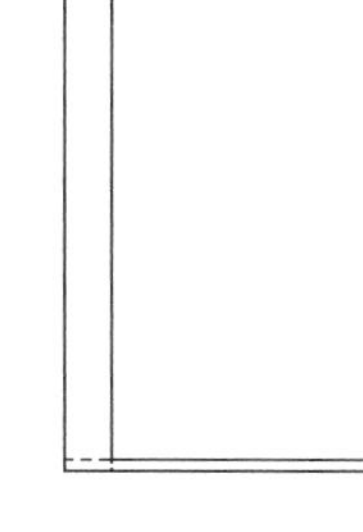

图 3.15　绘图效果

图 3.16　绘图效果

08 仿照步骤 6、7 的操作方法绘制标题栏框线,并将 A4 内框线和标题栏框线切换到“粗实线”层,如图 3.17 所示。

09 根据图 3.19 标题栏尺寸,应用偏移命令绘制简易标题栏,如图 3.18 所示。

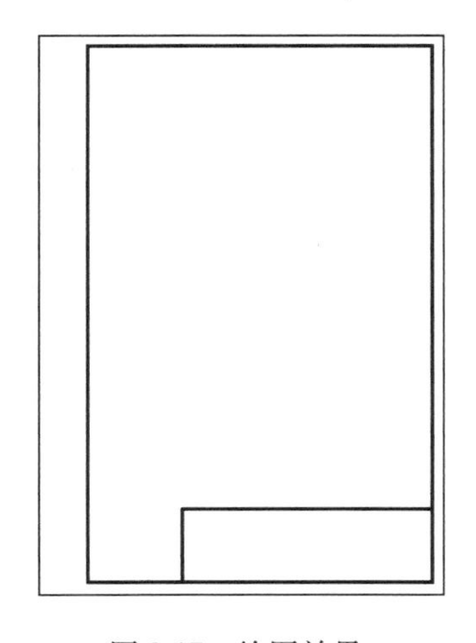

图 3.17　绘图效果

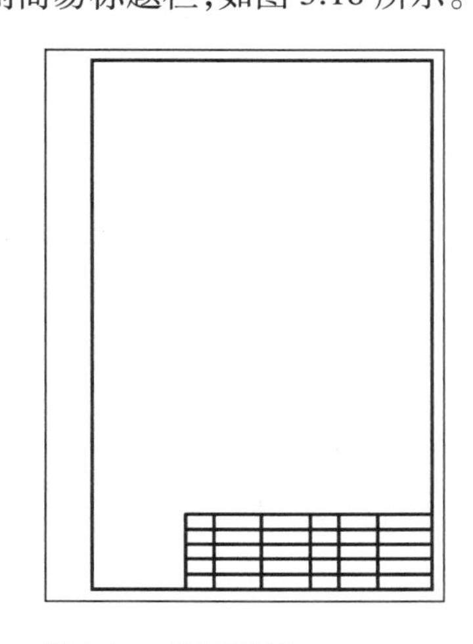

图 3.18　绘图效果

10 使用修剪命令修剪标题栏中多余线段。输入“TR”→空格→空格→采用 C 交叉窗口方式分别拉出图 3.20 中 3 个选择框→ESC(退出)。

11 使用删除命令删除多余线段,并将标题栏中线段切换到“细实线”层。

12 按照知识点 8 中方法,设置“汉字”“数字与字母”两种文字样式。

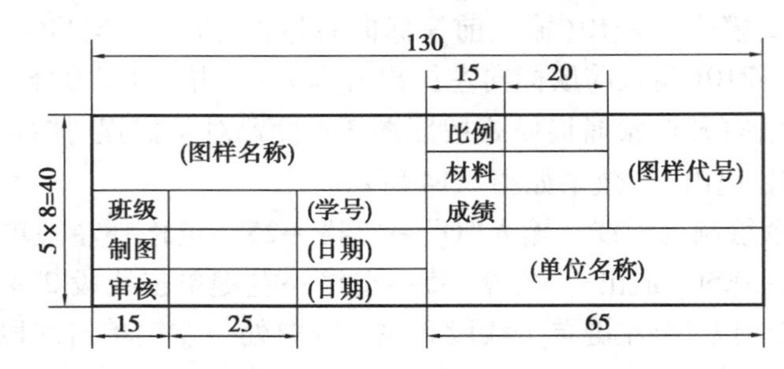

图 3.19　简易标题栏图

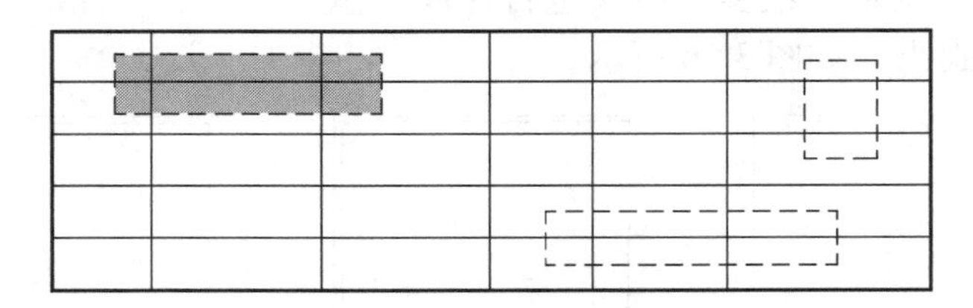

图 3.20　修剪对话框

13 切换到“文字层”,填写标题栏文字内容。输入“T”→空格→左键单击 A 点→J→MC→左键单击 B 点→在文本区域输入“班级”→单击 “确定”按钮如图 3.21 所示,依次填写。

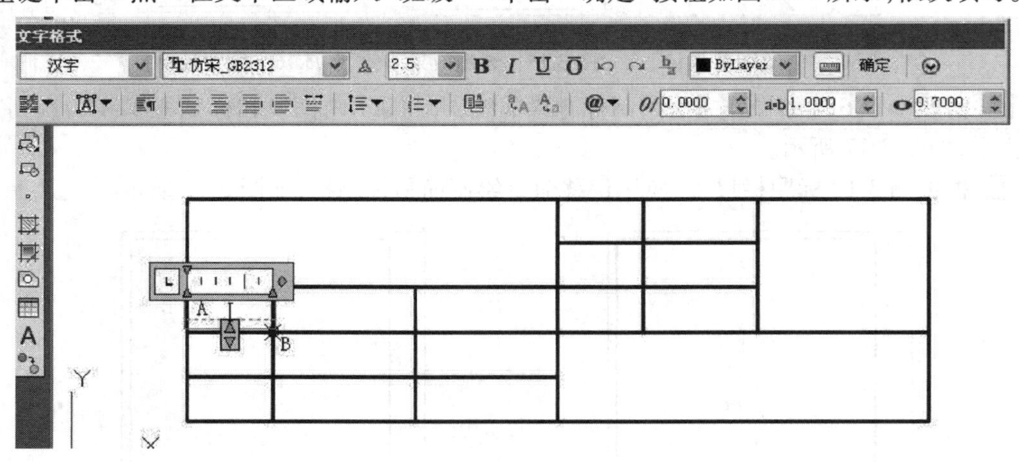

图 3.21　输入标题栏中文字

14 双击鼠标中键,效果如图 3.22 所示。

15 单击“工具栏”中的按钮,保存图形文件名为 “任务三.dwg”。

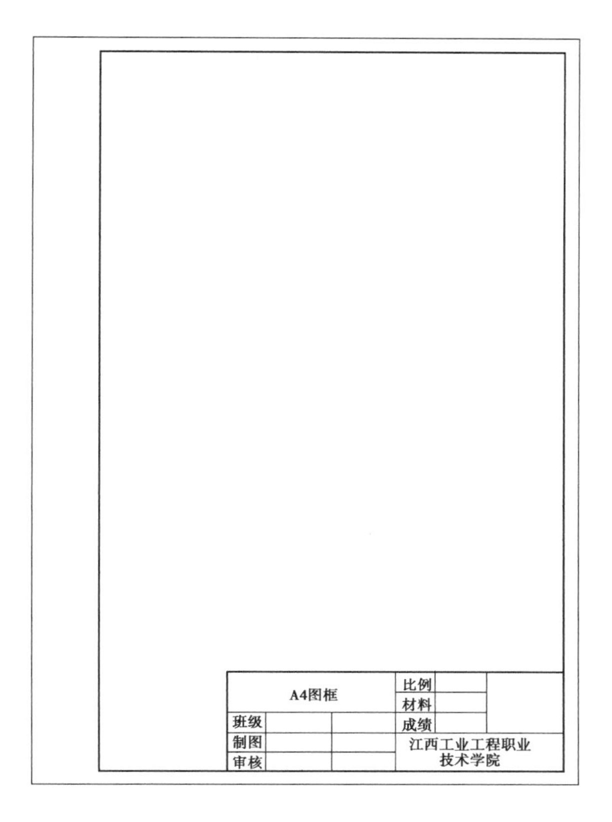

图3.22　简易A4图框

任务4　绘制手柄零件图

【学习目标】

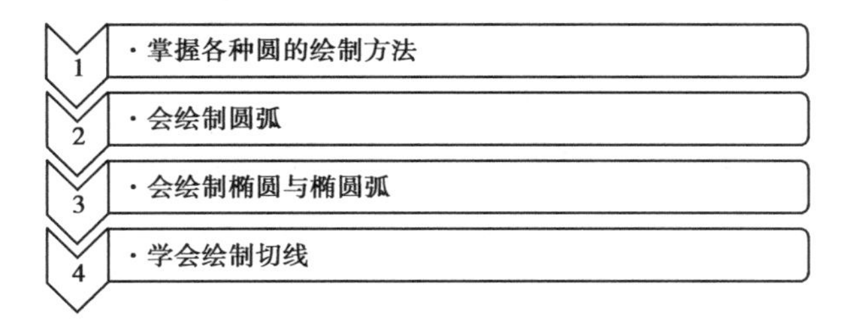

【任务提出】

绘制手柄零件图,如图4.1所示。

【任务引入】

手柄是一种机械配件,方便工人操作机械。手柄根据外形可分为直手柄、转动手柄、曲面

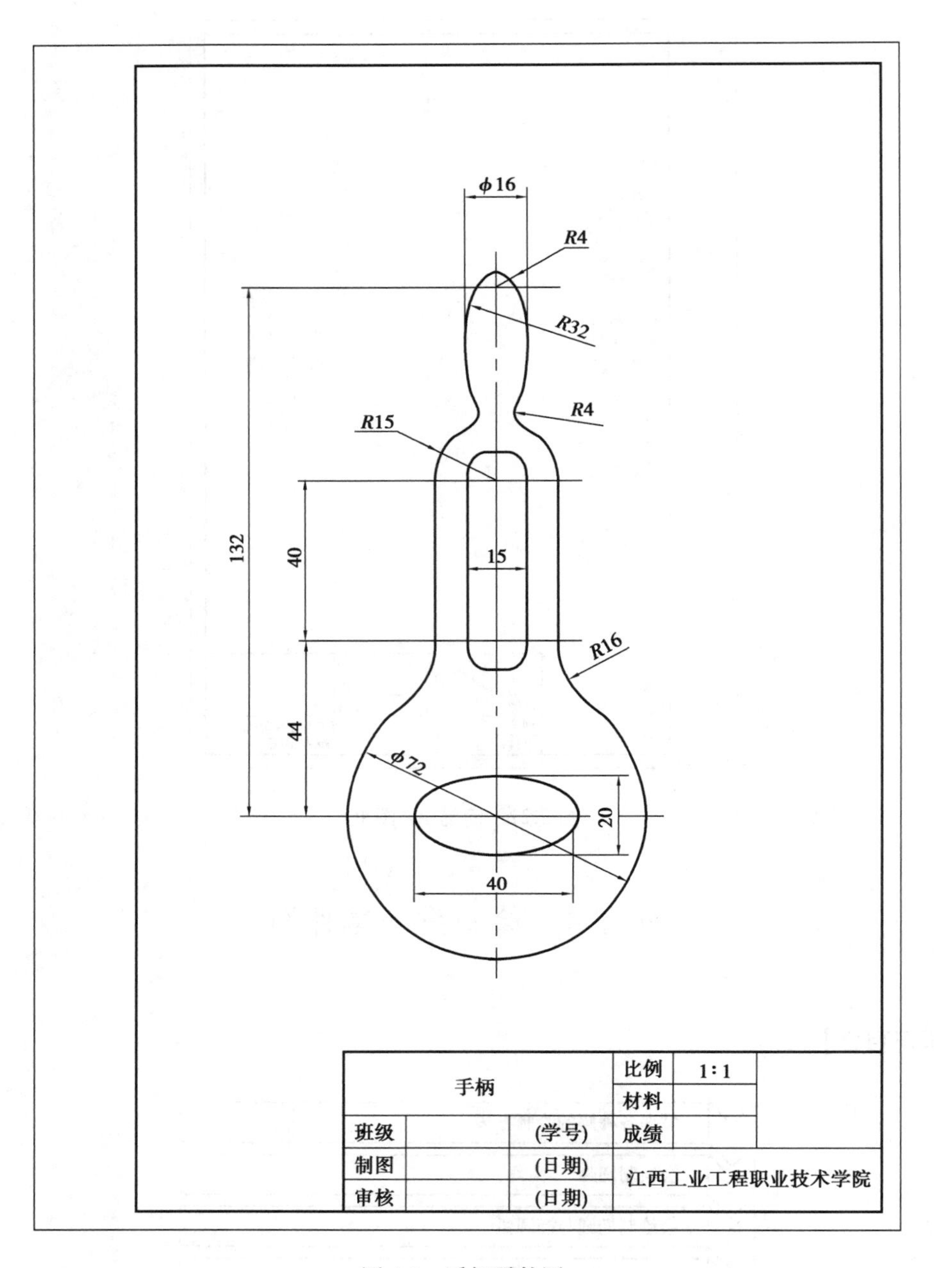

图 4.1　手柄零件图

转动手柄、球头手柄、斜锥柱手柄等。图 4.1 所示是绘制最简易的手柄平面轮廓图。

【任务知识点】

知识点 1　圆命令

【功能】

圆是绘图中最常见的基本元素之一。圆命令常用于绘制的圆形轮廓线,AutoCAD 提供了 6 种绘制圆的方式,如图 4.2 所示。

【命令启动方法】

- 菜单栏:“绘图”→“圆(C)”
- 工具栏:单击“绘图”工具栏上的按钮
- 命令: CIRCLE 或<快捷键> C

【操作方法】

- 方法一:C→空格→指定圆的圆心(左键单击指定一点)→输入半径的值→空格。
- 方法二:C→空格→指定圆的圆心(左键单击指定一点)→输入“D”直径→空格→输入直径的值→空格。
- 方法三:C→空格→输入“3p”→空格→指定圆的第一点(左键单击)→指定圆的第二点(左键单击)→指定圆的第三点(左键单击)。
- 方法四:C→空格→输入“2p”→空格→指定圆的第一个端点(左键单击)→指定圆的第二个端点(左键单击)。
- 方法五:C→空格→输入“T”→空格→指定对象与圆的第一个切点(左键单击指定的第一个切点)→鼠标左键单击圆的第二点(左键单击指定的第二个切点)→输入半径的值→空格。
- 方法六:在“绘图”选择“圆(C)”命令→选择“相切、相切、相切(A)”→指定对象与圆的第一个切点(左键单击指定的第一个切点)→左键单击圆的第二点(左键单击指定的第二个切点)→左键单击圆的第三点(左键单击指定的第三个切点)。

图4.2　“圆”下拉菜单

6种绘制圆的方法如图4.3所示。

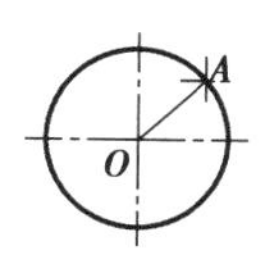

方法一 指定圆心和半径

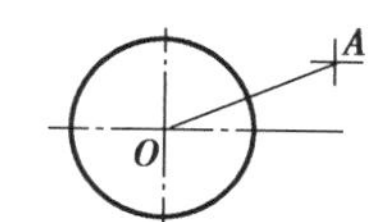

方法二 指定圆心和直径

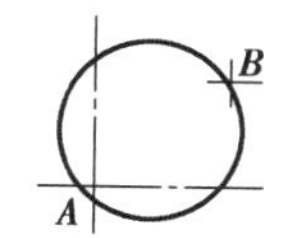

方法三 指定两点

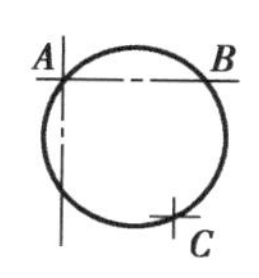

方法四 指定三点

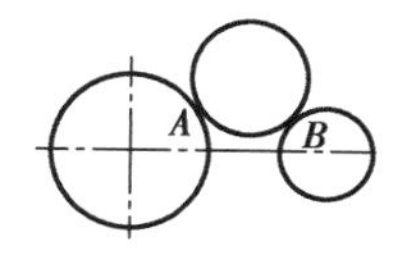

方法五 指定两个相切对象和半径

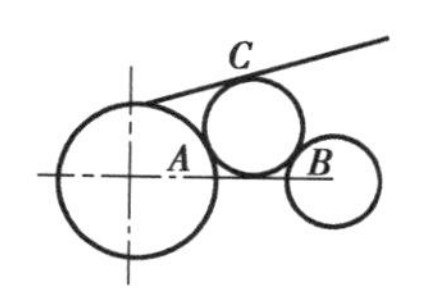

方法六 指定三个相切对象

图4.3　6种方式绘制圆

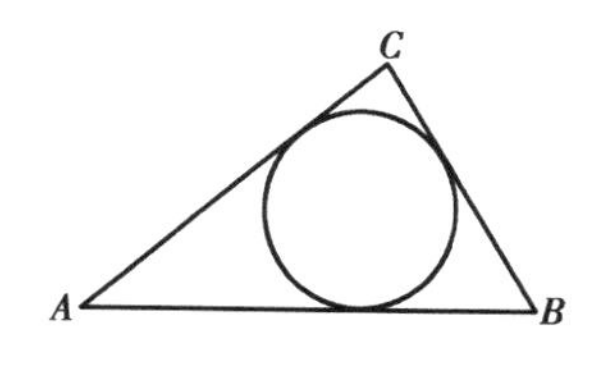

图4.4　任意三角形*ABC*内切圆的绘制

【命令选项】

- 三点(3P):通过单击第一点、第二点、第三点确定一个圆。
- 两点(2P):两点确定一个圆。
- 切点、切点、半径(T):相切三个对象可以画一个圆。

【实例】

用圆命令绘制图 4.4 所示的三角形 *ABC* 的内切圆。

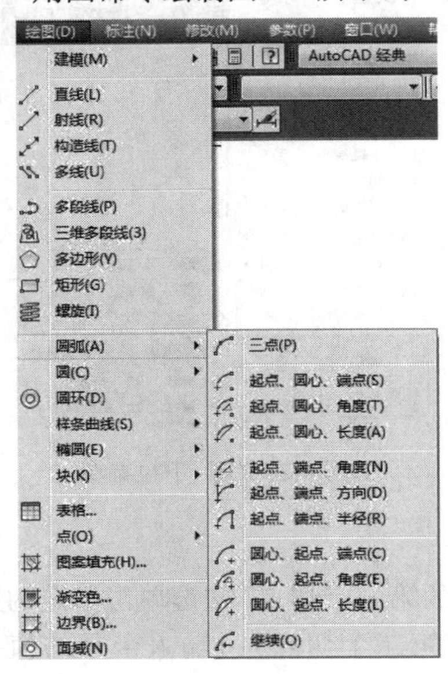

图 4.5 “圆弧”下拉菜单

操作步骤：

①绘制已知三角形 *ABC*。

②在“绘图”菜单中选择“圆(C)”命令→选择“相切、相切、相切(A)”。

③单击三角形 *AB* 边上与圆的第一个切点。

④单击三角形 *AC* 边上与圆的第二个切点。

⑤单击三角形 *BC* 边上与圆的第三个切点

知识点 2 圆弧命令

【功能】

圆上任意两点间的部分叫做圆弧，简称弧。AutoCAD 提供了多种绘制圆弧的方式，这些方式都是由起点、方向、中点、包角、终点、弧长等参数来确定所绘制的圆弧的。

【命令启动方法】

- 菜单栏：“绘图”→“圆弧(A)”
- 工具栏：单击“绘图”工具栏上的 按钮，如图 4.5 所示。
- 命令：ARC 或<快捷键> A

【操作方法】

ARC→指定圆弧上的起点(左键单击指定一点)→指定圆弧上的第二点(左键单击指定一点)→指定圆弧上的端点(左键单击指定一点)，如图 4.6 所示。

【命令选项】

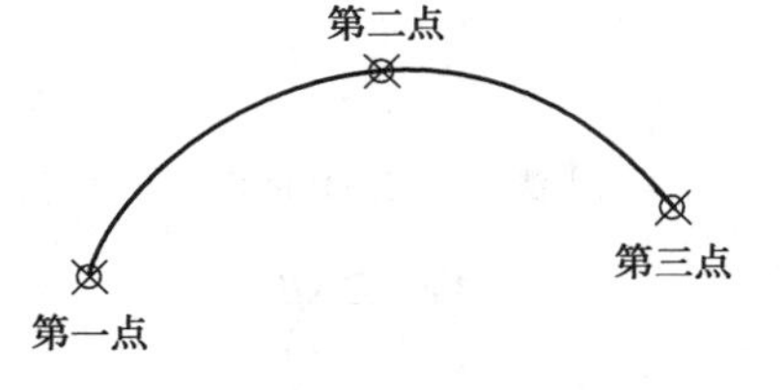

图 4.6 “三点法”绘制圆弧

- 起点、圆心、端点：指定圆弧的起点、圆心、端点来绘制圆弧。
- 起点、圆心、角度：指定圆弧的起点、圆心、角度来绘制圆弧。
- 起点、圆心、长度：指定圆弧的起点、圆心、长度来绘制圆弧。
- 起点、端点、角度：指定圆弧的起点、端点、角度来绘制圆弧。
- 起点、端点、方向：指定圆弧的起点、端点、方向来绘制圆弧。
- 起点、端点、半径：指定圆弧的起点、端点、半径来绘制圆弧。
- 圆心、起点、端点：指定圆弧的圆心、起点、端点来绘制圆弧。
- 圆心、起点、角度：指定圆弧的圆心、起点、角度来绘制圆弧。
- 圆心、起点、长度：指定圆弧的圆心、起点、长度来绘制圆弧。
- 继续：指以上一步操作的终点为起点绘制圆弧。

知识点 3　椭圆命令

【功能】

椭圆的中心到圆周上的距离是变化的。椭圆由定义其长度和宽度的两条轴决定,其中较长的轴称为长轴,较短的轴称为短轴。

【命令启动方法】

• 菜单栏:“绘图”→“椭圆(E)”,如图 4.7 所示。

• 工具栏:单击“绘图”工具栏上的按钮

• 命令:ELLIPSE 或<快捷键> EL

【操作方法】

• 方法一:EL→空格→指定椭圆轴的一个端点(左键单击指定一点)→指定椭圆轴的另一个端点(左键单击指定一点)→输入椭圆另一条的长度值,如图 4.8 所示。

• 方法二:EL→空格→输入“C”中心点→空格→指定椭圆的中心点(左键单击指定一点)→指定椭圆一条轴的端点(左键单击指定一点)→输入椭圆另一条的长度值,如图 4.9 所示。

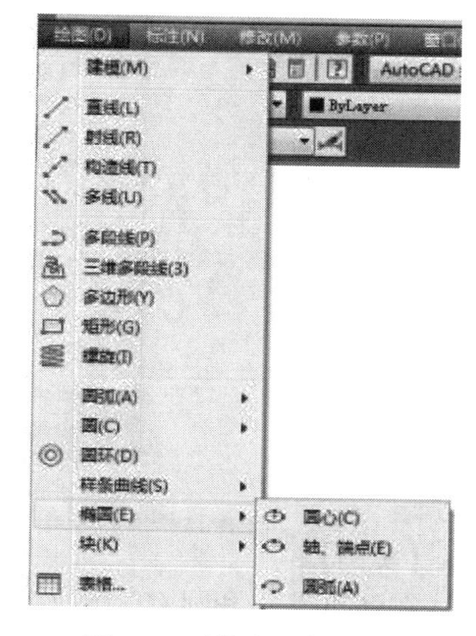

图 4.7　“椭圆”下拉菜单

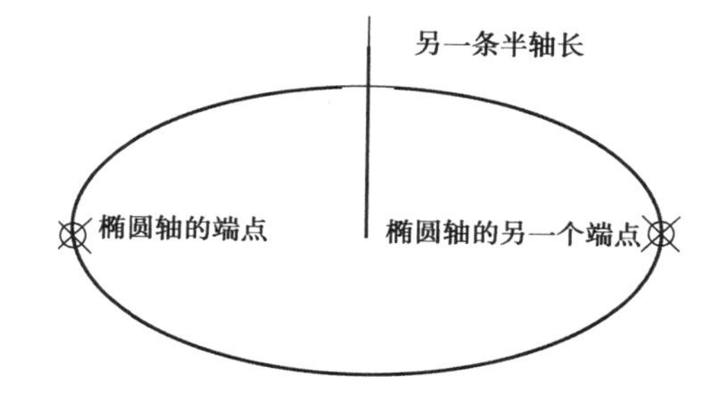

图 4.8　方法一(轴、端点法绘制椭圆)

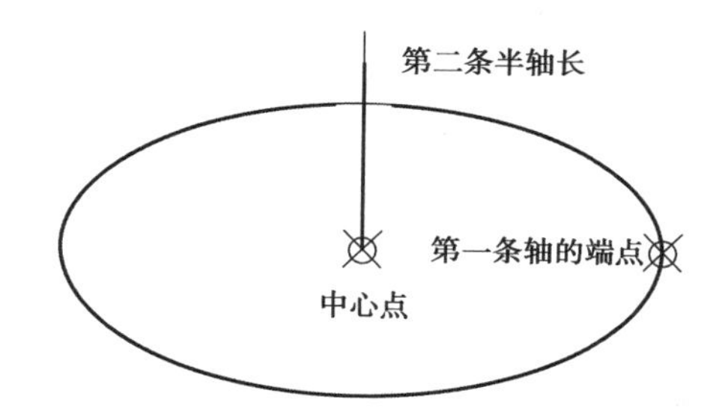

图 4.9　方法二(中心点法绘制椭圆)

知识点 4　画切线

【功能】

AutoCAD 中利用直线和对象捕捉绘制与直线垂直的切线。

【操作方法】

• 方法一:L→空格→输入“tan”→ 空格→指定圆上需要画切线的第一个切点(圆上出现切点捕捉标识时,左键单击)→输入“tan”→ 空格→指定圆上需要画切线的第二个切点(圆上出现切点捕捉标识时,左键单击)→ 空格。

• 方法二:右键单击对象捕捉按钮→左键单击“设置”→选中“草图设置”对话框中的“切点”,如图 4.10 所示→单击“确定”按钮→输入“L”→空格→指定圆上需要画切线的第一个切点(圆上出现切点捕捉标识时,鼠标左键单击)→指定圆上需要画切线的第二个切点(圆上出现切点捕捉标识时,鼠标左键单击)→空格。

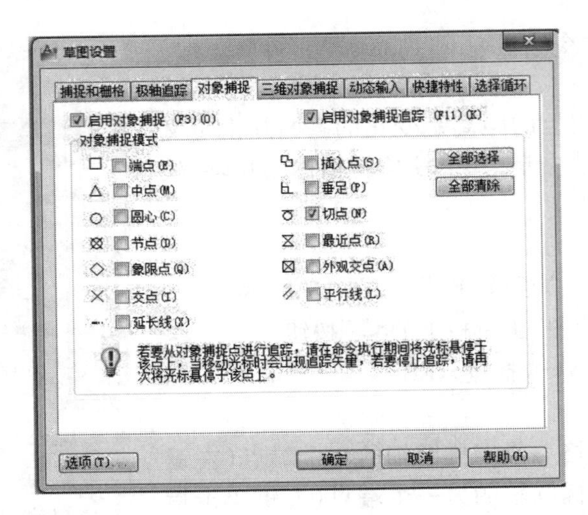

图 4.10　草图设置

【实例】

在已知圆 O_1 和圆 O_2 上画如图 4.11 所示切线 *AB*。

操作步骤：

输入“L”→空格→TAN→空格→左键单击圆 O_1 上切点 *A* 点→TAN→空格→左键单击圆 O_2 上切点 *B* 点→空格。

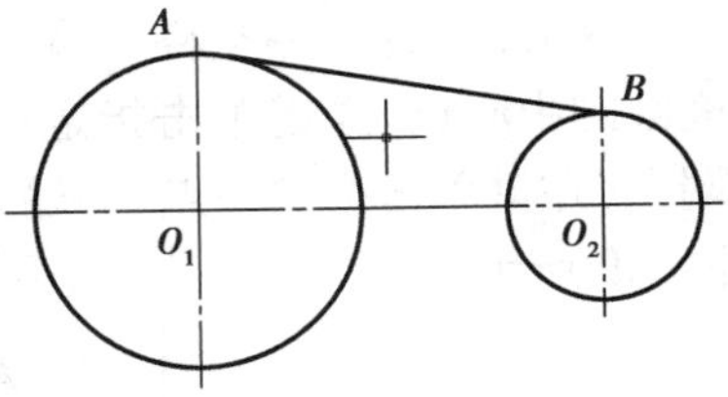

图 4.11　绘制切线 *AB*

知识点 5　画圆弧连接

【功能】

在绘制图形中，经常需要用圆弧连接两直线、两圆弧或直线和圆弧，这样的圆弧称为连接弧。

【操作方法】

根据相切关系找圆心→C→根据已知半径画圆→TR 修剪多余圆弧。

【实例】

画如图 4.12 所示图形。

操作步骤：

①输入“C”→空格→指定一点为圆心→输入半径“31”→空格，如图 4.13 所示。

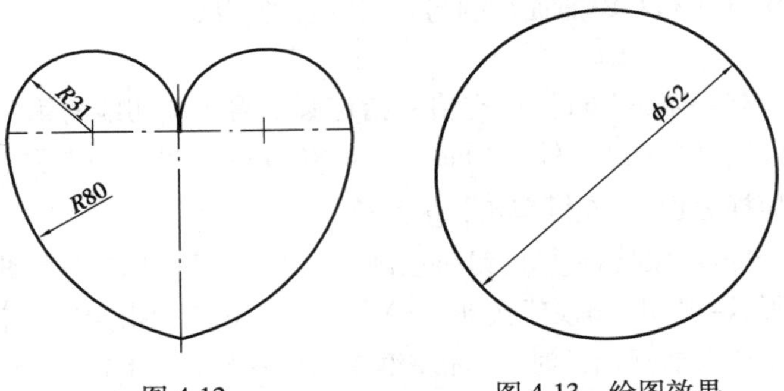

图 4.12　　　　图 4.13　绘图效果

②输入“L”→空格→对象捕捉 *R*31 圆左边象限点作为直线第一点→F8→鼠标向右输入“80”，找到 *R*80 圆心→空格，如图 4.14 所示。

③输入“C”→空格→以步骤二找到的 $R80$ 圆心为圆心→输入半径“80”→空格,如图 4.15 所示。

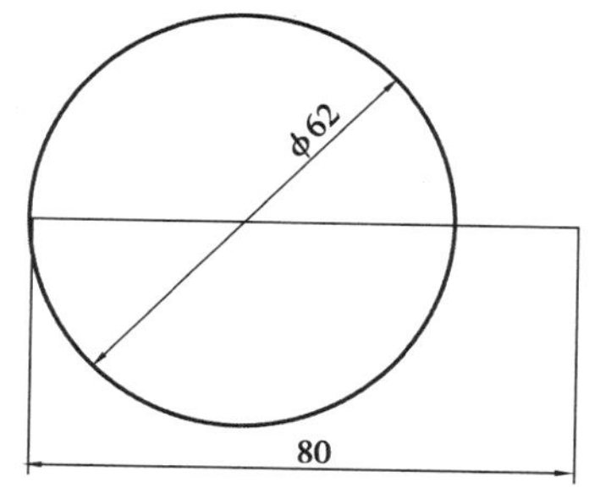

图 4.14　绘图效果

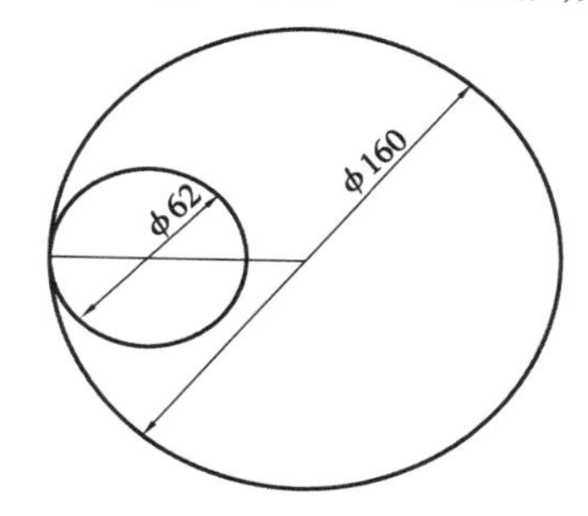

图 4.15　绘图效果

④同样的方法绘制右半边 $R31$ 圆和 $R80$ 圆弧,如图 4.16 所示。

⑤修剪多余的线段,如图 4.17 所示。

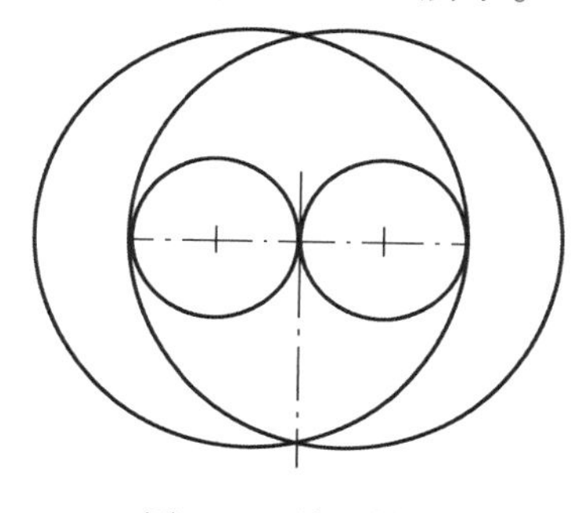

图 4.16　绘图效果

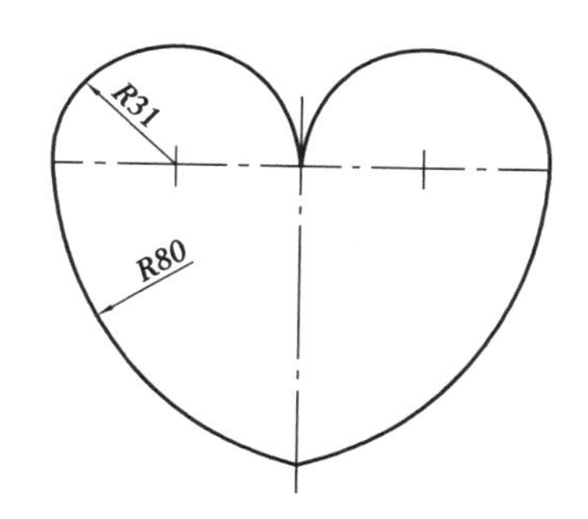

图 4.17　绘图效果

【任务实施】

01 选择“文件”→“打开”命令打开 “任务三.dwg”,另存为“手柄.dwg”。

02 按照任务 3 图的样式设置图层,并将“细实线”层设置为当前图层。

03 用直线命令和偏移、修剪命令绘制手柄中心线、槽和绘图辅助线,如图 4.18 所示。

04 使用圆命令,绘制手柄中的 $\phi72$、$\phi15$ 的圆和 $R15$、$R4$ 的半圆。

①输入“C”→空格→左键单击最下方中心线交点为圆心→输入“D”直径→空格→输入“72”→空格。

②输入“C”→空格→左键单击中心线第二个交点为圆心→输入“D”直径→空格→输入“15”→空格。

③输入“C”→空格→左键单击中心线第二个、第三个交点为圆心→分别输入“15”→空格。

④输入“C”→空格→左键单击中心线第一个交点为圆心→输入“4”→空格。

⑤用修剪命令修剪图形,如图 4.19 所示。

05 使用圆命令,绘制手柄中的 $R32$ 圆弧。在“绘图”菜单的“圆”子菜单中选择“相切、相切、半径”→分别在与 $R32$ 相切两条边出现 ӧ 时左键单击→输入“32”→空格,如图 4.20 所示。

06 使用相同的圆命令,绘制手柄中的 $R16$、$R4$ 圆弧,再对图形进行修剪,如图 4.21 所示。

07 使用椭圆命令,绘制手柄中的椭圆, EL→空格→左键单击最下方中心点交点向左追踪 20 mm 点→F8→左键单击上一点向右 40 mm 点→输入“10”→ESC，如图 4.22 所示。

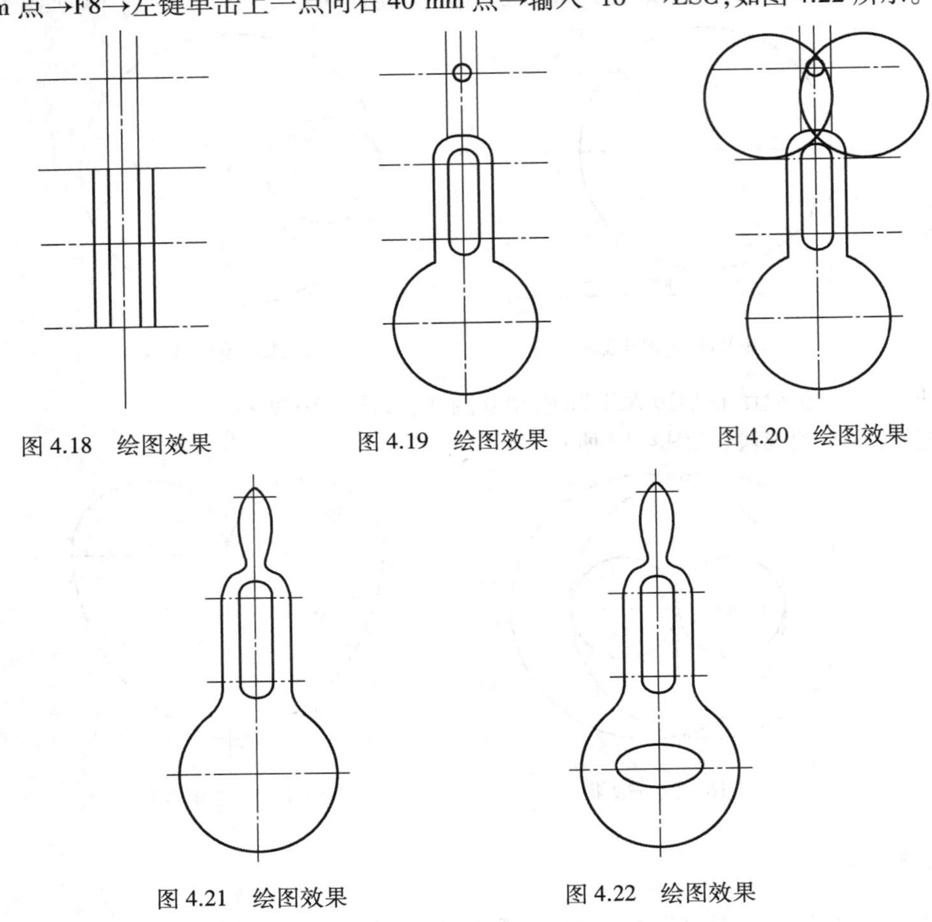

图 4.18　绘图效果

图 4.19　绘图效果

图 4.20　绘图效果

图 4.21　绘图效果

图 4.22　绘图效果

任务 5　绘制盖板组件俯视图

【学习目标】

1. · 会用多种方法绘制多边形
2. · 会使用矩形命令
3. · 会使用矩形阵列复制多个对象
4. · 会使用环形阵列复制多个对象
5. · 会使用路径阵列复制多个对象
6. · 会使用分解命令将复合对象转变为单个元素
7. · 会使用拉长命令改变非封闭对象的长度或角度

【任务提出】

用多边形、阵列等命令绘制图5.1所示的盖板组件俯视图。

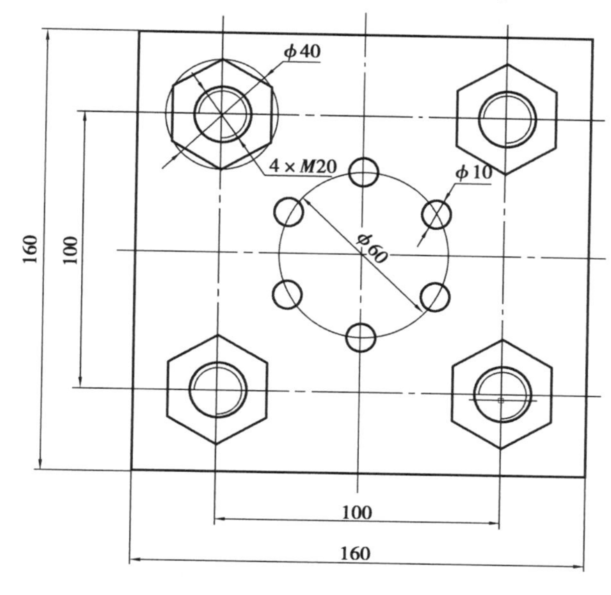

图5.1　盖板

【任务引入】

盖板组件是机械产品中非常常见的一个零部件,用于密封容器等设备。螺栓一般都均布在盖板上用于紧固。本任务就是要绘制如图5.1所示的盖板组件俯视图。

【任务知识点】

知识点1　多边形命令

【功能】

AutoCAD中虽然可以利用“直线”命令绘制多边形,但是为了提高效率,AutoCAD还专门提供了“多边形”命令绘制多种正多边形。

【命令启动方法】

- 菜单栏:“绘图”→“多边形(Y)”,如图5.2所示。
- 工具栏:单击“绘图”工具栏上的⬠按钮
- 命令: POLYGON或<快捷键>POL

【操作方法】

POL→空格→输入多边形侧面数(默认为4)→空格→输入多边形中心点(左键单击指定一点)→选择内接于圆(I)或者选择外切圆(C)→输入圆半径的值→空格。

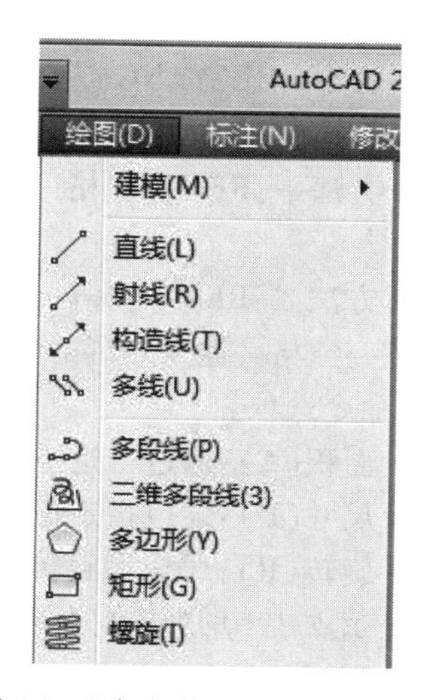

图5.2　“多边形”“矩形”下拉菜单

【命令选项】

- 边(E):通过确定多边形的一条边长尺寸来绘制正多边形。

【实例】

用"正多边形"命令绘制如图 5.3 所示的半径为 30 的正六边形。

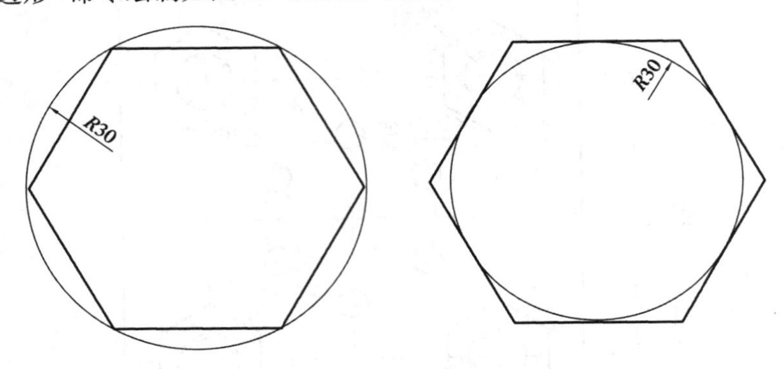

图 5.3　正六边形的绘制

操作步骤:

①输入"POL"→空格→输入多边形侧面数"6"→空格→单击左键指定圆心→I(选择内接圆)→输入半径"30"→空格。

②输入"POL"→空格→输入多边形侧面数"6"→空格→单击左键指定圆心→C(选择外切圆)→输入半径"30"→空格。

知识点 2　矩形命令

【功能】

AutoCAD 中虽然可以应用多边形命令来绘制矩形,但矩形在图形中较为常见,所以 AutoCAD 有专门绘制矩形的命令,来提高绘图效率。

【命令启动方法】

- 菜单栏:"绘图"→"矩形(G)"
- 工具栏:单击"绘图"工具栏上的按钮
- 命令: RECTANG 或<快捷键>REC

【操作方法】

- 方法一:REC→空格→左键单击左上角点位置(拉出矩形框)→左键单击右下角点位置。
- 方法二:REC→空格→左键单击左上角点位置(拉出矩形框)→D→空格→输入矩形的长度值→空格→输入矩形的宽度值→空格→选择好矩形方位左键单击。

【命令选项】

- 面积(A):通过指定矩形面积、长度或宽度来绘制矩形。
- 尺寸(D):通过指定矩形长度和宽度来绘制矩形。
- 旋转(R):对矩形旋转指定的角度。

知识点 3　矩形阵列命令

【功能】

阵列对象是将所选图形按照一定数量、角度或距离进行复制,以生成多个副本图形。在

AutoCAD 中,可以使用“矩形阵列”“环形阵列”“路径阵列”命令复制图形对象。矩形阵列是将所选对象按照行和列的数目、间距以及旋转角度进行复制。

【命令启动方法】

- 菜单栏:“修改”→“阵列”→“矩形阵列”,如图 5.4 所示。
- 工具栏:单击“修改”工具栏上的按钮
- 命令:ARRAYRECT 或<快捷键> AR

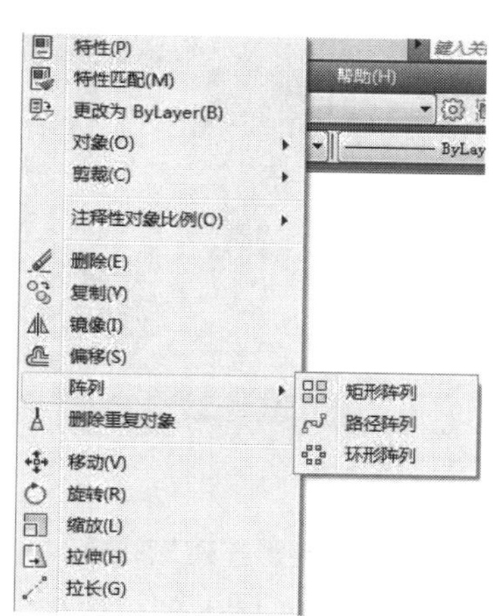

图 5.4　“矩形阵列”下拉菜单

【操作方法】

单击“修改”工具栏上的按钮→选择阵列对象→空格→输入“B”(指定基点选项)→空格→左键单击基点→选择选项 C 计数→空格→输入行数→空格→输入列数→空格→选择 S 间距→空格→输入行间距→空格→输入列间距→空格→选择是否关联→空格。

【命令选项】

- 行数:输入矩形阵列的行数。
- 列数:输入矩形阵列的列数。
- 间距:输入矩形阵列的行间距和列间距。
- 阵列基点:指定对象的关键点。
- 阵列角度:输入矩形阵列相对 UCS 坐标系中 X 轴旋转的角度。

【实例】

如图 5.5 所示,用“矩形阵列”命令将半径为 5 的小圆复制成 3 行 4 列矩形排列的图形,行距为 15,列距为 20。

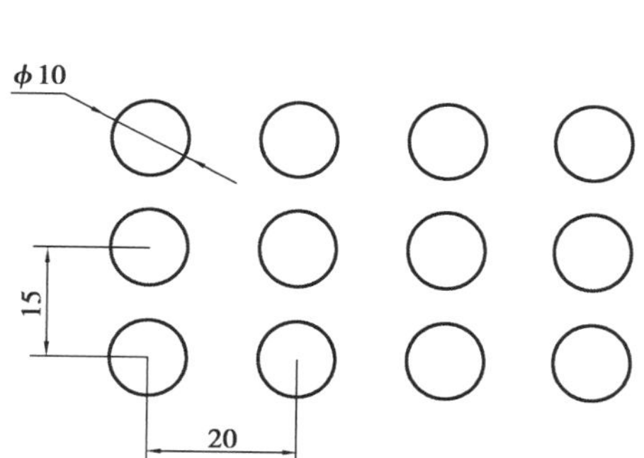

图 5.5　矩形阵列绘制图形

操作步骤:

①选择“修改”→“阵列”→“矩形阵列”命令。

②选择半径为 5 的小圆→空格→ B→空格→单击小圆圆心即基点→C→空格→输入“3”→空格→输入“4”→空格→S→空格→输入“15”→空格→输入“20”→空格→空格。

知识点 4　环形阵列命令

【功能】

在 AutoCAD 中,除了可以使用“矩形阵列”外,还经常使用“环形阵列”命令复制图形对象。要将对象进行环形阵列,需要指定环形阵列的中心点、生成对象的数目以及填充角度等。

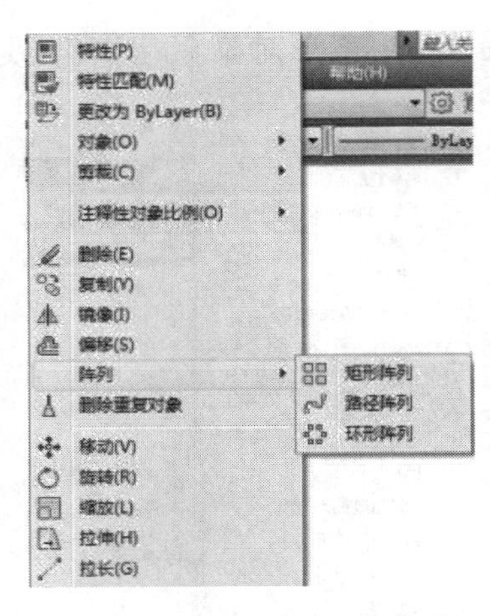

图 5.6 “环形阵列”下拉菜单

【命令启动方法】

● 菜单栏:“修改”→“阵列”→“环形阵列”,如图 5.6 所示。

● 工具栏:单击“修改”工具栏上的按钮

● 命令:ARRAYPOLAR

【操作方法】

在“修改”菜单的“阵列”中选择“环形阵列”命令→选择阵列对象(左键单击要阵列的对象)→空格→指定阵列中心点(左键单击)→输入项目数→空格→指定填充角度(默认空格为 360°)→空格→选择是否关联→空格。

【命令选项】

● 中心点:输入中心点的坐标。

● 项目数:输入环形阵列复制份数。

● 项目间角度:指定项目之间的角度。

● 填充角度:通过总角度和阵列对象之间的角度来控制环形阵列。

● 旋转项目:控制在排列项目时是否旋转项目。

【实例】

如图 5.7 所示,用“环形阵列”命令将半径为 6 的小圆作环形阵列。

操作步骤:

单击“修改”工具栏上的按钮→选择半径为 6 的小圆→空格→选定直径为 60 的大圆圆心(左键单击)→输入“4”→空格→指定填充角度(默认空格为 360°)→空格→空格。

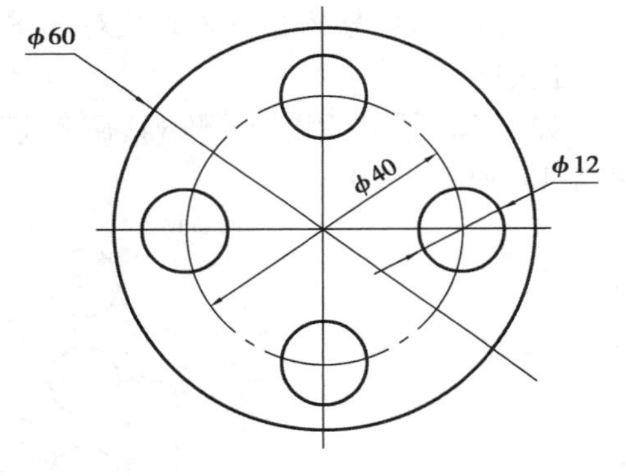

图 5.7 环形阵列绘制图形

知识点 5 路径阵列命令

【功能】

在 AutoCAD 中,还可以使用“路径阵列”命令复制图形对象。“路径阵列” 命令可将对象均匀分布的沿路径或部分路径分布。沿路径分布的对象可以测量和分割。

【命令启动方法】

● 菜单栏:“修改”→“阵列”→“路径阵列”,如图 5.8 所示。

● 工具栏:单击“修改”工具栏上的按钮

● 命令:ARRAYPATH

【操作方法】

在“修改”菜单的“阵列”中选择“路径阵列”命令→选择阵列对象(左键单击要阵列的对象)→空格→选择路径曲线(左键单击)→输入项目数→空格→指定项目之间的距离(空格为默认定数等分)→空格→选择是否关联→空格。

【命令选项】

● 选择路径曲线:路径可以是直接、多段线、三维多段线、样条曲线、螺旋、圆弧、圆或者椭圆。

● 方法：控制在编辑路径或项目数时如何分布项目。

● 分割：分布项目以使其沿路径的长度平均定数等分。

● 测量：编辑路径时，或者当通过夹点或“特性”选项板编辑项目数时保持当时间距。

● 全部：指定第一个和最后一个项目之间的总距离。

● 表达式：定义表达式，使用数学公式或方程式获取值。

● 层级：指定层数和层间距。

● 对齐项目：指定是否对齐每个项目以与路径的方向相切。

● Z 方向：控制是否保持项目的原始 Z 方向或沿三维路径自然倾斜项目。

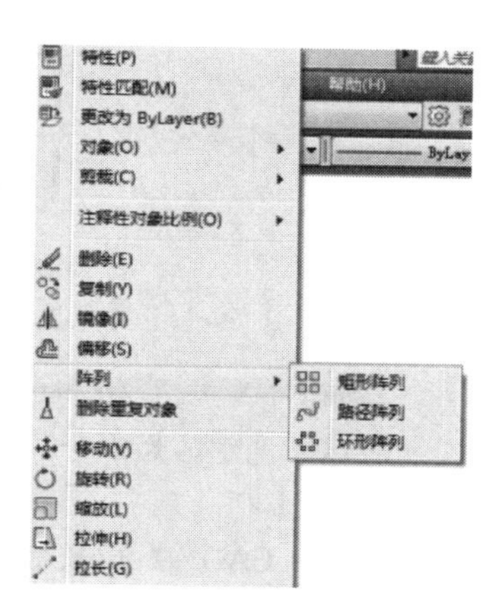

图 5.8 “路径阵列”下拉菜单

【实例】

如图 5.9 所示，绘制一个小圆及一条曲线，用“路径阵列”命令将小圆沿着样条作路径阵列复制 5 个等距离小圆。

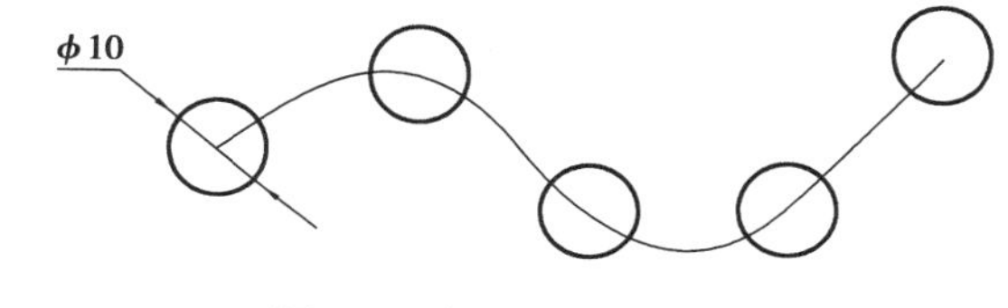

图 5.9 路径阵列绘制图形

操作步骤：

单击“修改”工具栏上的 按钮→选择半径为 5 的小圆→空格→选择样条曲线（左键单击）→输入“5” →空格→空格→空格。

知识点 6 分解命令

【功能】

在绘制与编辑图形中，经常需要将多段线、标注、图案填充或块参照复合对象转变为单个元素进行编辑，这时利用“分解”命令进行操作。例如，分解多段线将其分为简单的线段和圆弧，分解尺寸标注为直线和箭头等。

【命令启动方法】

● 菜单栏：“修改”→“分解(X)”，如图 5.10 所示。

● 工具栏：单击“修改”工具栏上的 按钮

● 命令：EXPLODE<快捷键> X

【操作方法】

X→选择分解的对象（左键单击要分解的对象）→空格。

【实例】

用“分解”命令将图 5.11(a)所示的“矩形”命令绘制的矩形分解为 4 段，结果为图 5.11(b)所示。

操作步骤：

①用矩形命令绘出如图 5.11(a)所示的矩形。

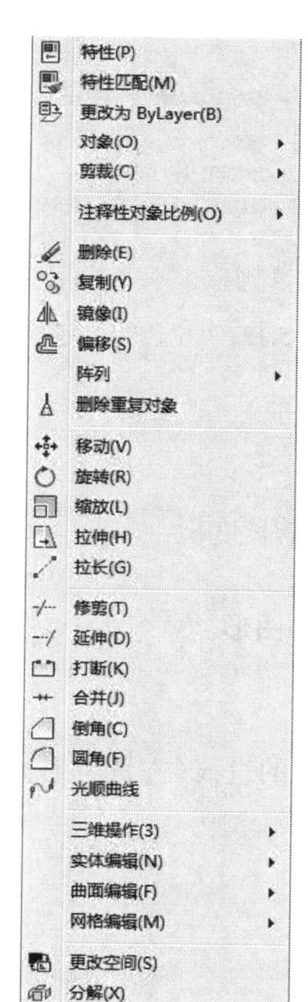

图 5.10 “分解”下拉菜单

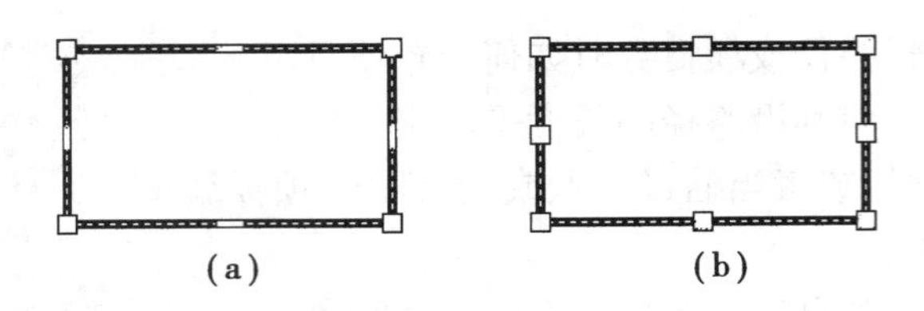

图 5.11 “分解”命令矩形

②输入“X”→空格→选择矩形框→空格。效果如图 5.11(b)所示。

知识点 7 拉长命令

【功能】

在 AutoCAD 中,拉长命令常用于非等比缩放,改变非闭合对象的长度或角度。

【命令启动方法】

- 菜单栏:“修改”→“拉长(G)”
- 命令:LENGTHEN<快捷键> LEN

【操作方法】

LEN→空格→选择 DE 增量→空格→输入增量值→空格→选择要拉长的对象(左键单击)→空格。

图 5.12 “拉长”下拉菜单

【命令选项】

- 选择对象:显示对象的长度或圆弧的包含角。
- 增量:从距离选择点最近的端点处开始以指定的增量修改对象的长度。
- 长度差值:以指定的增量修改对象的长度。
- 角度:以指定的角度修改选定圆弧的包含角。
- 百分数:通过指定对象总长度的百分数设置对象长度。
- 全部:通过指定从固定端点测量的总长度的绝对值来设置选定对象的长度,也按照指定的总角度设置选定圆弧的包含角。
- 总长度:将对象从离选择点最近的端点拉长到指定值。
- 角度:设置选定圆弧的包含角。
- 动态:打开动态拖动模式,通过拖动选定对象的端点之一来改变其长度。

【实例】

用“拉长”命令将图 5.13(a)所示的图形拉长为图为 5.13(b)所示的图形。

操作步骤:

①用直线命令绘出如图 5.13(a)所示的直线。

②输入“LEN”→空格→DE→空格→输入“30”→空格→选择 60 cm 的直线(左键单击)→空格。

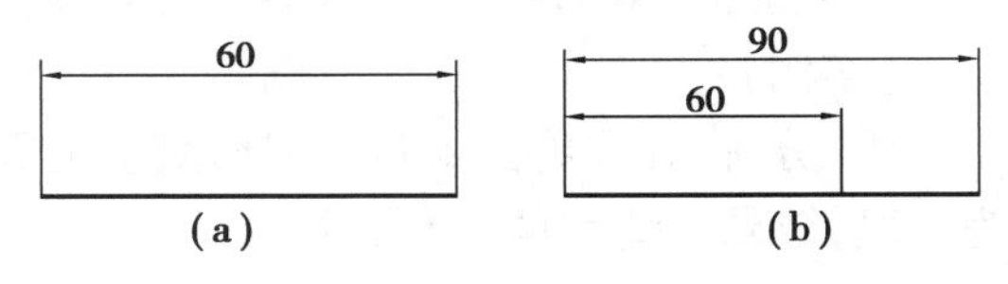

图 5.13 拉长直线

【任务实施】

01 选择"文件"→"新建"命令，新建空白文档。

02 设置图层，并将"粗实线"层设置为当前图层。

03 设置文字样式。

04 使用多边形命令，绘制矩形框。输入"POL"→空格→输入"4"→空格→左键单击矩形的中心点→C(选择外切圆)→空格→输入半径"80"→空格→ESC(退出)。使用直线命令绘制矩形中心线。效果如图5.14所示。

05 按照偏移命令、任务4圆命令绘制出另外几条定位点划线。

06 使用拉长命令，绘制中心线超出轮廓线5 mm，输入LEN→空格→选择DE增量→空格→3→空格→选择6条中心点划线(左键单击)→ESC(退出)。效果如图5.15所示。

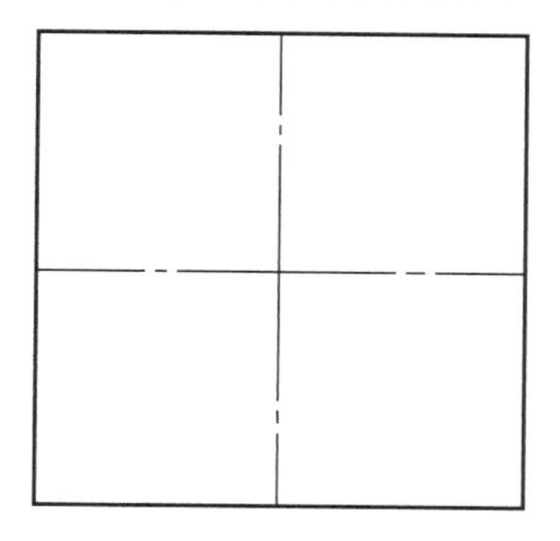

图5.14　绘图效果

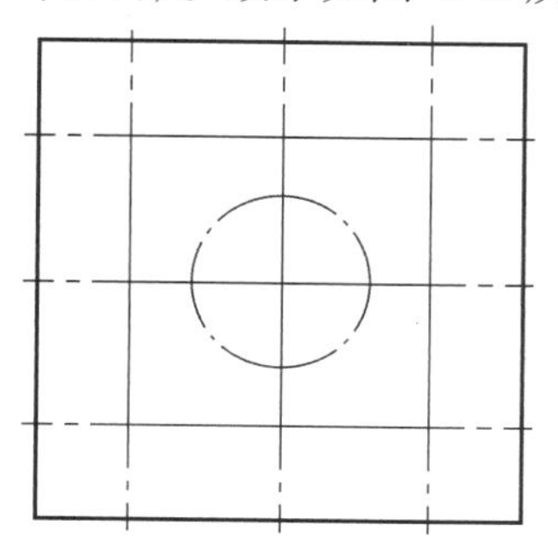

图5.15　绘图效果

07 使用多边形命令，绘制螺纹紧固件。输入"POL"→空格→输入"6"→空格→左键单击点划线中心点→I(选择内接圆)→空格→输入半径"20"→空格→ESC(退出)。使用圆命令和修剪命令绘制螺纹紧固件内部圆、半径为5的圆和3/4圆。效果如图5.16所示。

08 使用矩形阵列命令，绘制其余3个螺纹紧固件。单击"修改"工具栏上的按钮→选择绘制好的螺纹坚固件→空格→B→空格→单击螺纹坚固件中心点→C→空格→输入"2"→空格→输入"2"→空格→左键单击右下角点划线对角点→选择关联"否"→空格)。

09 使用环形阵列命令，绘制其余5个半径为5的小圆。在"修改"菜单的"阵列"中选择"环形阵列"命令→选择半径为5的小圆→空格→左键单击矩形中心点→输入"6"→空格→默认空格为360 °→空格→选择关联"否"→ 空格。效果如图5.17所示。

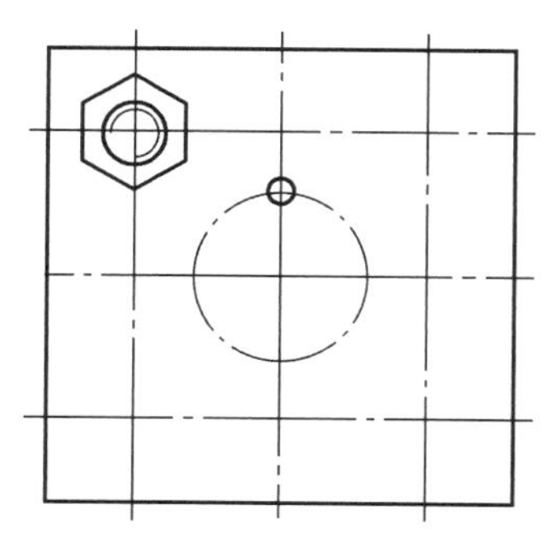

图5.16　绘图效果

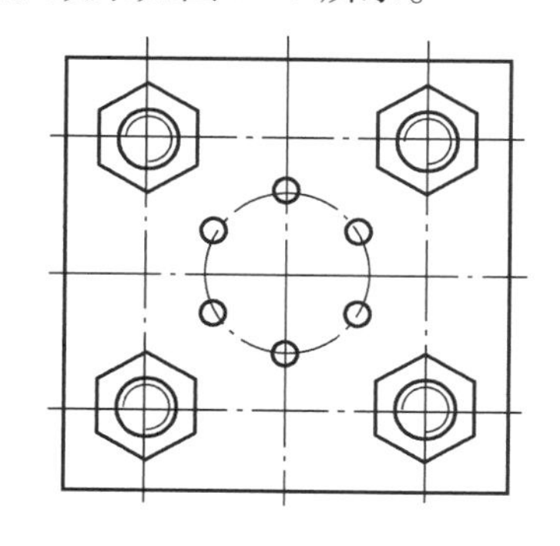

图5.17　绘图效果

任务 6　绘制拖拉机简图

【学习目标】

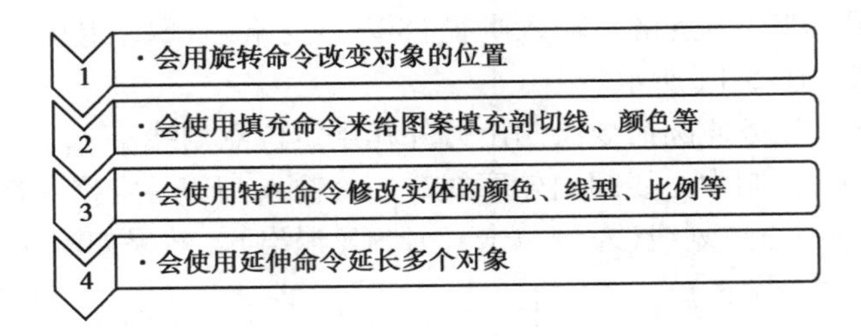

【任务提出】

用旋转、填充等命令绘制图 6.1 所示的拖拉机简图。

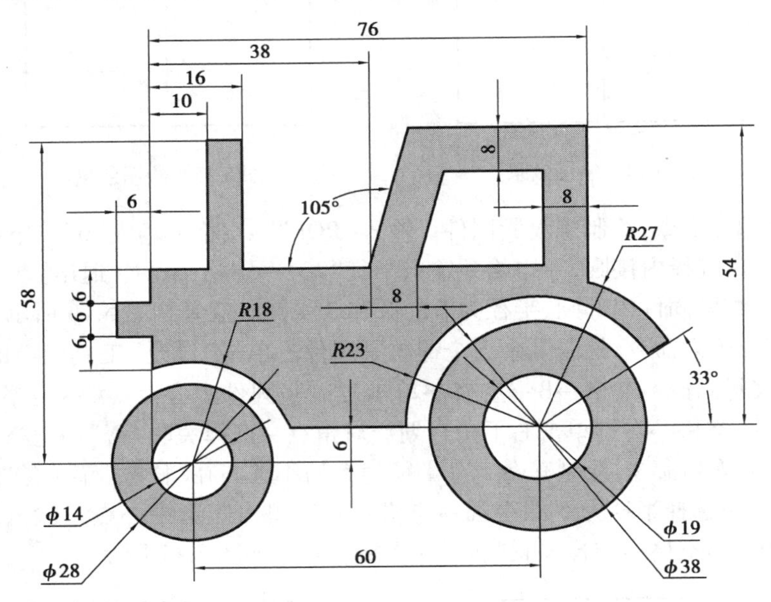

图 6.1　拖拉机简图

【任务引入】

AutoCAD 绘图不仅可以绘制机械、建筑、电气等专业图形，还能绘制日常生活中常见的实体平面简图。本次任务中包含了很多旋转、填充、特性、延伸等命令，在趣味中学习、运用命令。

【任务知识点】

知识点1　旋转命令

【功能】

旋转命令用于旋转单个或一组对象并改变其位置。该命令需要先确定一个基点,以所选基点为中心点对对象进行旋转。

【命令启动方法】

- 菜单栏:“修改”→“旋转(R)”,如图6.2所示。
- 工具栏:单击“修改”工具栏上的按钮
- 命令: ROTATE 或<快捷键>RO

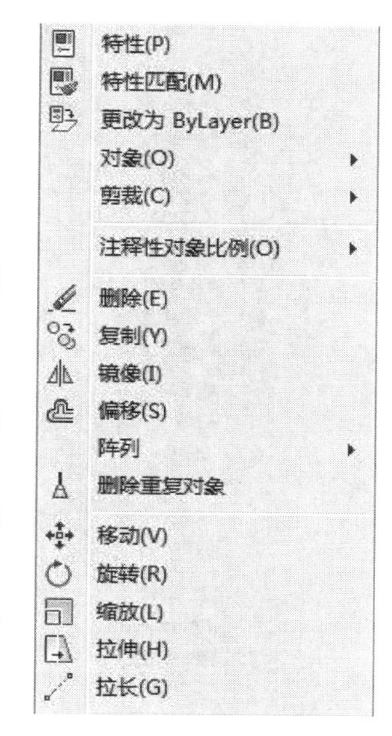

图6.2　“旋转”下拉菜单

【操作方法】

RO→空格→选择需要旋转的对象(左键单击)→空格→指定基点→输入旋转角度→空格。

【命令选项】

- ANGDIR:系统变量,用于设置相对当前UCS(用户坐标系)以0°为起点的正角度方向。
- ANGBASE:系统变量,用于设置相对当前UCS以0°基准角方向。
- 基点:输入一点作为旋转的基点,可以输入绝对坐标,也可输入相对坐标。
- 旋转角度:对象相对于基点的旋转角度,有正负之分。当输入正角度值时,对象将沿逆时针旋转;反之,则沿顺时针方向旋转。
- 参照:执行该选项后,系统指定当前参照角度和所需的新角度。可以使用该选项放平一个对象或者将它与图形中的其他要素对齐。

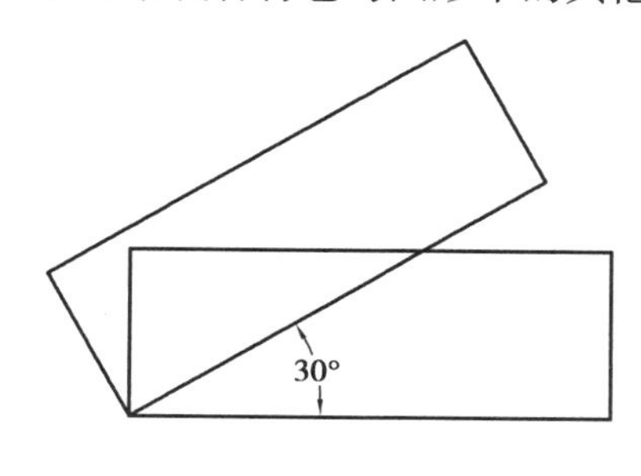

图6.3　旋转图形

【实例】

用“旋转”命令旋转图6.3所示的图形。

操作步骤:

①使用矩形命令绘制矩形。

②输入“RO”→空格→左键单击矩形→空格→左键单击矩形左下角交点→输入“C”(复制对象)→空格→输入“30”(逆时针旋转30°)→空格。

知识点2　填充命令

【功能】

图案填充是将某种图案填充到某一封闭区域,用来更形象地表示零件剖面图形,以体现材料种类、表面纹理或剖面线等。

【命令启动方法】

- 菜单栏:“绘图”→“图案填充”,如图6.4所示。
- 工具栏:单击“绘图”工具栏上的按钮

• 命令:BHATCH、HATCH 或<快捷键> BH 或 H

【操作方法】

H→空格(显示如图 6.5 所示的"图案填充和渐变色"对话框)→选择对话框中"图案(p)"下拉菜单中的一种→选项"边界"中添加:拾取点(K)→左键单击封闭图形内部→空格→确定。

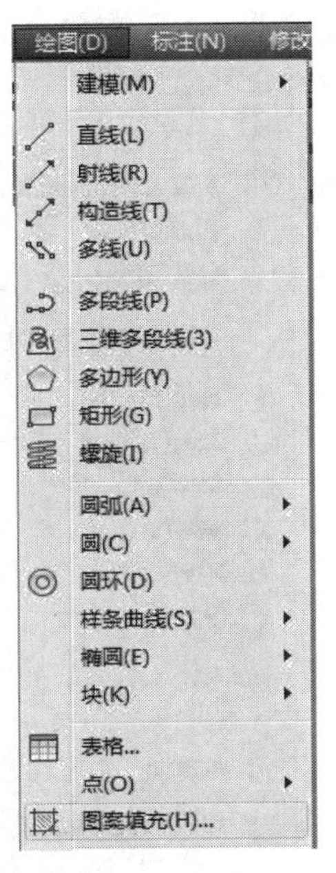

图 6.4 "图案填充"下拉菜单

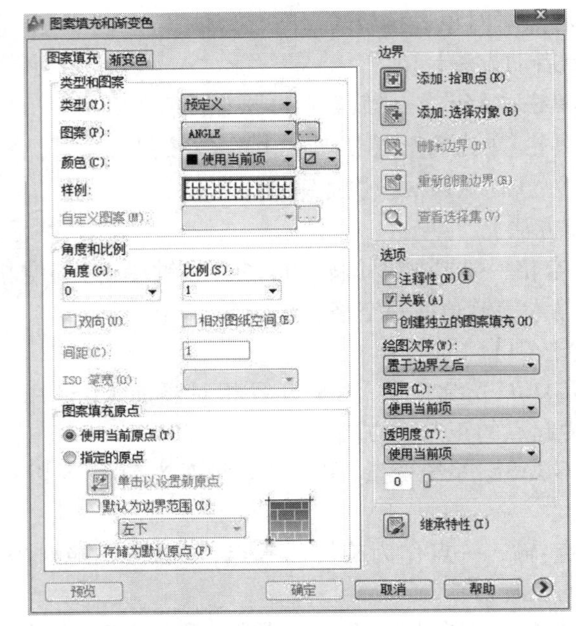

图 6.5 "图案填充和渐变色"对话框

【命令选项】

• 类型:图案的种类。

预定义:使用 AutoCAD 预先定义的在文件 ACAD. PAT 中的图案。

用户定义:使用当前线型定义的图案。

自定义:选用定义在其他 PAT 文件(不是 ACAD. PAT)中的图案。

• 图案:选择具体图案。

列表框:打开列表框,列出各种图案名称。

…按钮:单击该按钮,弹出"填充图案选项板",选取所需要的图案。

• 颜色:选择填充图案的颜色

• 样例:显示所选图案的预览图形。

• 自定义图案:显示用户自定义的图案。

• 角度:输入填充图案与水平方向的夹角。

• 比例:选择或输入一个比例系数,控制图线间距。

• 间距:使用"用户定义"类型时,设置平行线的间距。

• ISO 笔宽:使用 ISO 图案时,在该下拉框中选择图线间距。

• 拾取点:单击该按钮,临时关闭对话框,拾取边界内的一点,按回车键,系统自动计算包围该点的封闭边界,返回对话框。

• 选择对象:从待选的边界集中拾取要填充图案的边界。该方式忽略内部孤岛。

【实例】

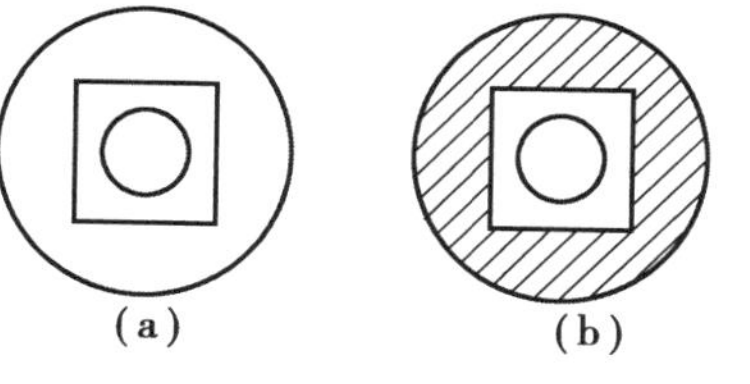

图6.6　图案填充示例

将图6.6(a)所示的图形进行“图案填充”,结果如图6.6(b)所示。

操作步骤:

①执行“图案填充阵列”命令。

②选取图案类型为“ANSI31”。

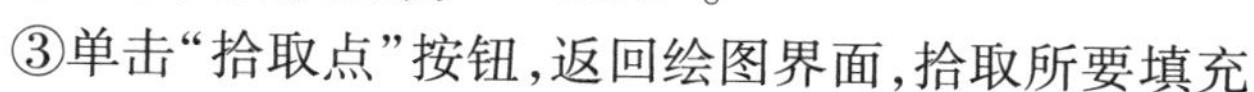

③单击“拾取点”按钮,返回绘图界面,拾取所要填充的区域内部一点(即大圆与矩形之间任意一点)→空格→返回“图案填充”对话框。

④单击“预览”按钮,如不合适可作调整(拾取键或按“Esc”键返回“图案填充”对话框,或单击右键接受图案填充)。

⑤如返回到对话框,单击“确定”按钮完成图案填充。

知识点3　特性命令

【功能】

在AutoCAD中,特性命令是一个功能很强的综合编辑命令,不仅可以修改各种实体的颜色、线型、线型比例、图层,还可以对图形对象的坐标、大小、视点设置等特性进行修改。

【命令启动方法】

• 菜单栏:“修改”→“特性”,或者“工具”→“选项板”→“特性”命令,如图6.7、图6.8所示。

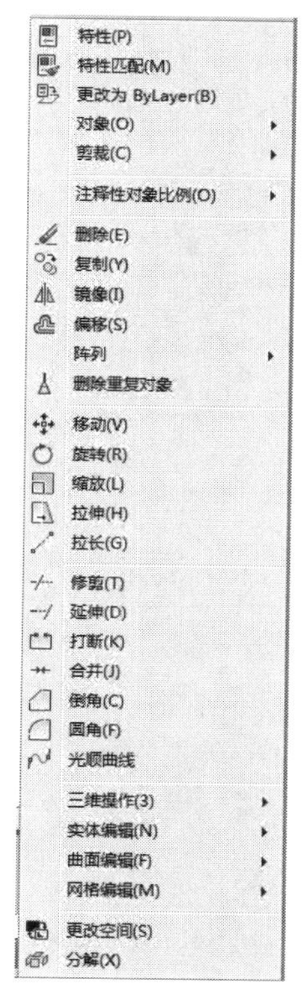

图6.7　“修改”菜单

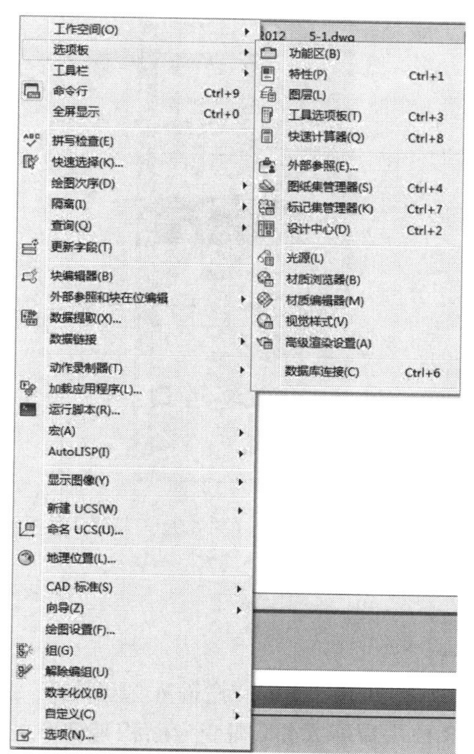

图6.8　“特性”命令

- 工具栏:单击按钮
- 命令:PROPERTIES 或<快捷键>PROP/双击要编辑的对象/选择对象后右键快捷菜单选择“特性(S)”

【命令选项】

- 顶部框格:显示已选择的对象,单击下拉按钮后可选择其他已定义的选择集。未选定任何对象时,显示为“无选择”,表示没有选择任何要编辑的对象。此时列表窗口显示了当前图形的特性,如图层、颜色、线型等。
- 按钮:切换系统变量“PICKADD”的值,即新选择的对象是添加到原选择集,还是替换原选择集。
- “快速选择”按钮 :用快速选择方式选择要编辑的选择集。
- “选择对象”按钮 :用光标方式选择要编辑的对象。
- 常规:用于设置所有图形对象具有的共同属性,包括颜色、图层、线型、打印样式、线宽、厚度等。
- 几何图形:用于设置所选图形对象的几何顶点、标高、面积和长度等特性。
- 其他:用于设置图形是处于关闭还是打开状态。

【实例】

绘制任意大小的一个圆,利用“特性”命令将其面积修改为 200,如图 6.9 所示。

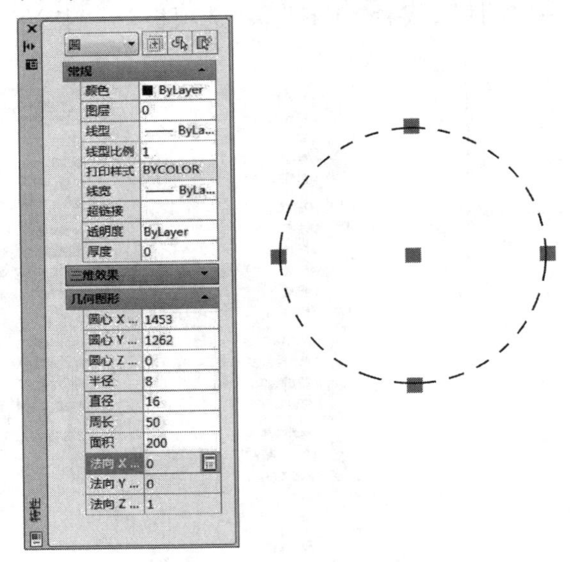

图 6.9 “特性”面板编辑图形

操作步骤:

①绘制任意一个圆。

②打开“特性”选项板。

③在“几何图形”的“面积”一栏输入“200”。

④在绘图区单击鼠标左键,圆变为面积是 200 的圆。

⑤按“Esc”键退出。

知识点 4　延伸命令

【功能】

延伸命令用于把直线、弧和多段线等的端点延长到指定的边界，这些边界可以是直线、圆弧或多段线。

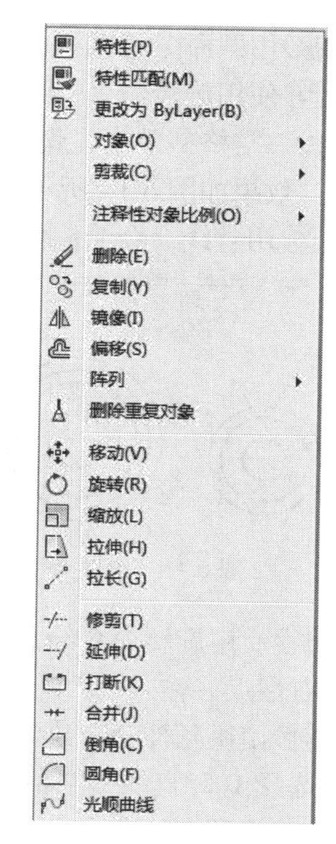

图 6.10　“延伸”下拉菜单

【命令启动方法】

- 菜单栏：“修改”→“延伸”，如图 6.10 所示。
- 工具栏：单击“修改”工具栏上的按钮
- 命令：EXTEND 或<快捷键>EX

【操作方法】

方法一：EX→空格→选择边界对象→空格→选择要延伸的对象（左键单击）→ESC。

方法二：EX→空格→空格→选择要延伸的对象→ESC。

【命令选项】

- 选择边界对象：使用选定对象来定义对象延伸到的边界。
- 选择要延伸的对象：指定要延伸的对象，按回车键结束命令。
- 栏选（F）：选择与选择栏相交的所有对象。选择栏是一系列临时线段，它们是用两个或多个栏选点指定的。选择栏不构成闭合环。
- 窗交（C）：选择矩形区域（由两点确定）内部或与之相交的对象。
- 投影（P）：指定延伸对象时使用的投影方法。

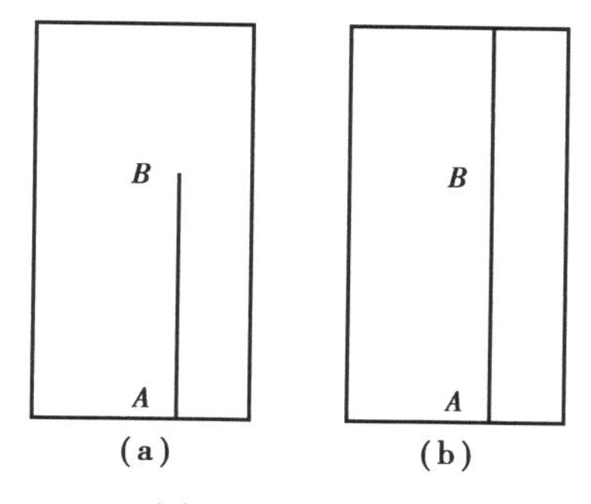

图 6.11　延伸线段

- 边（E）：将对象延伸到另一个对象的隐含边，或仅延伸到三维空间中与其实际相交的对象。
- 放弃（U）：放弃最近通过“延伸”命令所作的更改。

【实例】

用“延伸”命令将图 6.11（a）所示 *AB* 线延伸到矩形边线上，结果如图 6.11（b）所示。

操作步骤：

①使用矩形、直线命令绘制矩形框和直线 *AB*。

②输入“EX”→选择矩形框（左键单击）→空格→选择 *AB* 直线靠近 *B* 点处（左键单击）→ESC。

【任务实施】

01 选择“文件”→“新建”命令，新建空白文档。

02 设置图层，并将“点划线”层设置为当前图层。

03 用直线命令和偏移命令绘制图形中心线和轮廓定位线。效果如图 6.12 所示。

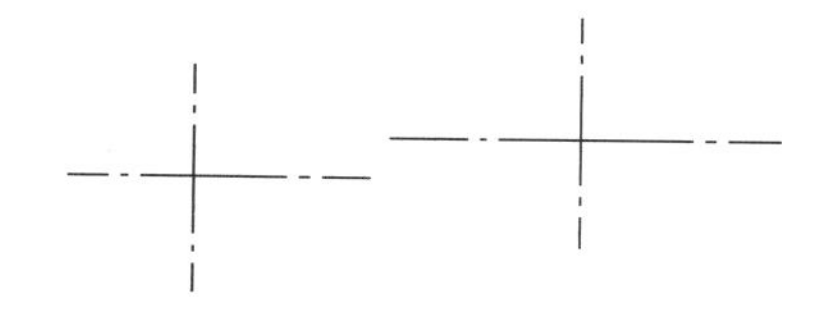

图 6.12　绘图效果

04 用圆命令和偏移命令绘制图形中心线和圆弧轮廓。效果如图 6.13 所示。

05 使用旋转命令,绘制 33°定位线。输入"RO"→单击左键选择直径 38 的圆的横放定位点划线→空格→单击左键直径 38 圆心为基点→输入"C"(复制对象)→空格→输入"33"→空格。效果如图 6.14 所示。

06 用直线命令绘制图形轮廓。效果如图 6.15 所示。

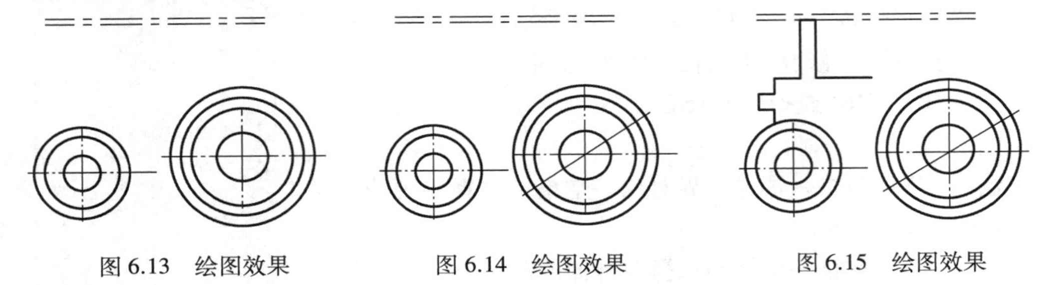

图 6.13 绘图效果 图 6.14 绘图效果 图 6.15 绘图效果

07 使用旋转命令绘制 105°直线。输入"RO"→左键单击 22 直线→空格→左键单击 22 直线右端点→输入"C"(复制对象)→空格→输入"255"→空格。效果如图 6.16 所示。

08 使用延伸命令绘制完整 105°直线。输入"EX"→选择偏移后的定位 60 横放直线→空格→选择 105°直线→空格→ESC。效果如图 6.17 所示。

09 按照直线命令和偏移、修剪命令绘制图形其余轮廓线并修剪。效果如图 6.18 所示。

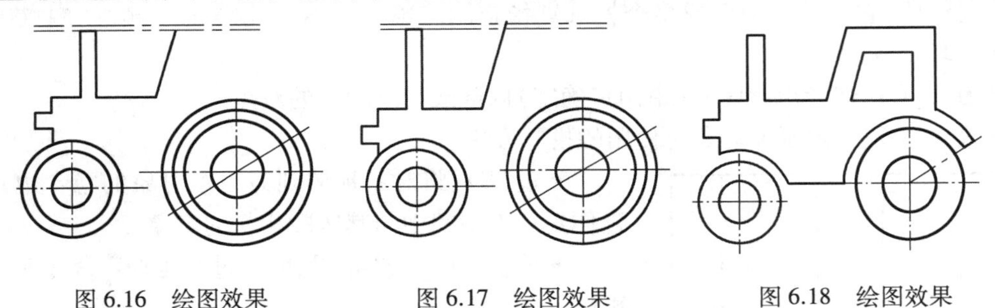

图 6.16 绘图效果 图 6.17 绘图效果 图 6.18 绘图效果

10 使用填充命令,填充拖拉机简图。输入"H"→空格→显示如图 6.5 所示"图案填充和渐变色"对话框→选择对话框中"图案(p)"下拉菜单中的"SOLID"→ 选择对话框中"颜色(c)"下拉菜单中的"254"→选项"边界"添加:拾取点(K)→ 左键单击拖拉机图形中需要填充的部分→空格→确定。效果如图 6.19 所示。

图 6.19 绘图效果

11 使用特性命令，查看拖拉机简图填充面积，左键单击填充部分→按 Ctrl+1 键（显示如图 6.20 所示）→查看“几何图形”中的“面积”。

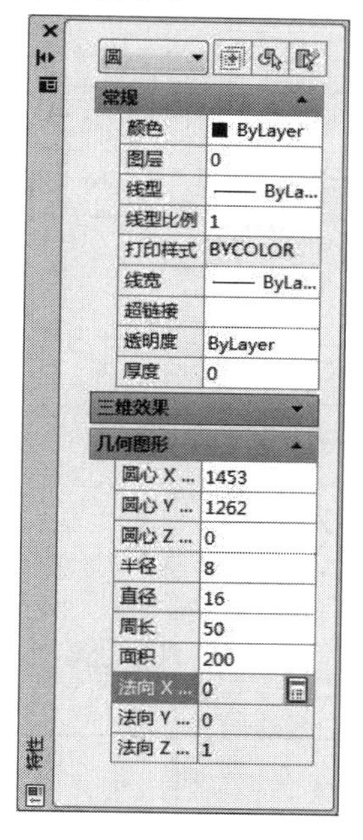

图 6.20　属性窗口

任务 7　绘制组合体主视图

【学习目标】

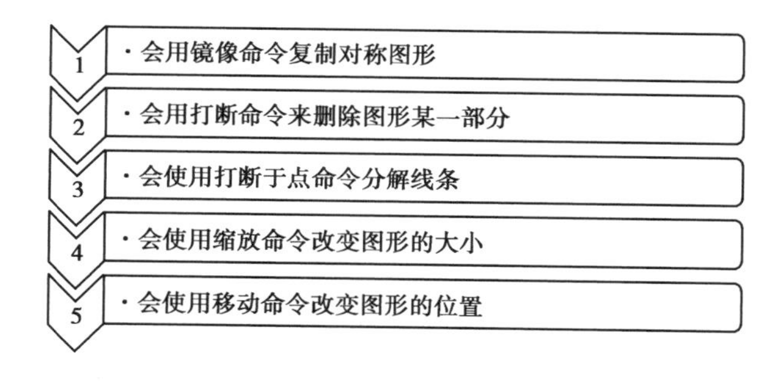

【任务提出】

用镜像、缩放等命令绘制图 7.1 组合体三视图中的主视图。

【任务引入】

三视图能够正确反映物体长、宽、高尺寸的正投影工程图（主视图、俯视图、左视图），是对实体几何形状约定俗成的抽象表达方式。本任务要求绘制组合体三视图的主视图。

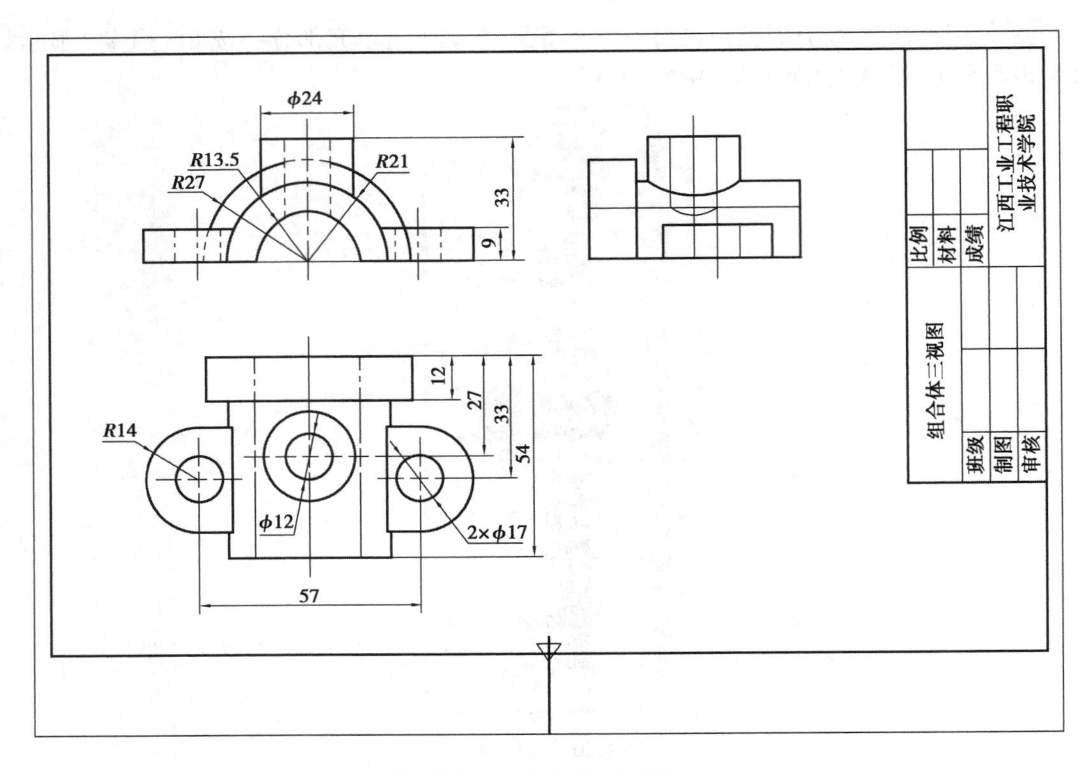

图 7.1　组合体三视图

【任务知识点】

知识点 1　镜像命令

【功能】

镜像命令用于生成所选对象的对称图形,操作时需指出对称轴线。对称轴线可以是任意方向的,源对象可以删去或者保留。

【命令启动方法】

- 菜单栏:"修改"→"镜像(I)",如图 7.2 所示。
- 工具栏:单击"修改"工具栏上的 按钮
- 命令:MIRROR 或<快捷键> MI

【操作方法】

MI→空格→选择需要镜像的对象→空格→指定镜像线第一点→指定镜像线第二点→选择(N)不删除源对象→空格。

【命令选项】

- 选择对象:选取镜像目标。
- 指定镜像线的第一点:输入对称轴线第一点。
- 指定镜像线的第二点:输入对称轴线第二点。
- 是否删除源对象?[是(Y)/否(N)](N):提示选择从图形中删除或保留源对象,默认值是保留源对象。

图 7.2　"镜像"下拉菜单

【实例】

用镜像命令将三角形 ABC 镜像生成和直线 ab 对称的三角形 ABC，如图 7.3 所示。

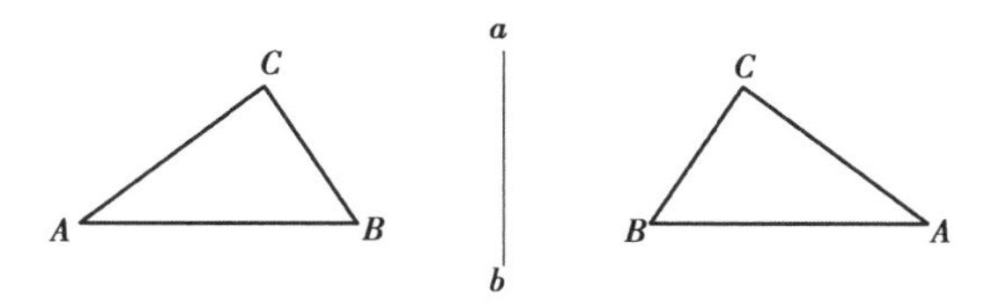

图 7.3　镜像图形

操作步骤:

①使用直线命令绘制三角形 ABC。

②输入“MI”→空格→选择左侧三角形 ABC→空格→选择镜像直线上 a 点→选择镜像直线上 b 点→ESC。

知识点 2　打断命令

【功能】

打断命令可将直线、弧、圆、多段线、椭圆、样条线、射线分成两个对象或删除某一部分。该命令可通过指定两点、选择物体后再指定两点这两种方式断开对象。

【命令启动方法】

- 菜单栏:“修改”→“打断(K)”，如图 7.4 所示。
- 工具栏:单击“修改”工具栏上的按钮
- 命令:BREAK 或<快捷键>BR

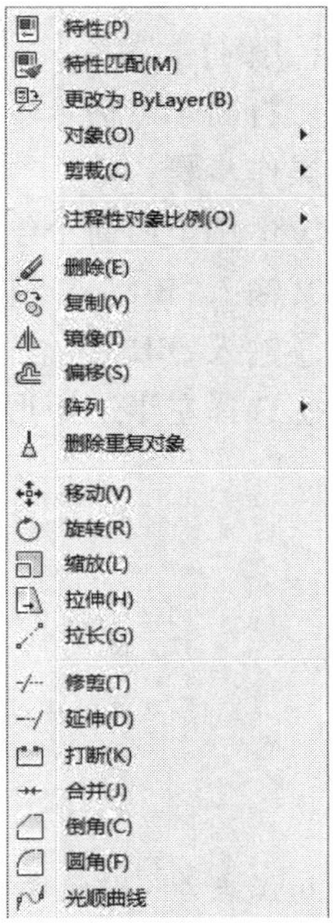

【操作方法】

BR→空格→选择要打断的对象→输入“F”→ 空格→左键单击第一个打断点→左键单击第二个打断点。

【命令选项】

- 第二个打断点:指定用于打断对象的第二个点。
- 第一个点(F):用指定的新点替换原来的第一个打断点。

图 7.4　“打断”下拉菜单

【实例】

用打断命令断开图 7.5(a)所示的矩形 AB 线，结果如图 7.5(b)所示。

操作步骤:

①运用多边形命令绘制图 7.5(a)所示的矩形。

②输入“BR”→空格→选择矩形→输入“F” →空格→左键单击 A 点→左键单击 B 点。

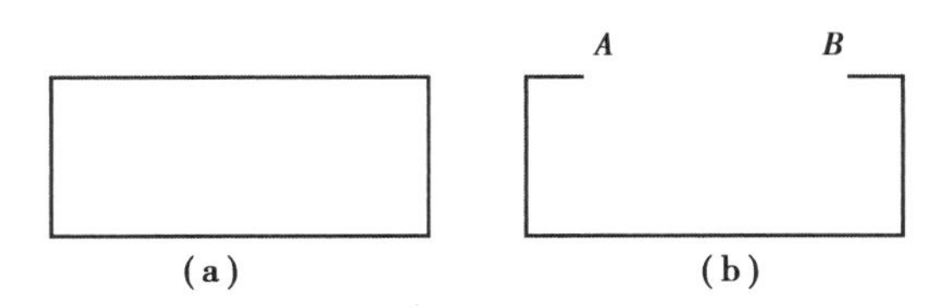

图 7.5　图案填充示例

知识点 3　打断于点命令

【功能】

打断于点命令可将选定的图形实体(文字除外)断开,使封闭的实体(如圆、椭圆、闭合的多段线或样条曲线等)变成不封闭,使不封闭实体分成两段。具体的操作方法取决于所选实体的类型及制定的端点位置。

【命令启动方法】

- 工具栏:在“常用”修改工具栏上单击按钮
- 命令:BREAK 或<快捷键>BR

【操作方法】

左键单击按钮→空格→选择要打断的对象→左键单击第一个打断点。

【实例】

用打断于点命令断开图 7.6(a),结果如图 7.6(b)所示。

操作步骤:

①运用矩形命令绘制图 7.6(a)所示的矩形。

②输入“BR”→空格→选择矩形→空格→左键单击矩形中点 A 点→空格。

③输入“BR”→空格→选择矩形→空格→左键单击矩形中点 B 点→空格。

④选择左半边矩形框,把线型更改为虚线。

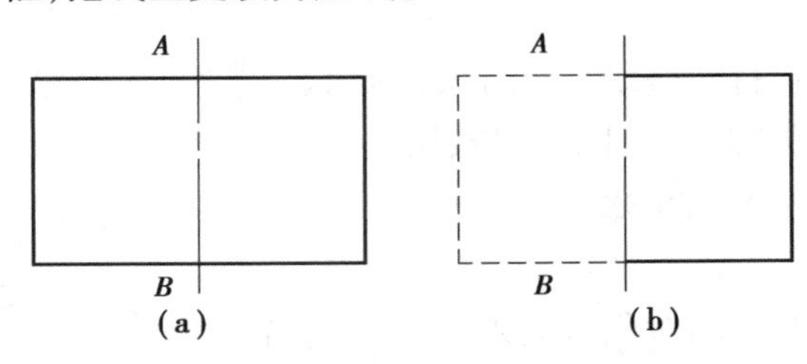

图 7.6　打断于点命令绘制图形

知识点 4　缩放命令

【功能】

比例缩放命令可以改变对象的尺寸大小。该命令可以把整个对象或者对象的一部分沿 X、Y、Z 方向以相同的比例放大或缩小。由于三个方向的缩放率相同,保证了缩放对象的形状不变。

【命令启动方法】

- 菜单栏:“修改”→“缩放”,如图 7.7 所示。
- 工具栏:单击“修改”工具栏上按钮
- 命令:SCALE 或<快捷键> SC

【操作方法】

SC→选择缩放对象(左键单击要缩放的对象)→空格→指定基点(左键单击)→输入比例因子→空格。

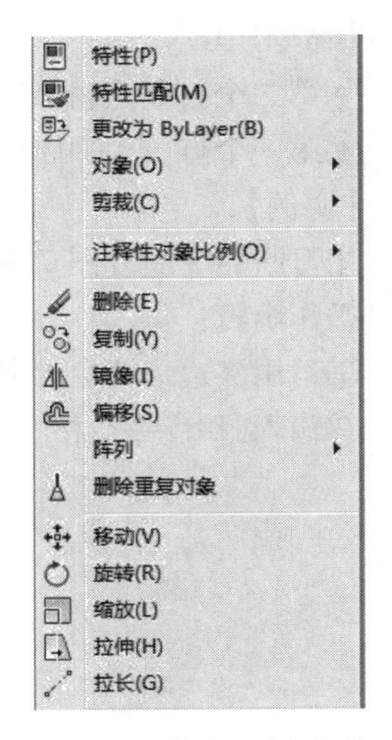

图 7.7　“缩放”下拉菜单

【命令选项】

● 基点：是指在比例缩放中的基准点（即缩放中心点），选定基点后拖动光标时图像将按移动光标的幅度（光标与基点的距离）放大或缩小。另外也可输入具体比例因子进行缩放。

● 比例因子：按指定的比例缩放选定对象。大于1的比例因子将对象放大，介于0和1之间的比例因子将对象缩小。

● 参照（R）：用参考值作为比例因子缩放操作对象。输入“R”，执行该选项后，系统继续提示：“指定参考长度<1>：”，其默认值是1。这时如果指定一点，系统提示“指定第二点”，则两点之间决定一个长度；系统又提示“指定新长度”，则由这新长度值与前一长度值之间的比值决定缩放的比例因子。此外，也可以在“指定参考长度<1>：”的提示下输入参考长度值，系统继续提示“指定新长度”，则由参考长度和新长度的比值决定缩放的比例因子。

【实例】

用比例缩放命令将所示的半径20的圆放大2倍，结果如图7.8所示。

图7.8　缩放命令绘制图形

操作步骤：

①运用圆命令绘制半径为20的圆。

②输入“SC”→空格→左键单击半径20的圆→空格→左键单击基点圆心→输入“2”→空格。

知识点5　移动命令

【功能】

移动命令用于把单个对象或者多个对象从它们当前的位置移至新位置，这种移动并不改变对象的尺寸和方位。

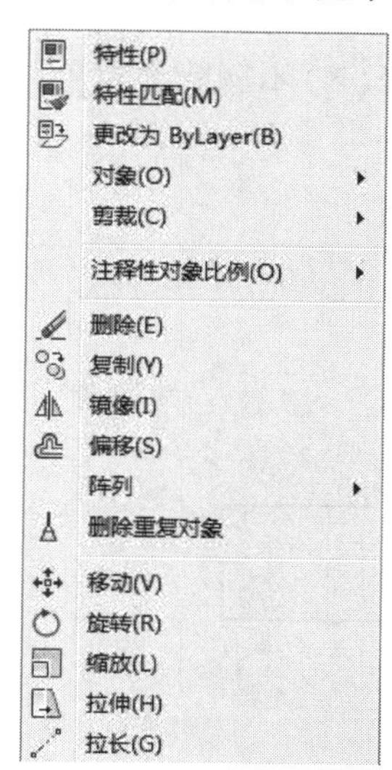

图7.9　“移动”下拉菜单

【命令启动方法】

● 菜单栏：“修改”→“移动（V）”，如图7.9所示。

● 工具栏：单击“修改”工具栏上的按钮

● 命令：MOVE 或<快捷键> M

【操作方法】

M→空格→选择移动的对象（左键单击要移动的对象）→指定基点（左键单击）→指定第二点（左键单击）。

【实例】

用移动命令将图7.10（a）所示的小圆移至六边形内，结果如图7.10（b）所示。

操作步骤：

①用多边形、圆命令绘出如图7.10（a）所示的图形。

②输入“M”→空格→左键单击圆→指定圆心（左键单击）→指

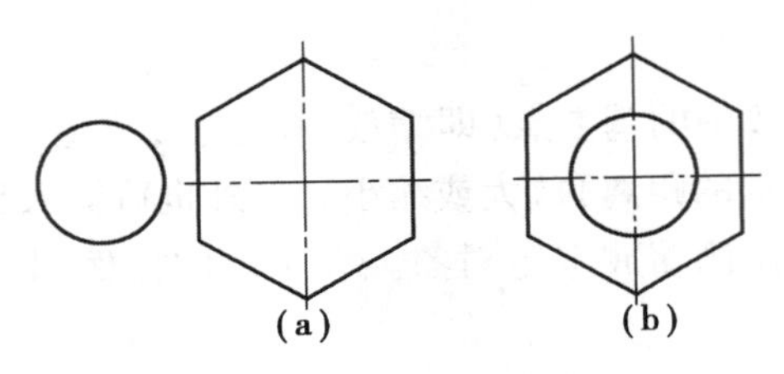

图 7.10 “移动”命令绘制图形

定六边形的中心点(左键单击)。

【任务实施】

01 选择“文件”→“新建”命令,新建空白文档。

02 将“点划线”层设置为当前图层。

03 使用直线、圆、偏移命令绘制主视图中心线及主要轮廓线 *R*13.5、*R*21 的圆,效果如图 7.11 所示。

04 使用缩放命令,绘制 *R*27 圆。输入“SC”→空格→选择圆 *R*13.5→空格→指定圆 *R*13.5 的圆心→输入“C”→输入“2”→空格。效果如图 7.12 所示。

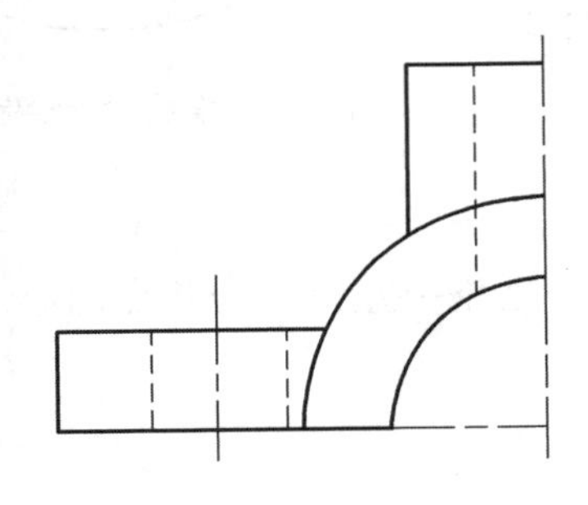

图 7.11 绘图效果

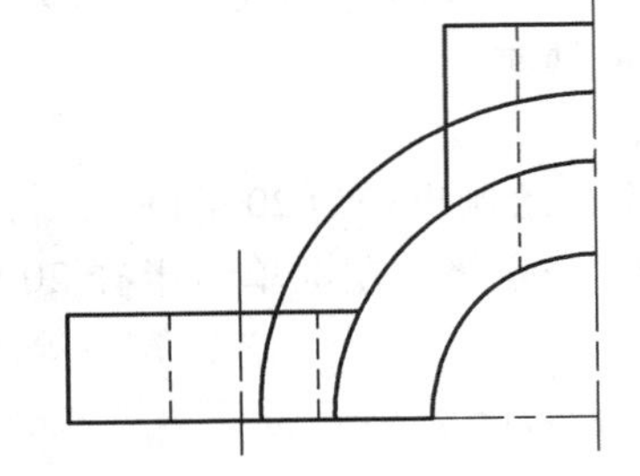

图 7.12 绘图效果

05 使用镜像命令,复制主视图左半部分。输入“MI”→空格→选择主视图左半部分→空格→指定中心点划线第一个端点→指定中心点划线第一个端点→选择(N)不删除源对象(默认)→空格。效果如图 7.13 所示。

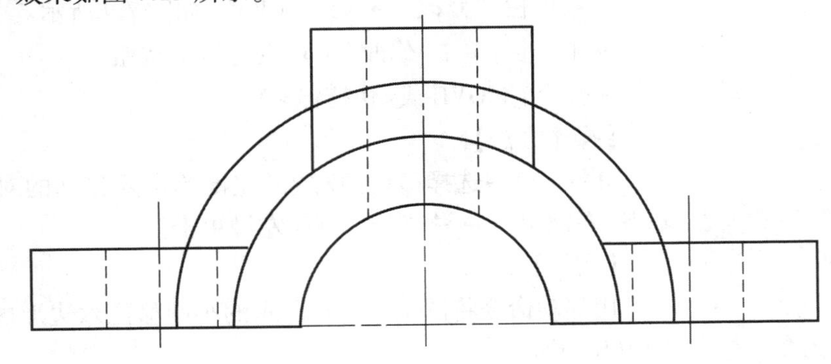

图 7.13 绘图效果

06 使用打断于点命令,绘制 *R*27 圆上虚线。单击按钮→选择 *R*27 圆→空格→左键单击第一个打断点。按照此方法把其他需要打断的线打断,断开后,把其中三段圆弧线型更换为虚线。效果如图 7.14 所示。

07 使用移动命令,输入"M"→空格→选择整个主视图→指定圆心 →指定俯视图中心线延长线上方一点,使主俯视图长对正。效果如图 7.14 所示。

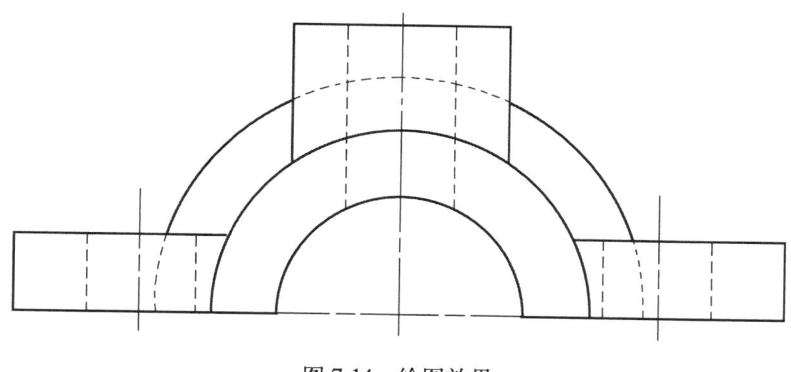

图 7.14　绘图效果

任务 8　绘制栅格散热盖板

【学习目标】

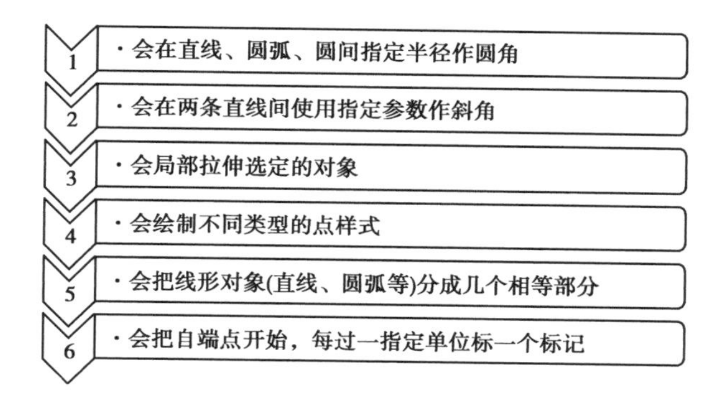

【任务提出】

绘制栅格散热盖板,如图 8.1 所示。

【任务引入】

在机械零件的生产过程中,为防止铸件两表面的尖角处出现裂纹、缩孔,往往将铸件转角处做成圆角;在机械加工过程中,常将直角转角处做成斜角。因此在绘图过程中,倒角和圆角是经常遇到的。手工绘图时,画出倒角边后,再量取倒角距离,连成倒角,将多余的倒角边擦去。在用 AutoCAD 绘图时,遇到倒角和圆角,直接调用命令就可以解决了。本次任务要求绘制含有圆角和斜角的栅格散热盖板零件图。

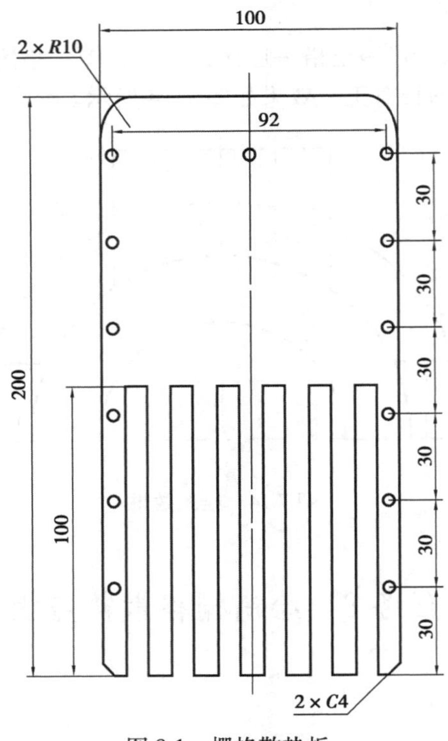

图 8.1　栅格散热板

【任务知识点】

知识点 1　圆角命令

【功能】

圆角是指用指定半径的一段平滑圆弧来连接两个对象。系统规定,圆滑连接的对象可以是一对直线段、非圆弧的多段线、样条曲线、双向无限长线、射线、圆、圆弧和椭圆,且可在任何时刻圆滑连接多段线的每个节点。

【命令启动方法】

- 菜单栏:“修改”→“圆角”
- 工具栏:单击““修改””工具栏上的按钮
- 命令:FILLET 或<快捷键>F

【操作方法】

F→空格→R→空格→输入圆角半径→空格→选择第一个对象(左键单击要倒角对象的第一条边)→选择第二个对象(左键单击要倒角对象的第二条边)。

若仍要倒圆角,可重复上述操作(如果半径不变可直接选择倒角对象边)。

【命令选项】

- 选择第一个对象:系统默认使用“当前设置”内的半径值作为所倒圆角半径,用户选择第一个对象。
- 放弃(U):若倒圆角有误,可输入字母“U”撤销倒圆角。
- 多段线(P):倒圆角对象为多段线,此命令只能在多段线的相邻直线段间倒圆角。

- 半径(R):重新设定所需圆角的半径值。
- 修剪(T):选择此选项,AutoCAD 提示:

输入修剪模式选项［修剪(T)/不修剪(N)］<修剪>:

修剪(T):倒圆角边被圆角修剪,线段光滑连接。

不修剪(N):倒圆角时将保留原线段,只增加一条倒圆弧,原线段无变化。

两种选项的效果,如图 8.2 所示。

- 多个(M):连续倒多个圆角,圆角半径可修改。

【实例】

已知矩形如图 8.3(a)所示,用倒圆角命令将其编辑为图 8.3(b)的形式(倒圆角半径 20 mm)。

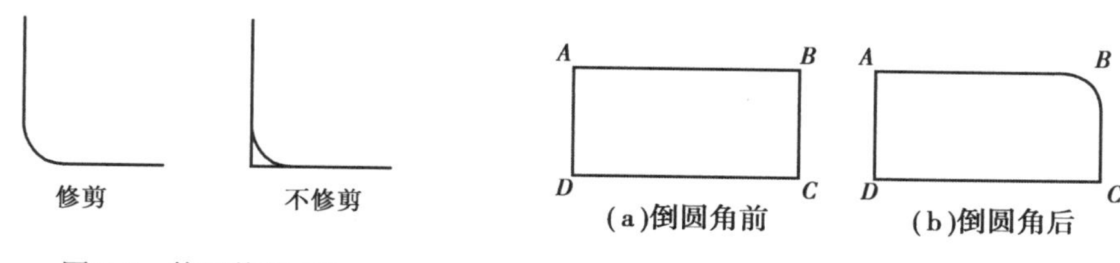

(a)倒圆角前　(b)倒圆角后

图 8.2　使用修剪(T)选项进行修剪操作

图 8.3　倒圆角

操作步骤:

①用直线命令绘出如图 8.3(a)所示形状。

②输入“F”→空格→R→空格

输入圆角半径值“20”→空格→左键单击边 *AB*(选择第一个对象)→左键单击边 *BC*(选择第二个对象)→ESC。

知识点 2　斜角命令

【功能】

以一条斜线连接两条非平行线。

【命令启动方法】

- 菜单栏:“修改”→“倒角”
- 工具栏:单击“修改”工具栏上的按钮
- 命令:CHAMFER 或<快捷键> CHA

【操作方法】

- 方法一:距离倒角。

CHA→空格→D→空格→输入第一个倒角距离→空格→输入第二个倒角距离→空格→选择第一条直线(左键单击)→选择第二条直线(左键单击)。

- 方法二:角度倒角。

CHA→空格→A→空格→输入第一条直线的倒角长度→空格→输入第一条直线的倒角角度→空格→选择第一条直线(左键单击)→选择第二条直线(左键单击)。

【命令选项】

- 选择第一个对象:系统默认使用“当前设置”内的半径值作为所倒圆角半径,用户选择第一个对象。

- 放弃(U):若倒斜角有误,可输入字母“U”撤销倒斜角。
- 多段线(P):倒斜角对象为多段线,此命令只能在多段线的相邻直线段间倒斜角。
- 距离(D):通过设置两个倒角距离作倒角。
- 角度(A):通过设置倒角距离和倒角角度作倒角。
- 修剪(T):选择此选项,AutoCAD 提示:

输入修剪模式选项 [修剪(T)/不修剪(N)] <修剪>:

修剪(T):倒斜角边被倒出的斜边修剪。

不修剪(N):倒斜角时将保留原线段,只增加一条斜边,原线段无变化。

- 多个(M):连续倒多个斜角,斜角距离可修改。

【实例】

- 实例一:距离倒角。

已知矩形如图 8.4(a)所示,用倒圆角命令在矩形右上角作 30×20 的倒角,如图 8.4(b)所示。

操作步骤:

①用直线命令绘出如图 8.4(a)所示图形。

②输入“CHA”→空格→输入“D”→空格→输入第一个倒角距离“30”→空格→输入第二个倒角距离“20”→空格→左键单击边 AB(选择第一个对象)→左键单击边 BC(选择第二个对象)。

- 实例二:角度倒角。

已知矩形如图 8.5(a)所示,用倒圆角命令在矩形右上角作 20×20 的倒角,如图 8.5 所示。

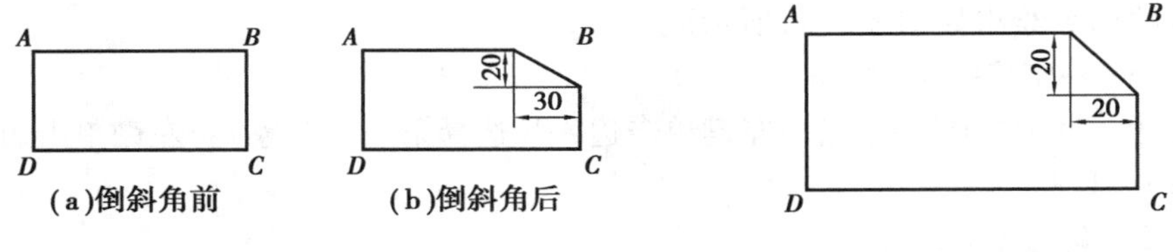

图 8.4 倒斜角　　　　图 8.5 倒斜角后

操作步骤:

①用直线命令绘出如图 8.5(a)所示图形。

②输入“CHA”→空格→输入“A”→空格→输入第一条直线的倒角长度“20”→空格→输入第一条直线的倒角角度“45”→空格→左键单击边 *AB*(选择第一个对象)→左键单击边 *BC*(选择第二个对象)。

知识点 3　拉伸命令

【功能】

拉伸是指移动和拉伸、压缩图形。使用拉伸命令时,拾取拉伸对象须采用交叉窗口或交叉多边形的方式。如果将对象全部拾取,那么执行拉伸命令就如同执行移动命令;如果只选择了部分对象,那么执行拉伸命令只移动拾取范围内对象的端点,从而使整个图形产生变化。值得注意的是,圆不能被拉伸或压缩变形,只能被移动。

【命令启动方法】

- 菜单栏:“修改”→“拉伸”
- 工具栏:单击“修改”工具栏上的按钮
- 命令:STRETCH 或<快捷键> STR

【操作方法】

单击“修改”工具栏上的按钮→以交叉窗口或多边形选择要拉伸的对象→空格→指定基点(左键单击)→左键单击拉伸后的点的位置(或输入位移量后空格)。

【实例】

将如图8.6(b)所示图形拉伸至如图8.6(a)所示。

操作步骤:

①用直线、圆弧、圆命令绘出图8.6(b)。

②输入“STRETCH”→空格。

③选择对象:将除右竖线外的线段全部选中(完整圆包含在内)。

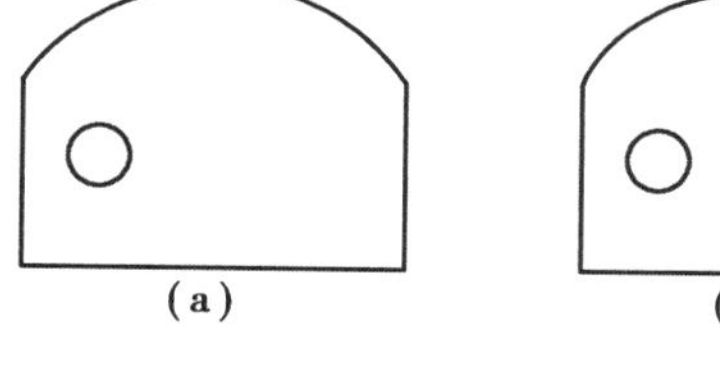

图8.6　拉伸

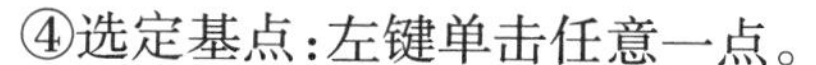

④选定基点:左键单击任意一点。

⑤鼠标向左拉出位移方向后输入位移量。

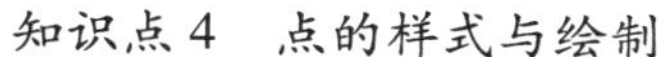

知识点4　点的样式与绘制

【功能】

为了方便查看和区分点,在绘制点之前应先给点定义一种样式,根据需要改变点的样式和大小。在同一图形中,只能有一种点样式,当改变点样式时,该图形中所绘制的所有点的样式将随之改变。无论一次画出多少个点,每一个点都是一个独立的几何元素。

【命令启动方法】

- 菜单栏:“格式”→“点样式”
- 命令:DDPTYPE
- 菜单栏:“绘图”→“点”→“单点”或“多点”
- 工具栏:单击“绘图”工具栏上的按钮。
- 命令:POINT 或<快捷键> PO

【操作方法】

- 调出“点样式”对话框。

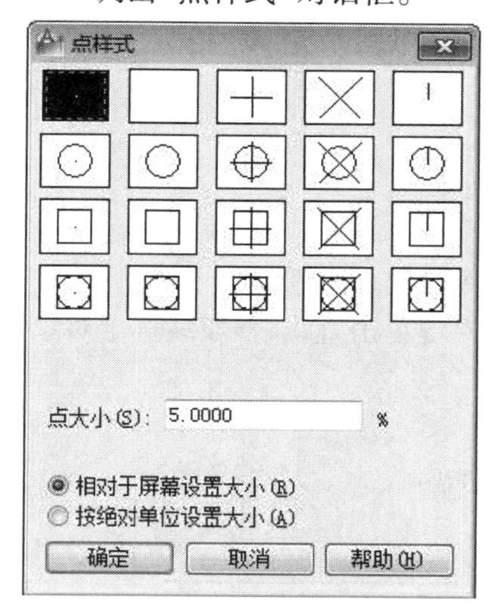

图8.7　“点样式”对话框

DDPTYPE→空格,出现如图8.7所示“点样式”对话框,根据需要来选择点的样式(20种点样式)和大小(改变百分号前的数值)。单击“确定”按钮完成设置。

需要时,可以指定点的大小,设置方式有两种:选择“相对于屏幕设置大小(R)”选型,即按照屏幕尺寸的百分比设置点的显示大小,当执行显示缩放时,显示的点的大小不改变;选择“按绝对单位设置大小(A)”选项,即按绝对单位设置点的大小,执行显示缩放时,显示的点的大小随之改变。

- 绘制点。

PO→空格→指定点的坐标或在图上左键单击所需点的位置。

【实例】

在图8.8(a)所示直线的左右端点和中点处分别绘

制出如图 8.8(b)所示的点。

操作步骤:

①应用直线命令绘制如图 8.8(a)所示图形。

②输入“DDPTYPE”→空格→左键选择 ☒→单击“确定”按钮。

③单击“绘图”工具栏上的 ▫ 按钮→左键单击直线的左端点→空格→左键单击直线的右端点→左键单击直线的中点。效果如图 8.8(b)所示。

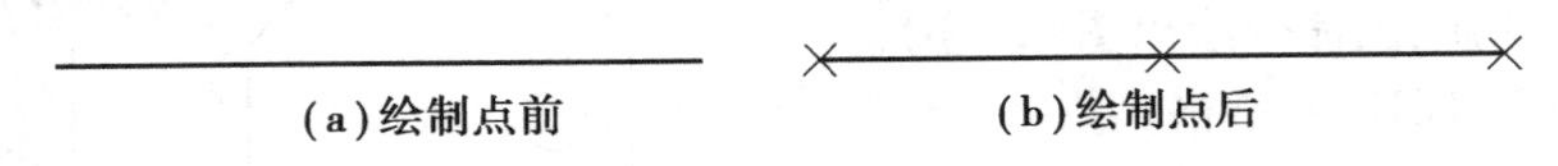

图 8.8　绘制点

知识点 5　定数分点与定距分点

【功能】

定数分点命令能找到一个线型对象(如直线、圆弧、多段线)的 N 等分点,用选定的点样式标记出来。该命令执行当中需要用户提供分段数,AutoCAD 根据对象的总长度与分段数自动计算每段的长度。定距分点命令是自线形对象所指端点开始,每过一指定单位标一个标记,与定数分点不同的是在执行命令过程中,需用户提供每段的长度,命令不一定等分线形对象。

【命令启动方法】

- 菜单栏:“绘图”→“点”→“定数分点”或“定距分点”
- 命令:DIVIDE(定数分点)
- 命令:MEASURE(定距分点)

【操作方法】

- 方法一:绘制定数分点。

在“绘图”菜单的“点”中选择“定数分点”→空格→选择要定数分点的对象(左键单击)→输入线段数目→空格。

- 方法二:绘制定距分点。

在“绘图”菜单的“点”中选择“定距分点”→空格→选择要定距分点的对象(左键单击,单击位置比较靠近哪一个端点,就以那一个端点作为起点)→指定线段长度→空格。

【实例】

- 实例一:定数分点。

把一条直线和一条多段线各分成 5 等份,如图 8.9(a)所示。

操作步骤:

①应用直线命令绘制直线,应用直线、圆弧以及合并命令绘制多段线。

②在“绘图”菜单的“点”中选择“定数分点”→空格→左键单击直线、多段线选定对象→输入等分数“5”→空格。

- 实例二:定距分点。

把长为 100 mm 的直线分成 30 mm 一段,如图 8.9(b)所示。

操作步骤:

①应用直线命令绘制直线,长度为 100。

②在“绘图”菜单的“点”中选择“定距分点”→空格→左键单击直线选定对象→单击位置靠近左端点→输入“30”→空格。

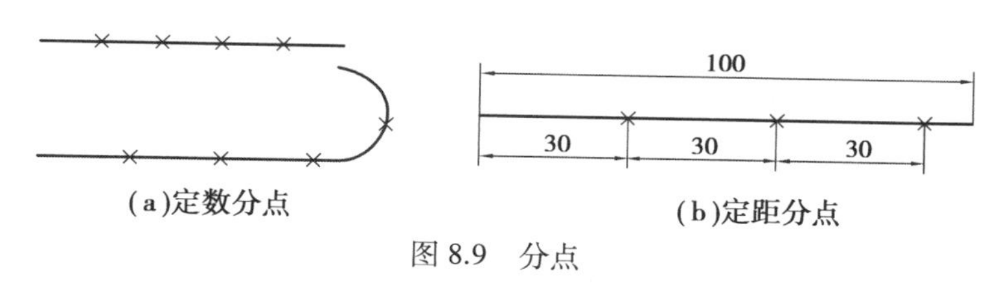

图 8.9　分点

【任务实施】

01 选择“文件”→“新建”命令,新建空白文档。

02 按照任务 3 图的样式设置图层,并将“粗实线”层设置为当前图层。

03 使用直线命令,绘制图 8.10 所示的长 100、宽 200 的矩形框。

04 对底边使用定数分点命令。在“绘图”菜单的“点”中选择“定数分点”→空格→左键单击底边,如图 8.11 所示。用直线、修剪命令绘制栅格,如图 8.12 所示。

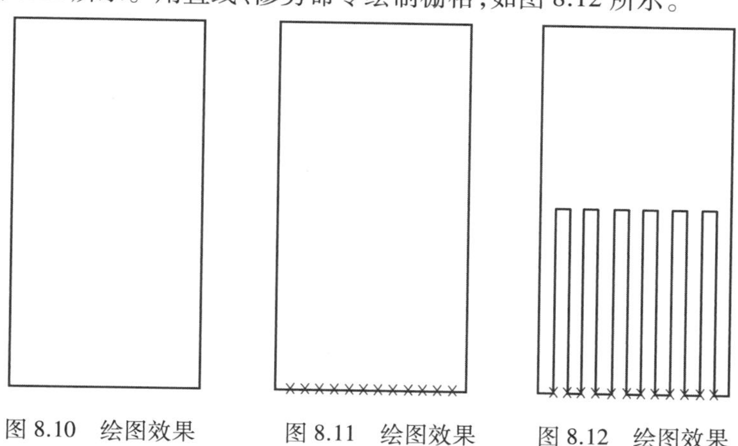

图 8.10　绘图效果　　图 8.11　绘图效果　　图 8.12　绘图效果

05 作图 8.13 辅助线:图层设置为细实线层,设置对象捕捉,打开中点捕捉,选取左下第一条边中点作为辅助线起始点,辅助线长 200。

06 对辅助线使用定距分点命令。在“绘图”菜单的“点”中选择“定距分点”→空格→鼠标靠近下端点→左键单击选择辅助线→指定线段长度为 30,如图 8.14 所示。

07 在等距分点上绘制左边定位圆孔。用圆命令和复制命令绘制直径为 4 的圆孔,删除各点和辅助线,如图 8.15 所示。

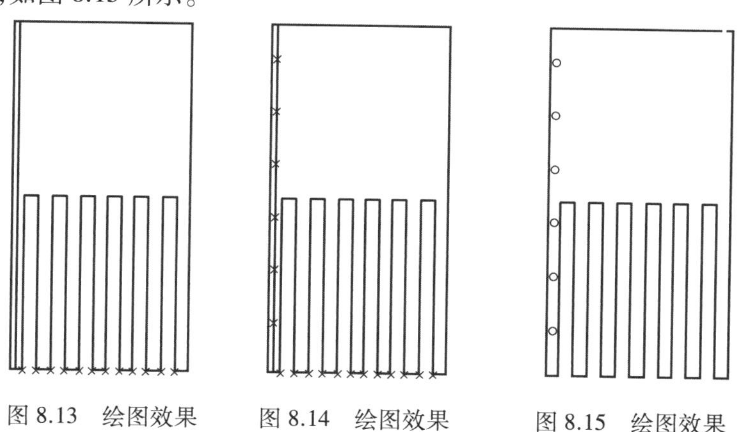

图 8.13　绘图效果　　图 8.14　绘图效果　　图 8.15　绘图效果

08 用复制命令和圆命令绘制其他圆孔，如图 8.16 所示。

09 用倒圆角命令绘制顶边左右两圆角。输入“F”→空格→R→空格→输入“10”→空格→左键单击顶边→左键单击左边。重复以上命令倒第二个圆角(只需选择倒角边即可)，如图 8.17 所示。

10 用倒斜角命令绘制底边左右两斜角。输入“CHA”→空格→D→空格→指定第一个斜角距离 “4”→空格→指定第二个斜角距离 “4”→空格→左键单击底边→左键单击左边。重复以上命令倒第二个斜角(只需选择倒角边即可)，如图 8.18 所示。

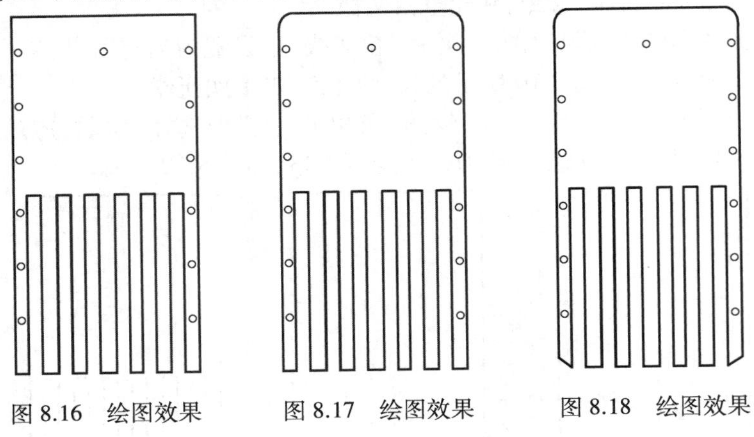

图 8.16　绘图效果　　图 8.17　绘图效果　　图 8.18　绘图效果

拓展练习一

1.请问图 1 中阴影区域的面积是多少？

A	B	C	D
67	4	36	39

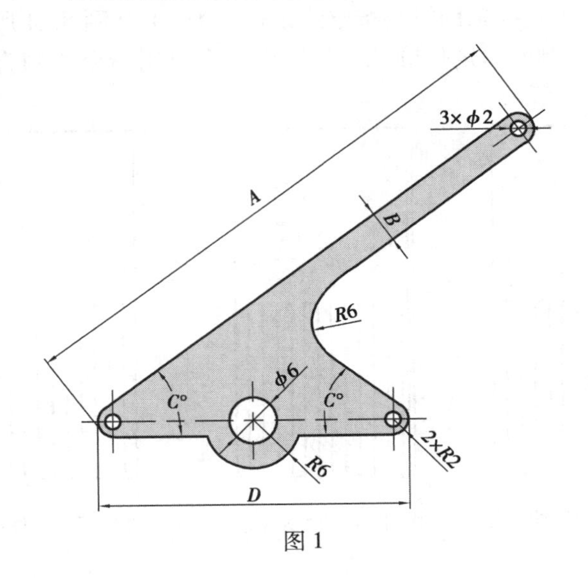

图 1

2. 请问图 2 中阴影区域的面积是多少？

A	B	C	D
108	42	25	14

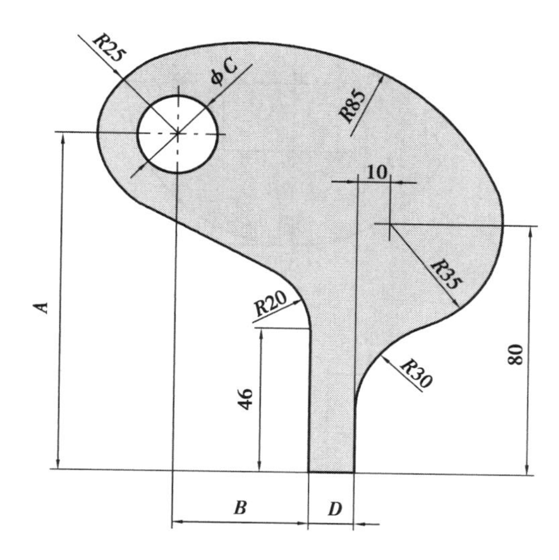

图 2

3. 请问图 3 中阴影部分的面积是多少？

A	B	C	D
100	80	5	50

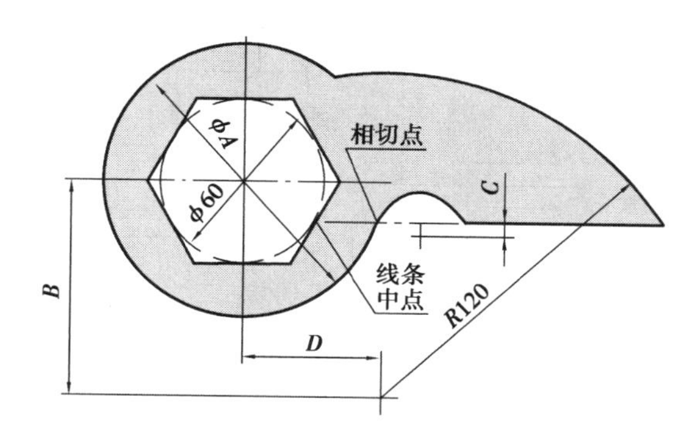

图 3

4. 请问图 4 中阴影部分的面积是多少？画短线处长度相等。

A	B	C	D
110	50	48	120

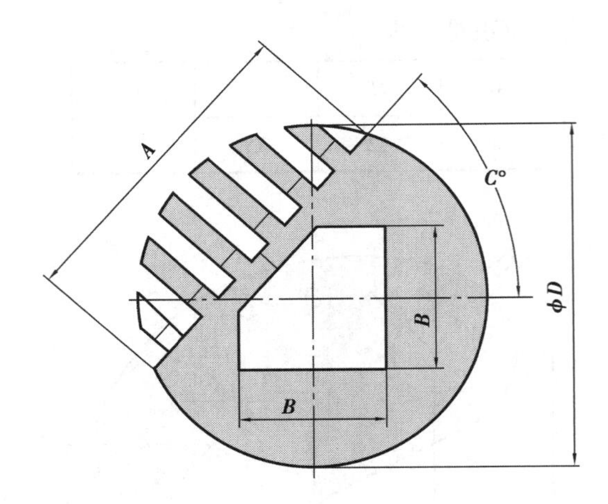

图 4

5.请问图 5 阴影部分的面积是多少？

A	B	C	D	E
55	22	100	2	8

6.请问图 6 中阴影区域的面积是多少？

A	B	C	D	E
92	50	36	39	18

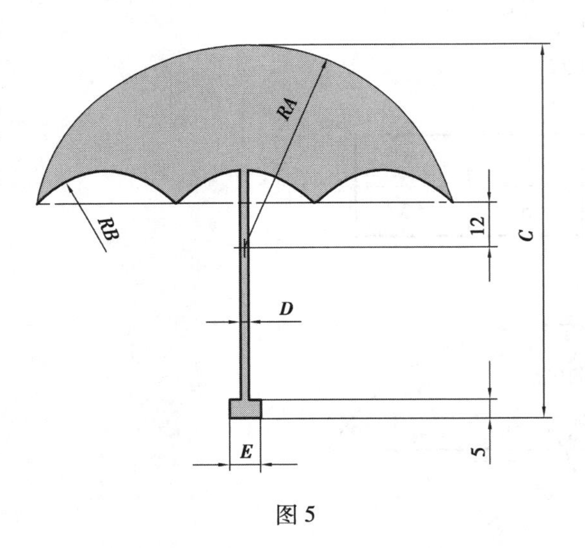

图 5

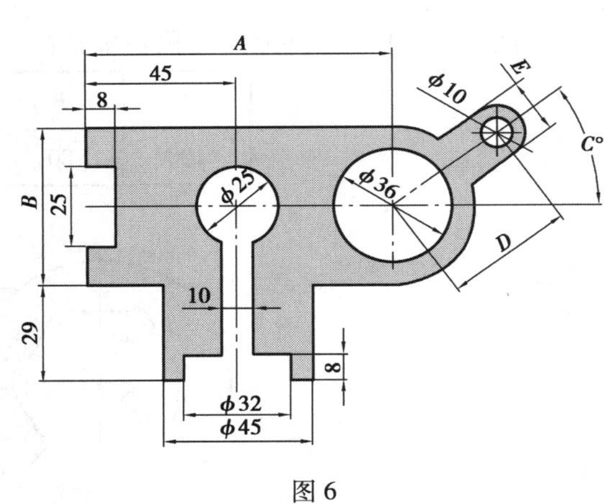

图 6

7.参照图 7 绘制轮廓。注意其中的水平、竖直、共线、相切等几何关系。

A	B	C	D	E	F	G	H	区域一	区域二	区域三
30	110	15	70	40	48	110	20			

8.请问图 8 阴影部分的面积是多少？

A	B	C	T
96	25	65	5.5

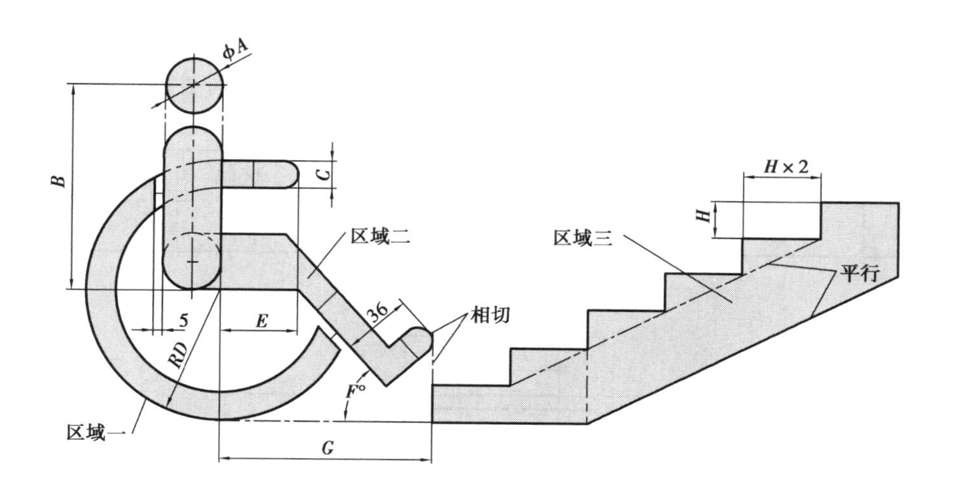

图 7

图 8

9.请问图 9 中阴影区域的面积是多少？

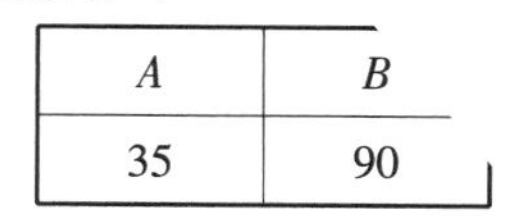

A	B
35	90

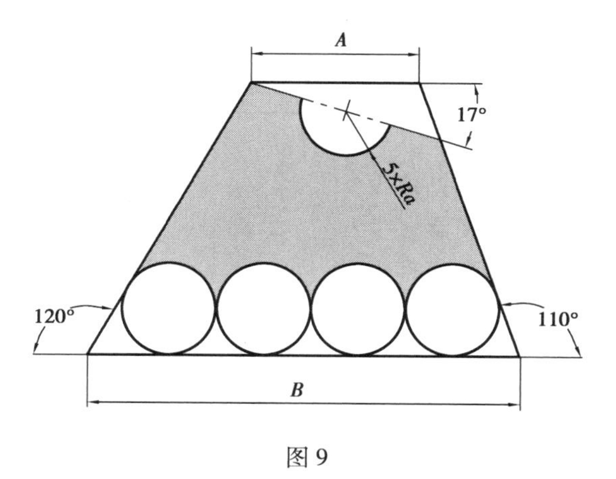

图 9

10. 请问图 10 阴影部分的面积是多少？

参照图 10 绘制轮廓。注意其中的水平、竖直、共线、相切等几何关系。两条红色短线长度均为 T，区域二上侧两个圆弧中心连线与水平线的夹角为 45°。两圆弧交点位于中心线上。

A	B	C	D	E	F	T	区域一	区域二	区域三
50	12	44	66	156	12	3			

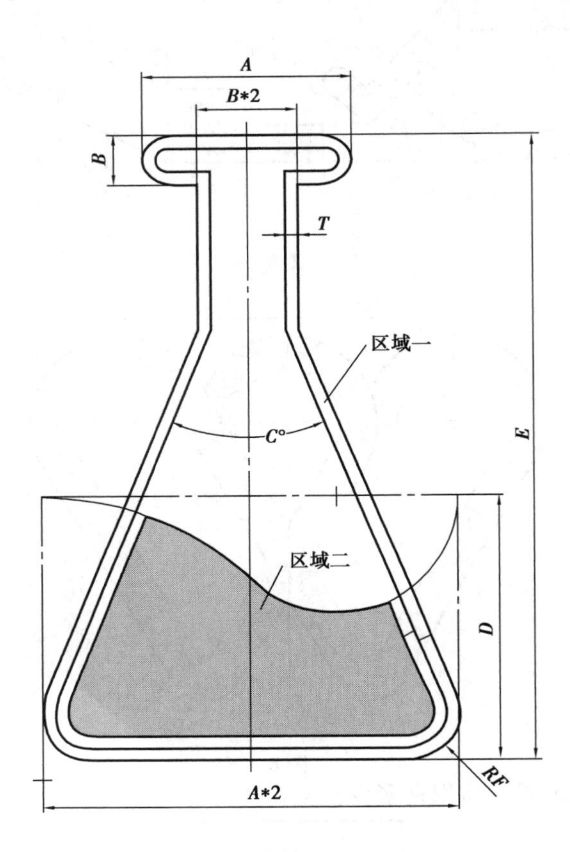

图 10

11. 图 11 为示意图，只用于表达尺寸和几何关系，由于参数变化，其形态会有所变化。

A	B	C	D	E	F	G	H	J	K	L	T
12	35	68	23	110	65	24	126	58	50	47	3

(1) 请问图中 P1 到 P2 的距离是多少？

(2) 请问图中 P2 到 P3 的距离是多少？

(3) 请问图中 P1 到 P4 的距离是多少？

(4) 请问图中 P4 到 P5 的距离是多少？

(5) 请问图中左半部分(共 6 块)浅灰区域的面积是多少？

(6) 请问图中右半部分(共 3 块)深灰区域的面积是多少？

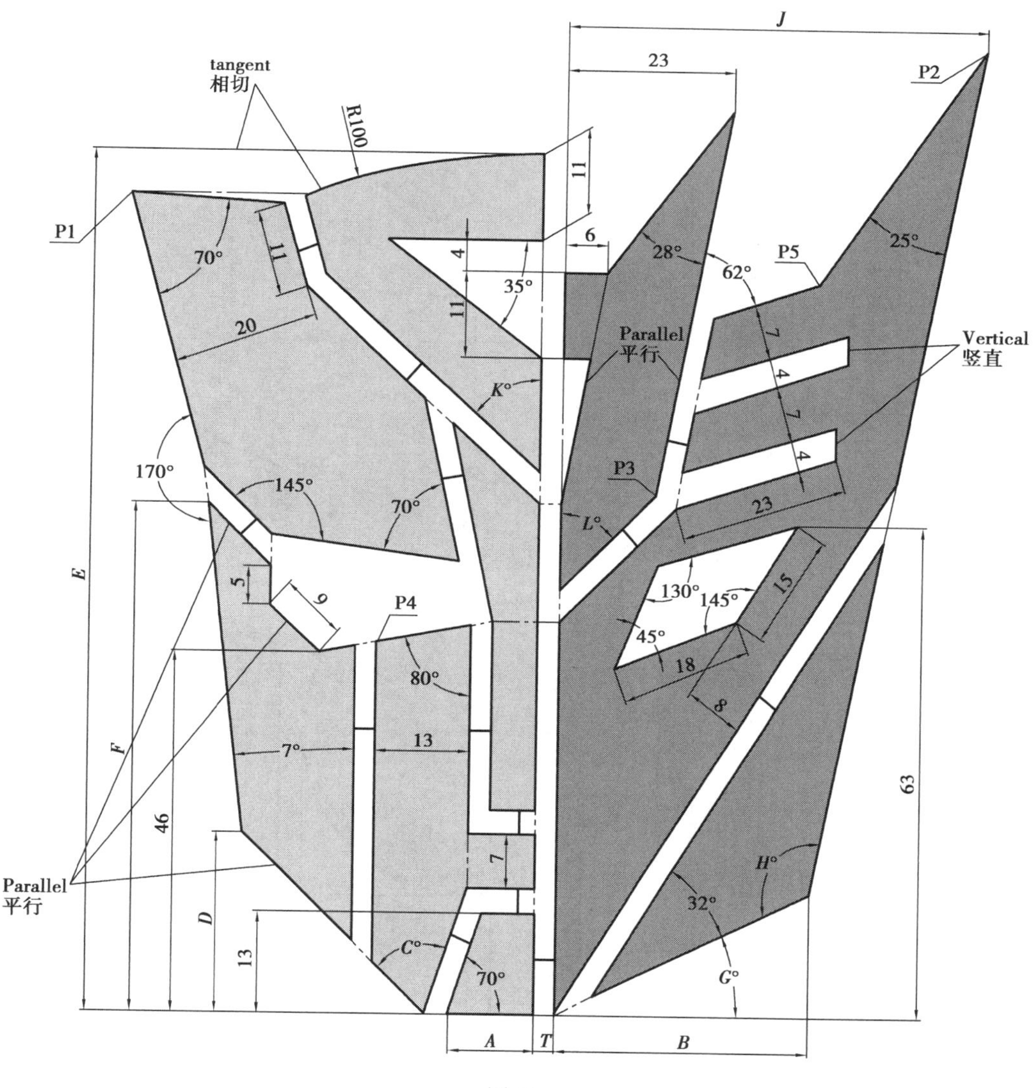

图 11

12. 图 12 中放大区域图形可能会导致不能测量面积，可先移除再进行测量和计算。

A	*B*	*C*	*D*	*E*	*F*	*G*	*T*
150	50	70	100	80	40	9	3

(1) 请问图中 P1 到 P2 的距离是多少？
(2) 请问图中 P2 到 P3 的距离是多少？
(3) 请问图中 P1 到 P4 的距离是多少？
(4) 请问图中 P4 到 P5 的距离是多少？
(5) 请问图中左半部分（共 6 块）浅灰区域的面积是多少？
(6) 请问图中右半部分（共 3 块）深灰区域的面积是多少？

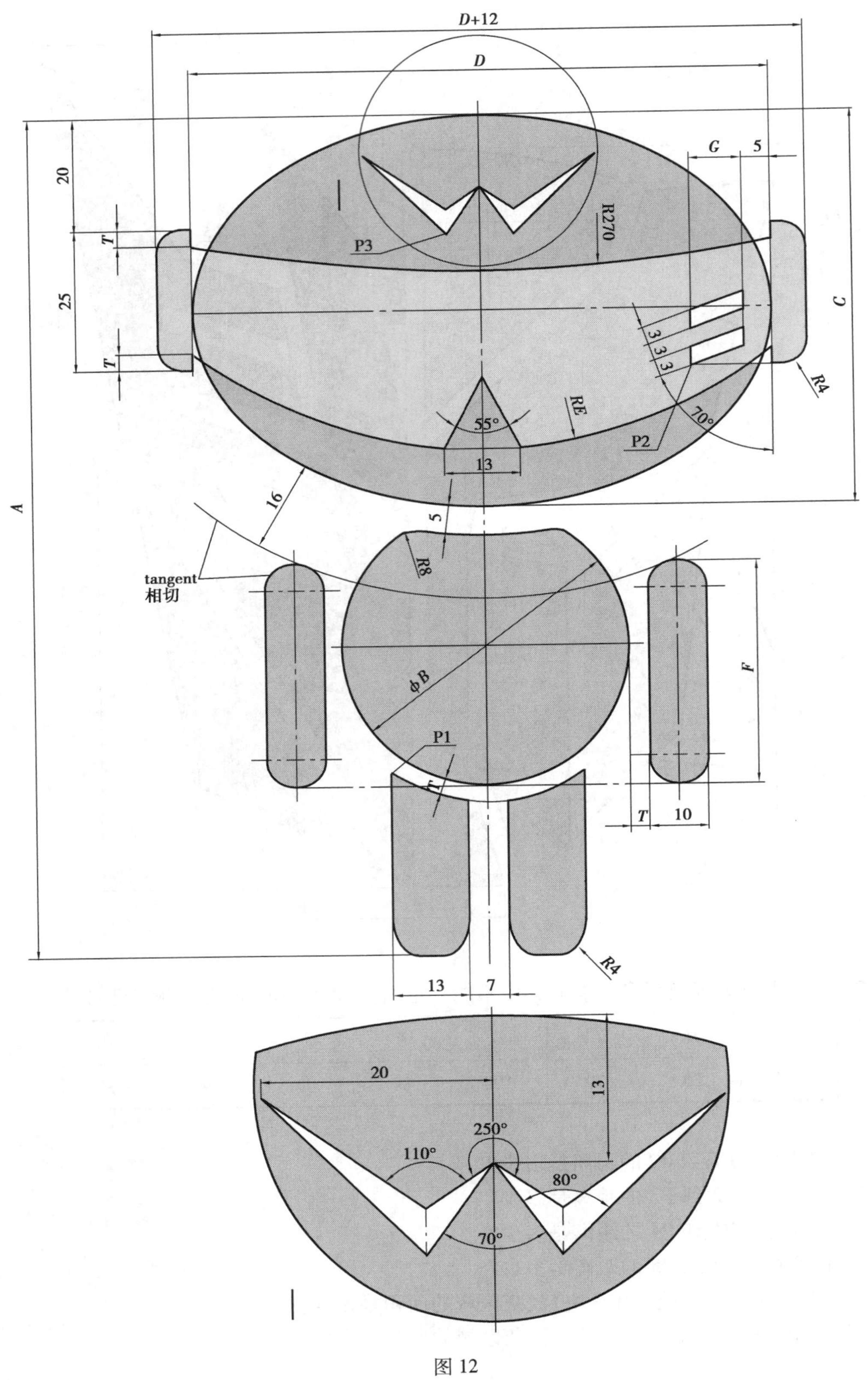
D+12
D
G
5
20
R270
T
P3
25
C
3
3
3
R4
RE
55°
70°
P2
13
A
16
5
R8
tangent
相切
F
ϕB
P1
T
T
10
R4
13
7
20
13
250°
110°
80°
70°

图 12

13.图 13 为示意图,只用于表达尺寸和几何关系,由于参数变化,其形态会有所变化。

A	*B*	*C*	*D*	*E*	*F*	*G*	*H*	*T*
80	12	30	6	125	150	60	105	2

(1)请问图中 P1 到 P2 的距离是多少?

(2)请问图中 P2 到 P3 的距离是多少?

(3)请问图中区域一的面积是多少?

(4)请问图中区域二的面积是多少?

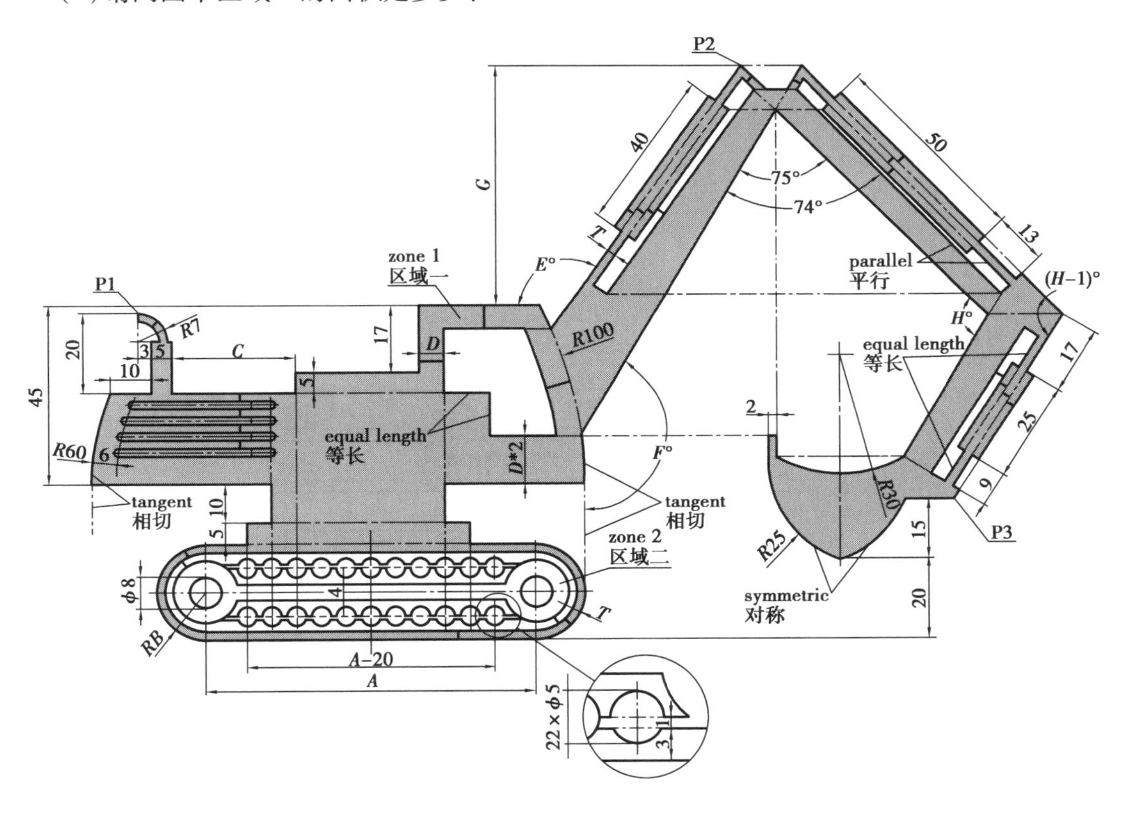

图 13

第 2 篇
图形的尺寸标注

任务9　标注样式管理器的设置

【学习目标】

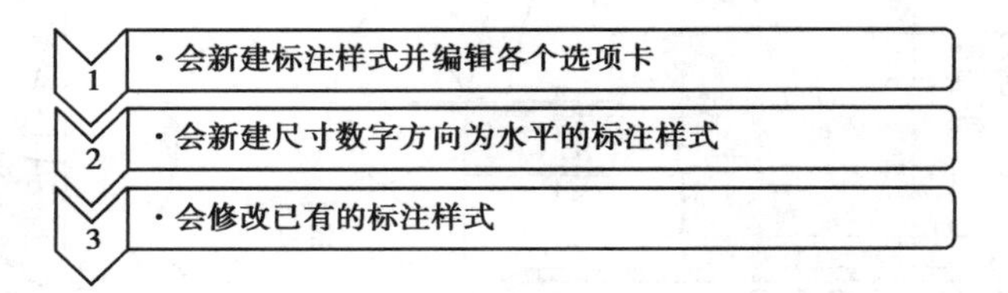

【任务提出】

机械标注样式的设置,如图9.1所示。

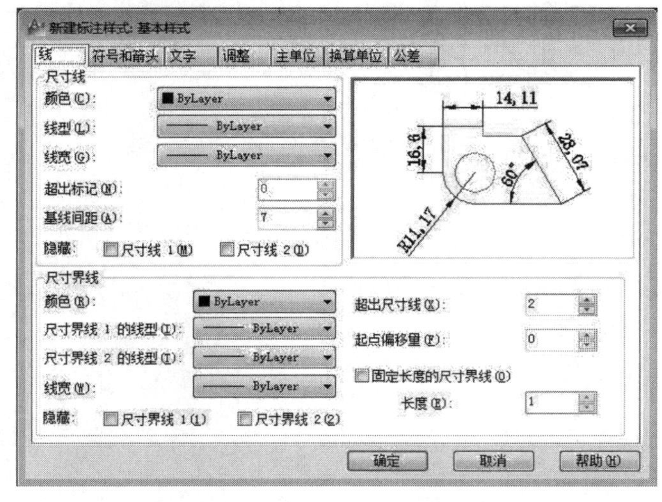

图9.1　机械标注样式的设置

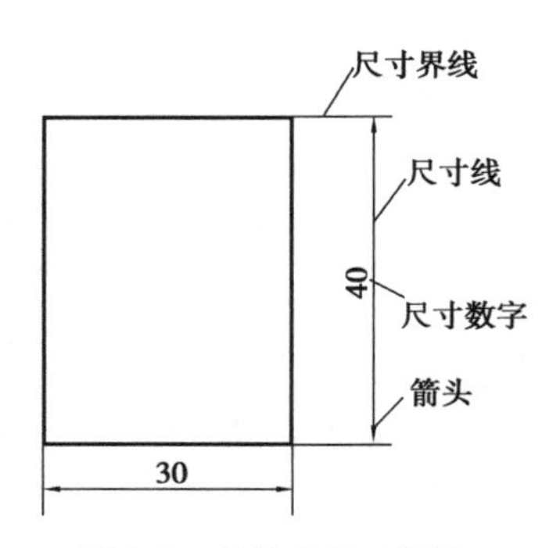

图9.2　完整的尺寸标注

【任务引入】

在建立尺寸标注样式之前,先来认识一下尺寸标注的各组成部分。一个完整的尺寸标注一般由尺寸线(包括标注角度时的弧线)、尺寸界线、尺寸箭头、尺寸文字这几部分组成。标注以后,这四部分可作为一个实体来处理。这几部分的位置关系如图 9.2 所示。

【任务知识点】

知识点 1　新建制图标注样式

【功能】

在对实体进行尺寸标注前,必须先建立起统一的标注样式。在标注一张图时,必须考虑打印出图时的字体大小、箭头等样式应符合国家标准,做到布局合理美观,不要出现标注的字体、箭头等过大或过小的情况。同时,建立统一的尺寸标注样式也是为了确保标注在图形实体上的每种尺寸形式相同,风格统一。

【命令启动方法】

· 菜单栏:“标注”→“标注样式”

· 工具栏:单击“样式”工具栏上的按钮

· 命令:DIMSTYLE 或<快捷键> D

【操作方法】

D→空格(弹出“标注样式管理器”对话框,如图 9.3 所示)→左键单击 新建(N)... 按钮→在新弹出的“创建新标注样式”对话框的“新样式名”栏中输入新建样式名称,其余项保留默认设置,如图 9.4 所示(新建的“基本样式”以“IOS-25”为基础,用于所有的尺寸标注)→左键单击 继续 按钮,进入“新建标注样式:基本样式”对话框,如图 9.5 所示。

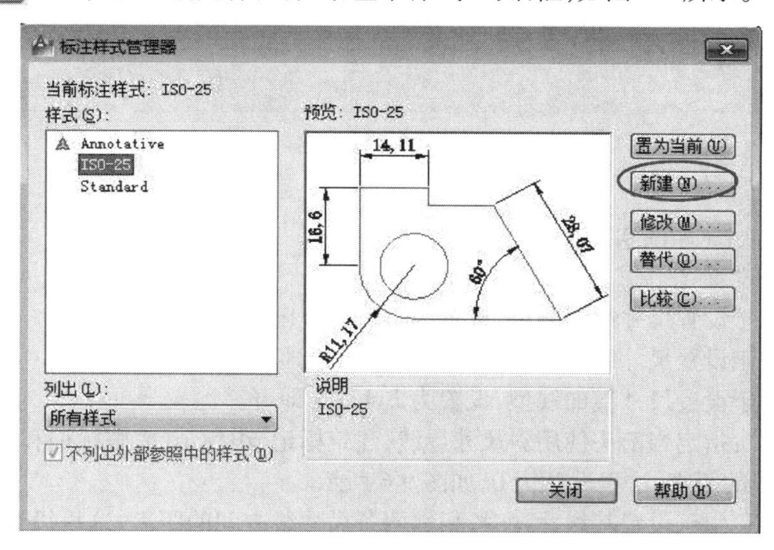

图 9.3　“标注样式管理器”对话框

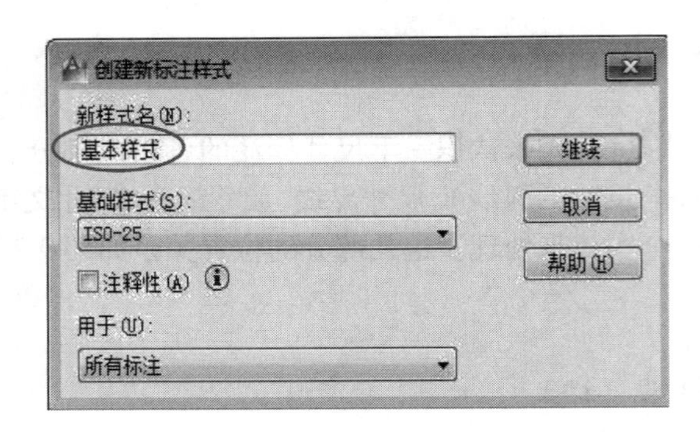

图 9.4 “创建新标注样式”对话框

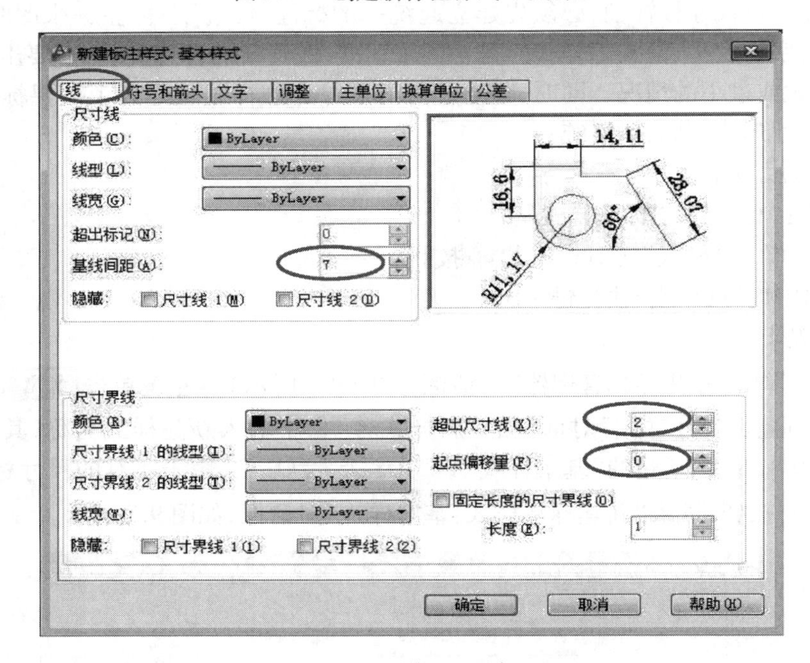

图 9.5 “线”选项卡

【命令选项】

1)“线”选项卡(如图 9.5 所示)

(1)尺寸线设置

“颜色”:用于设置尺寸线的颜色,设置为 ByLayer(随层)即可。

“线宽”:用于设置尺寸线的宽度,设置为 ByLayer 即可。

“线型”:用于设置尺寸线的线型,设置为 ByLayer 即可。

“超出标记”:指定当箭头使用斜尺寸界线、建筑标记、小标记、完整标记和无标记时,尺寸线超过尺寸界线的距离,这里默认为 0,如图 9.6 所示。

“基线间距”:用于设置基线标注时,相邻两条尺寸线之间的距离,这里设置为 7,如图 9.7 所示。

“隐藏”:选中“尺寸线 1”,隐藏第一条尺寸线;选中“尺寸线 2”隐藏第二条尺寸线,如图 9.8 所示。

(2)尺寸界线设置

“颜色”“线宽”“线型”设置为 ByLayer。

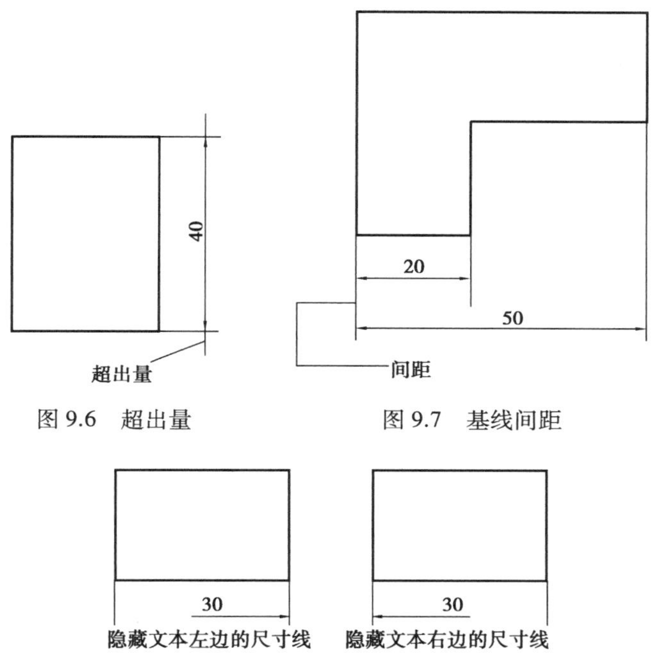

图 9.6　超出量　　　　图 9.7　基线间距

图 9.8　隐藏尺寸线

“超出尺寸线”:设置尺寸界线超出尺寸线的量,如图 9.9 所示。

“起点偏移量”:设置自图形中定义标注的点到尺寸界线的偏移距离,如图 9.9 所示。

“隐藏”:选中“尺寸界线 1”,隐藏第一条尺寸界线;选中“尺寸界线 2”,隐藏第二条尺寸界线。

2)“符号和箭头”选项卡(如图 9.10 所示)

(1)箭头设置

“第一个”:设置尺寸线的箭头类型。当改变第一个箭头的类型时,第二个箭头将自动改变以便同第一个箭头相匹配。

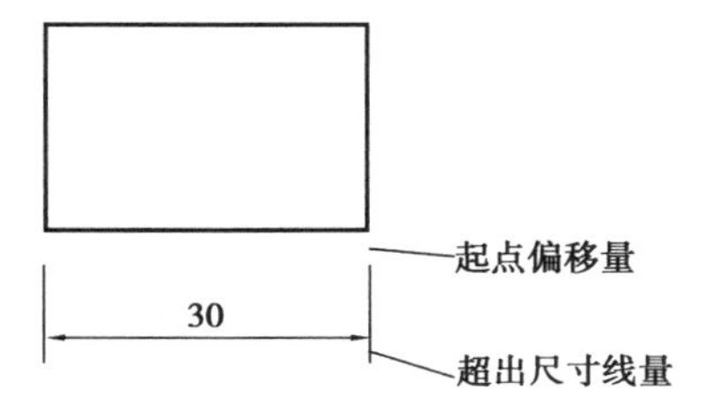

图 9.9　基点偏移量和超出尺寸线量

“第二个”:设置尺寸线的第二个箭头。

“引线”:设置引线箭头。

“箭头大小”:设置箭头的大小,这里设置为 4.2。

(2)圆心标记

圆心标记选择为无。

3)“文字”选项卡(如图 9.11 所示)

(1)文字外观

“文字样式”:通过下拉列表选择文字样式,也可单击按钮打开“文字样式”对话框,设置新的文字样式。

“文字颜色”:通过下拉列表选择颜色,默认设置为 ByLayer。

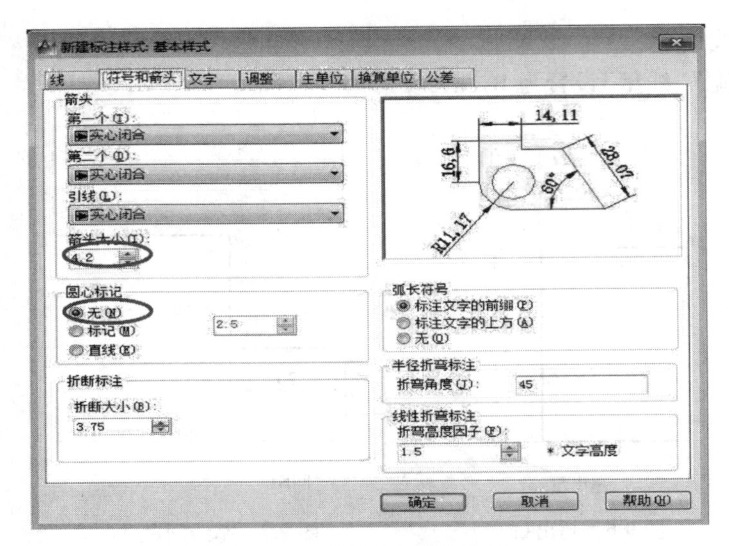

图 9.10 “符号和箭头”选项卡

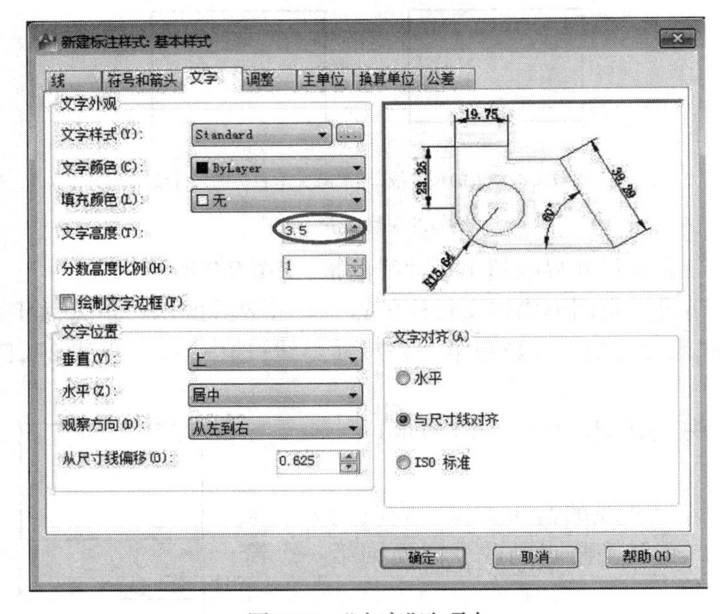

图 9.11 “文字”选项卡

“文字高度”:在文本框中直接输入高度值(这里输入 3.5)。需要注意选择的文字样式中的字高需要为零(不能为具体值),否则在“文字高度”文本框中输入的值对字高无影响。

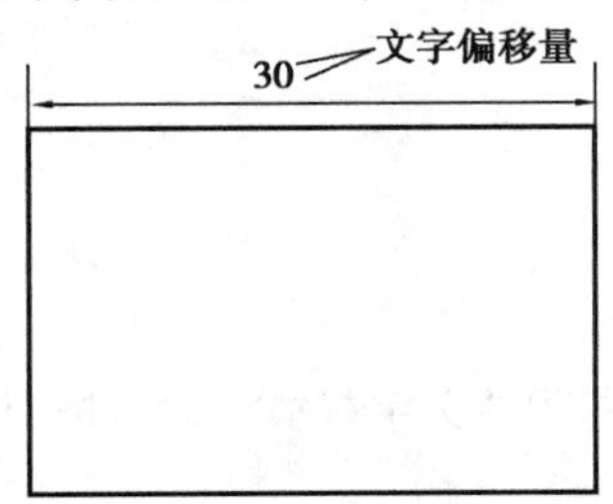

图 9.12 文字偏移量

(2)文字位置

“从尺寸线偏移”:用于确定尺寸文本和尺寸线之间的偏移量,如图 9.12 所示。

4)“调整”选项卡(如图 9.13 所示)

“调整”选项主要是用来帮助解决在绘图过程中遇到的一些较小尺寸的标注,小尺寸的尺寸界线之间的距离很小,不足以放置标注文本和箭头,可通过此项进行调整。新建的基本样

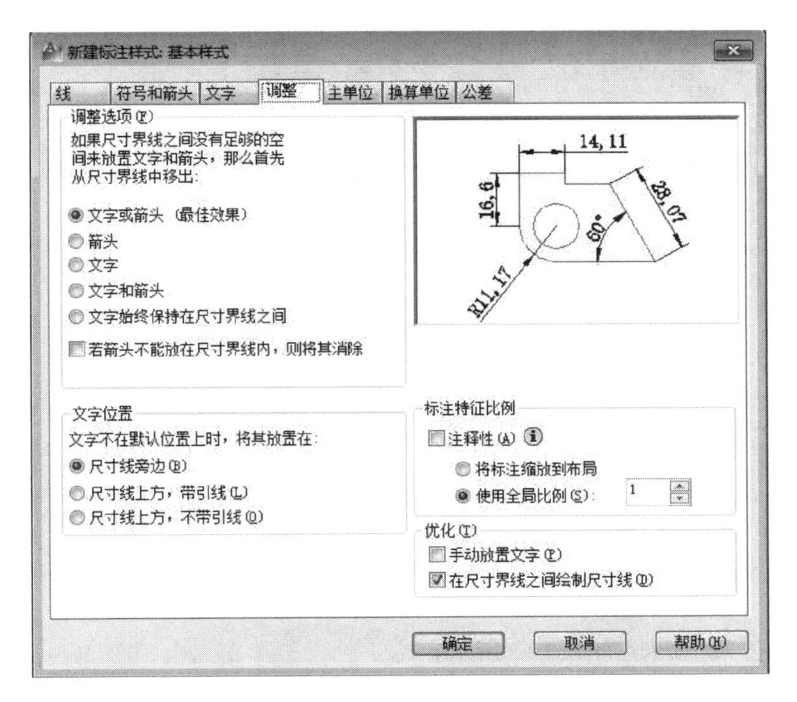

图 9.13　“调整”选项卡

式,“调整”选项卡不作任何改动。

(1)调整选项

当尺寸界线的距离很小不能同时放置文字和箭头时,进行下述调整:

“文字或箭头(最佳效果)”:AutoCAD 能根据尺寸界线间的距离大小,移出文字或箭头,或者文字箭头都移出。

“箭头”:首先移出箭头。

“文字”:首先移出文字。

“文字和箭头”:文字和箭头都移出。

“文字始终保持在延伸线之间”:不论延伸线之间能否放下文字,文字始终在尺寸界线之间。

“若箭头不能放在延伸线内,则将其消除延伸线”:若延伸线内只能放下文字,则消除箭头。

(2)文字位置

设置标注文字从默认位置(由标注样式定义的位置)移动时标注文字的位置。此项在编辑标注文字时起作用。

5)“主单位”选项卡(如图 9.14 所示)

此项用来设置标注的单位格式和精度,以及标注的前缀和后缀。

“单位格式”:用于设置标注文字的单位格式,可供选择的有小数、科学、建筑、工程、分数和 Windows 桌面等格式,在工程制图中常用格式是小数。

“小数点分隔符”:当“单位格式”采用小数格式时,用于设置小数点的格式,根据国家标准,这里设置为“.”(句点)。

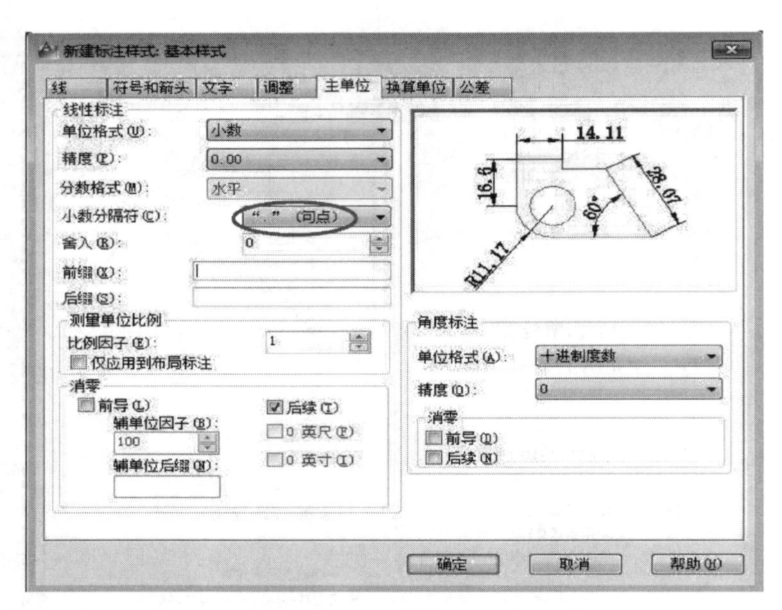

图 9.14 “主单位”选项卡

6)“换算单位”选项卡(如图 9.15 所示)

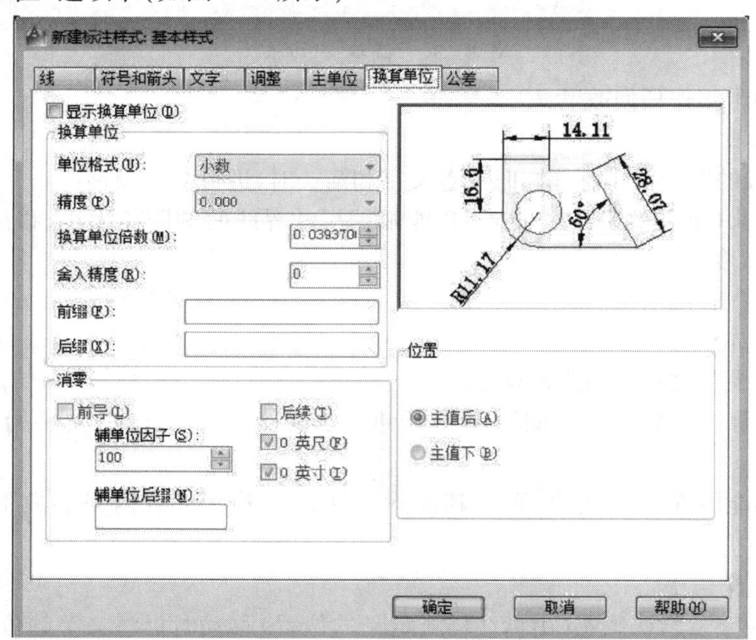

图 9.15 “换算单位”选项卡

“显示换算单位”:用来设置是否显示换算单位,当需要同时显示主单位和换算单位时,需要选中此项,其他选项才能使用。新建的基本样式,“换算单位”选项卡按默认设置。

7)“公差”选项卡(如图 9.16 所示)

在此选项区中,规定了公差的标注方式、公差的精度、上下偏差以及消零情况。新建的基本样式,“公差”选项卡按默认设置。

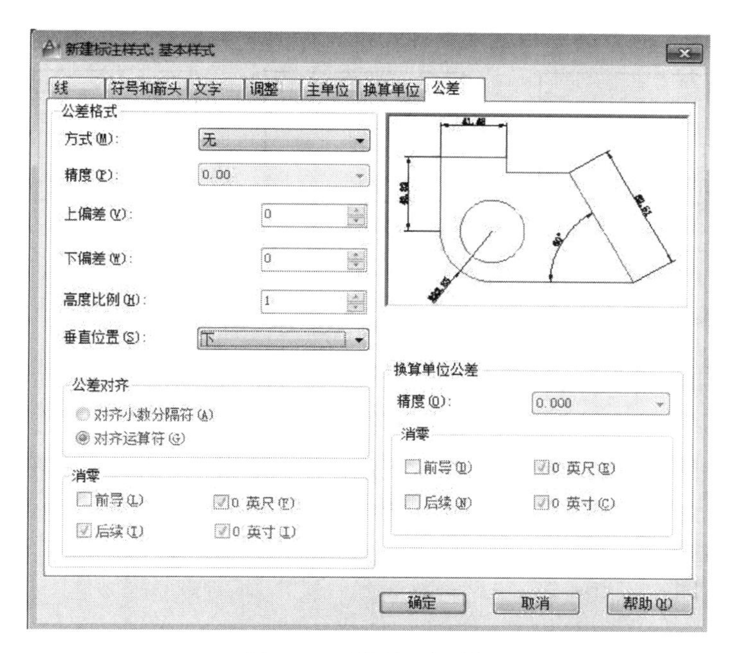

图 9.16　“公差”选项卡

“方式”:AutoCAD 中默认设置是不标注公差,即“无”,但在工程制图中常常要标注公差。为此,AutoCAD 提供了“对称”“极限偏差”“极限尺寸”“理论正确尺寸”等几种公差标注格式。它们之间的区别如图 9.17 所示。

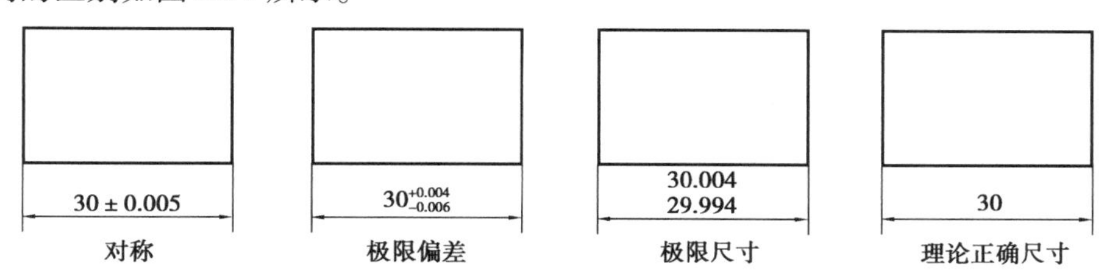

图 9.17　“方式”设置

“精度”:公差精度的设置,根据要求的公差数值来确定。

“上偏差”和“下偏差”:上、下偏差的数值,是用户输入的,AutoCAD 系统默认设置上偏差为正值,下偏差为负值,键入的数值自动带正负符号。若再输入正负号,则系统会根据“负负得正”的数学原则来显示数值的符号。

“高度比例”:该选项用于设置公差文字与基本尺寸文字高度的比值,如图 9.18 所示的设置不同高度比例的图例。

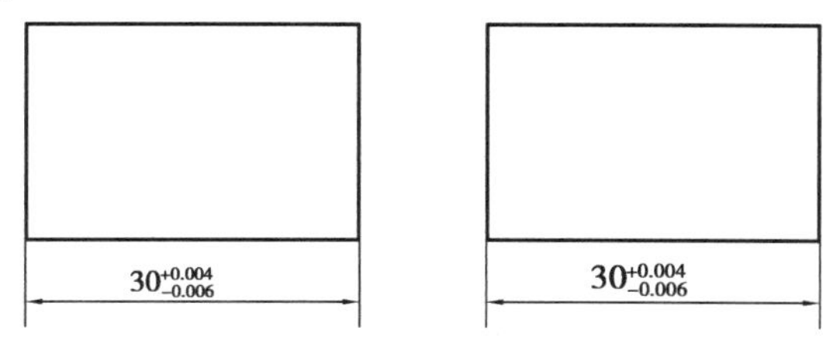

图 9.18　“高度比例”设置

“垂直位置”:用于设置公差与基本尺寸在垂直方向上的相对位置,如图 9.19 所示。

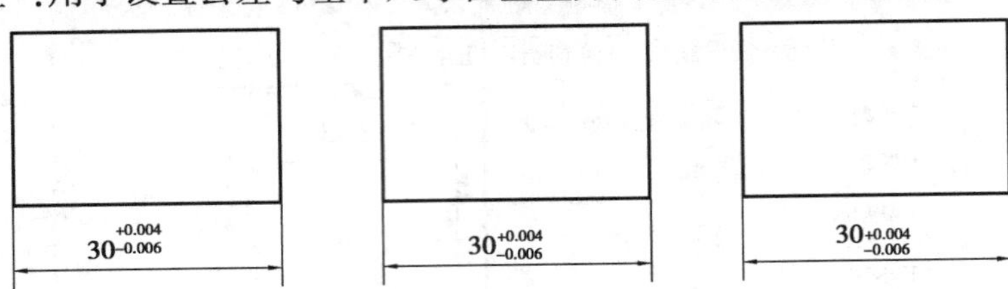

图 9.19 “垂直位置”设置

“消零”:设置方法与主单位相同。

知识点 2 新建文字水平的标注样式

【功能】

在对机械零件图进行角度标注时,国家规定标注文字必须水平放置,不随角度大小、角度标注位置的变化发生改变。因此,必须建立统一的文字水平的标注样式。

【命令启动方法】

命令启动方法同知识点一。

【操作方法】

D→空格→弹出“标注样式管理器”对话框,如图 9.2 所示→左键单击 新建(N)... 按钮→在新弹出的“创建新标注样式”对话框的“新样式名”栏中输入“文字水平标注样式”,基础样式选择知识点 1 所述的“基本样式”,如图 9.20 所示→左键单击 继续 按钮→选择“文字”选项卡→将“文字对齐(A)”修改为“水平”,其余不变,如图 9.21 所示→左键单击“确认”按钮。

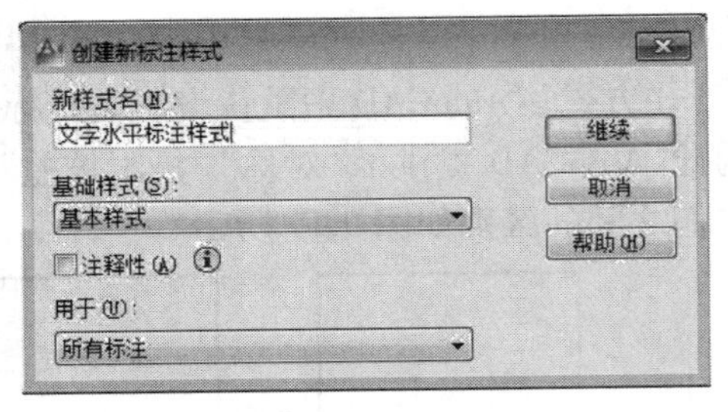

图 9.20 “创建新标注样式”对话框

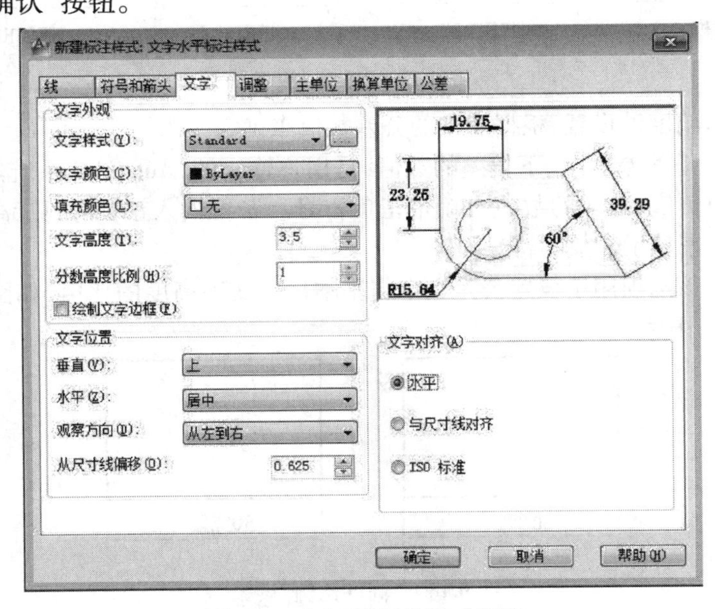

图 9.21 “水平”标注样式设置

知识点 3 修改标注样式

【功能】

当需要更改已有标注样式,并更改所有用此标注样式标注出的尺寸时,需要应用“修改标注样式”命令。

【命令启动方法】

命令启动方法同知识点一。

【操作方法】

D→空格,弹出“标注样式管理器”对话框→选定所需修改标注样式,左键单击 修改(M)... 按钮,如图 9.22 所示→在新弹出的“修改标注样式:基本样式”对话框中根据需求修改七个选项卡内容,如图 9.23 所示→更改完毕后,左键单击“确认”按钮。

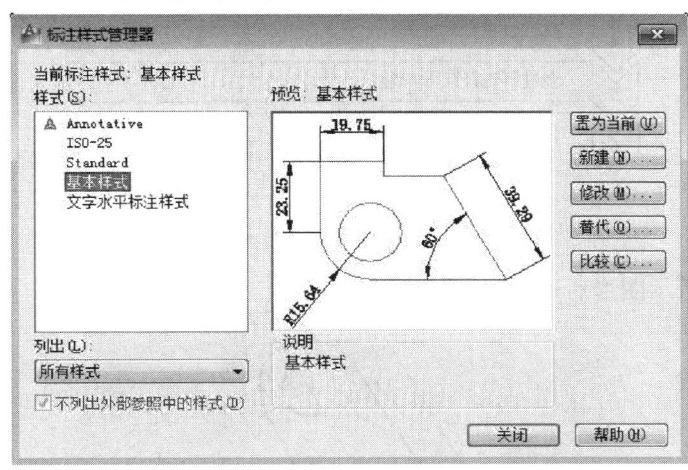

图 9.22 “标注样式管理器”对话框

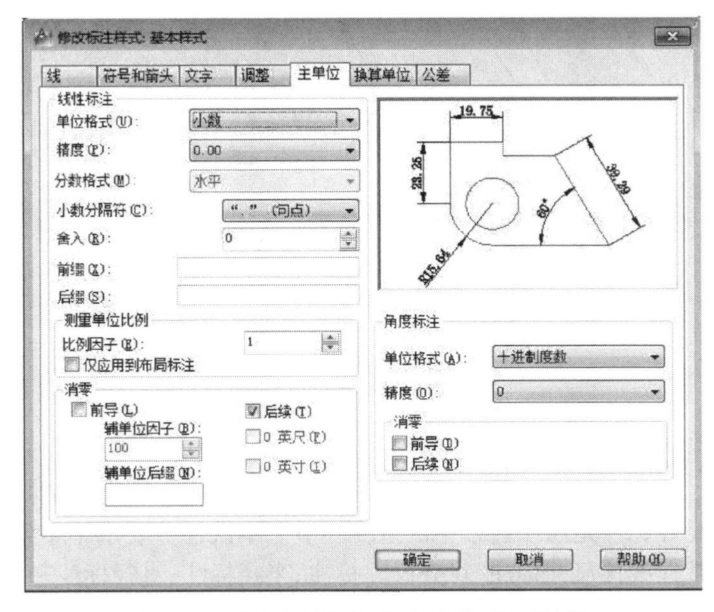

图 9.23 “修改标注样式:基本样式”对话框

任务 10　简单尺寸标注

【学习目标】

1. · 熟练掌握标注样式的设置
2. · 会进行线性尺寸标注
3. · 会进行对齐尺寸标注
4. · 会进行半径尺寸标注
5. · 会进行直径尺寸标注
6. · 会进行角度尺寸标注

【任务提出】

绘制图 10.1 所示图形后进行尺寸标注。

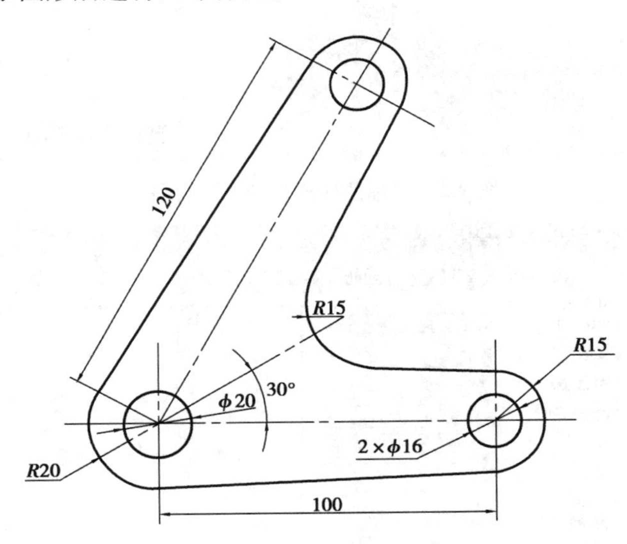

图 10.1　连杆平面轮廓图

【任务引入】

当零件的图形绘制完成后，应按机械制图国家标准标注零件各部分的尺寸、尺寸公差、形位公差等。因此，尺寸标注是绘图过程中的重要环节。本次任务要求学生熟悉标注工具栏和菜单栏的调用，并掌握线性尺寸标注、对齐尺寸标注、半径标注、直径标注和角度标注。

【任务知识点】

知识点1　线性标注

【功能】

用于标注水平、垂直或旋转的尺寸线创建线性标注。

【命令启动方法】

- 菜单栏:“标注”→“线性(L)”
- 工具栏:单击“标注”工具栏上的⊢⊣按钮
- 命令:DIMLINEAR 或<快捷键> DLI

【操作方法】

单击“标注”工具栏上的⊢⊣按钮→指定第一个尺寸界线原点(用捕捉端点或交点的方法捕捉起点后单击左键)→指定第二条尺寸界线原点(用捕捉端点或交点的方法捕捉终点后单击左键)→指定尺寸线位置或[多行文字(M)/文字(T)/角度(A)/水平(H)/垂直(V)/旋转(R)](移动鼠标使尺寸位于合适位置单击左键)。

尺寸为测量值,若要改变文本内容,应按提示需要先键入对应的字母按回车键后再键入文本内容。

【命令选项】

- 多行文字(M):弹出多行文本对话框,用户可在此编辑多行文本。
- 文字(T):输入标注文字。
- 角度(A):指定标注文字的角度。
- 水平(H):(水平方向)指定尺寸线位置。
- 垂直(V):(垂直方向)指定尺寸线位置。
- 旋转(R):指定尺寸线的角度

【实例】

用线性尺寸标注将图10.2(a)所示图形编辑为图10.2(b)的形式。

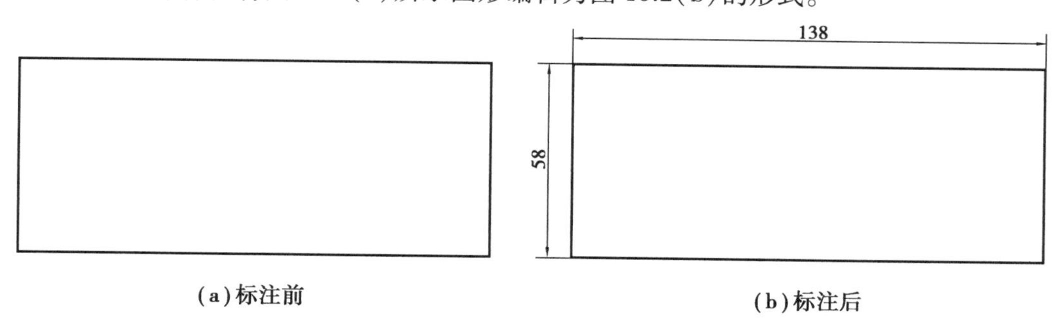

(a)标注前　　(b)标注后

图10.2　标注尺寸

操作步骤:

①用直线命令绘出图10.2(a)所示图形。

②输入“DLI”→空格→捕捉左端点单击左键→捕捉右端点单击左键→将尺寸线向上拉到距离轮廓线5~7 mm的位置单击左键,138 mm的尺寸标注完成。

③输入“DLI”→空格→捕捉下端点单击左键→捕捉上端点单击左键→将尺寸线向左拉到

距离轮廓线 5~7 mm 的位置单击左键,58 mm 的尺寸标注完成。

知识点 2　对齐尺寸标注

【功能】

创建尺寸线与尺寸界线原点边线相平行的尺寸标注。

【命令启动方法】

- 菜单栏:“标注”→“对齐(G)”
- 工具栏:单击“标注”工具栏上的按钮
- 命令:DIMALIGNED 或<快捷键> DAL

【操作方法】

单击“标注”工具栏上的按钮→指定第一个尺寸界线原点(用捕捉端点或交点的方法捕捉起点后单击左键)→指定第二条尺寸界线原点(用捕捉端点或交点的方法捕捉终点后单击左键)→指定尺寸线位置或[多行文字(M)/文字(T)/角度(A)](移动鼠标使尺寸位于合适位置单击左键)。

尺寸为测量值,若要改变文本内容,应按提示需要先键入对应的字母按回车键后再键入文本内容。

【命令选项】

- 多行文字(M):弹出多行文本对话框,用户可在此编辑多行文本。
- 文字(T):输入标注文字。
- 角度(A):指定标注文字的角度。

【实例】

采用对齐标注将图 10.3(a)所示图形标注为图 10.3(b)所示的形式。

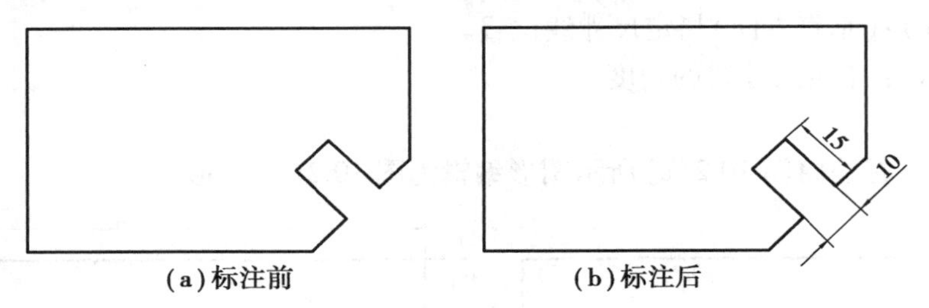

(a)标注前　　(b)标注后

图 10.3　标注尺寸

操作步骤:

①应用直线命令绘制图 10.3(a)所示图形。

②单击“标注”工具栏上的按钮→捕捉左下端点并单击左键→捕捉右上端点并单击左键→将尺寸线向右下拉到距离轮廓线 5~7 mm 的位置并单击左键。10 mm 的尺寸标注完成。

③在工具栏上单击按钮→捕捉右下端并单击左键→捕捉左上端并单击左键→将尺寸线向右上拉到距离轮廓 5~7 mm 的位置并单击左键。15 mm 的尺寸标注完成。

知识点 3　半径尺寸标注

【功能】

标注圆或圆弧的半径尺寸。

【命令启动方法】

- 菜单栏:“标注”→“半径(R)”
- 工具栏:单击“标注”工具栏上的按钮
- 命令:DIMRADIUS 或<快捷键> DRA

【操作方法】

单击“标注”工具栏上的按钮→选择圆弧或圆(用光标□对准所标尺寸的圆弧单击左键)→指定尺寸线位置或［多行文字(M)/文字(T)/角度(A)］(移动鼠标使尺寸位于合适位置单击左键)。

【命令选项】

- 多行文字(M):弹出多行文本对话框,用户可在此编辑多行文本。
- 文字(T):输入标注文字。
- 角度(A):指定标注文字的角度。

【实例】

将图 10.4(a)所示图形标注为图 10.4(b)所示的形式。

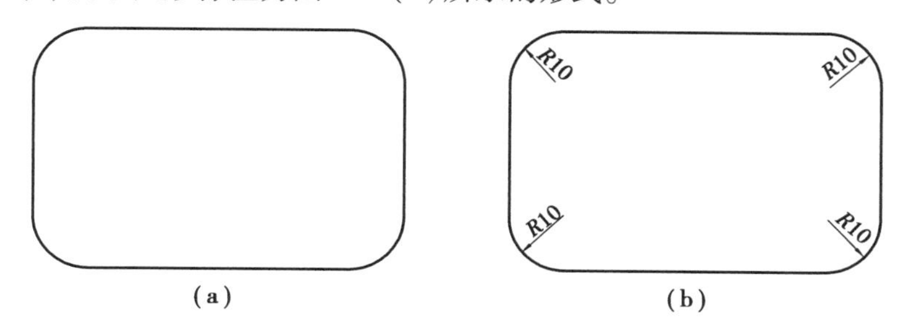

(a)　　(b)

图 10.4　标注尺寸

操作步骤:

①应用多段线命令和圆角命令绘制图 10.4(a)所示图形。

②单击“标注”工具栏上的按钮→左键单击要标注的圆弧→移动鼠标使尺寸位于合适位置并单击左键。

知识点 4　直径尺寸标注

【功能】

标注圆的直径尺寸。

【命令启动方法】

- 菜单栏:“标注”→“直径(D)”
- 工具栏:单击“标注”工具栏的按钮
- 命令:DIMDIAMETER 或<快捷键> DDI

【操作方法】

单击“标注”工具栏中的按钮→选择圆弧或圆(用光标□对准所标尺寸的圆并单击左键)→指定尺寸线位置或［多行文字(M)/文字(T)/角度(A)］(移动鼠标使尺寸位于合适位置单击左键)。

【命令选项】

- 多行文字(M):弹出多行文本对话框,用户可在此编辑多行文本。

- 文字(T):输入标注文字。
- 角度(A):指定标注文字的角度。

【实例】

将图 10.5(a)所示图形标注为图 10.5(b)所示的形式。

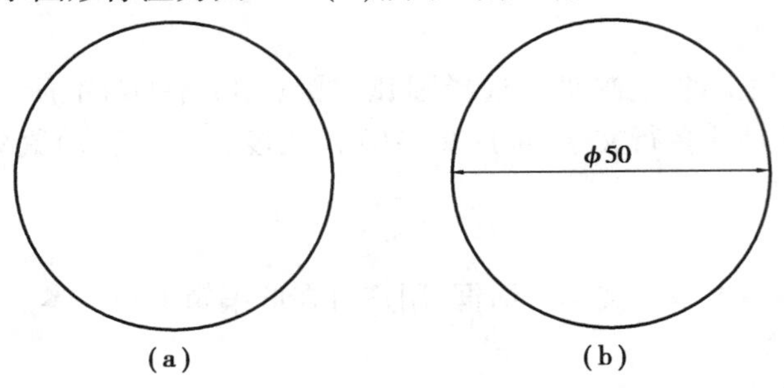

图 10.5　标注尺寸

操作步骤:

①应用圆命令绘制图 10-5(a)所示图形。

②单击“标注”工具栏的按钮→左键单击要标注的圆→移动鼠标使尺寸位于合适位置并单击左键。

知识点 5　角度尺寸标注

【功能】

建立圆、圆弧或线的角度尺寸标注。

【命令启动方法】

- 菜单栏:“标注”→“角度(A)”
- 工具栏:单击“标注”工具栏的按钮
- 命令:DIMANGULAR 或<快捷键> DAN

【操作方法】

- 方法一:单击“标注”工具栏的按钮→选择圆弧、圆、直线或<指定顶点>(用光标□对准所标角度的第一条边并单击左键)→选择第二条直线(用拾取靶对准所标角度的第二条边并单击左键)→指定标注弧线位置或[多行文字(M)/文字(T)/角度(A)/象限点(Q)](移动鼠标使尺寸位于合适位置并单击左键)。
- 方法二:单击“标注”工具栏的按钮→空格→指定角的顶点(可直接用光标□对准所标角度的顶点并单击左键)→指定角的第一个端点(直接用拾取靶对准所标角度的第一个端点并单击左键)→指定角的第二个端点(直接用拾取靶对准所标角度的第二个端点并单击左键)→指定标注弧线位置或[多行文字(M)/文字(T)/角度(A)/象限点(Q)](移动鼠标使尺寸位于合适位置并单击左键)。

【命令选项】

- 多行文字(M):弹出多行文本对话框,用户可在此编辑多行文本。
- 文字(T):输入标注文字。
- 角度(A):指定标注文字的角度。
- 象限点(Q):指定象限点。

【实例】

将图10.6(a)所示图形标注为图10.6(b)、10.6(c)所示的形式。

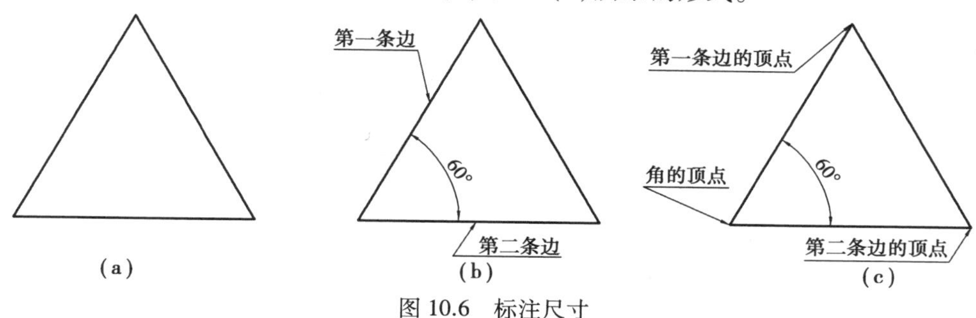

图10.6　标注尺寸

操作步骤：

①应用直线命令绘制图10.6(a)所示图形。

②单击“标注”工具栏的按钮→用光标□对准所标尺寸的圆弧并单击左键→移动鼠标使尺寸位于合适位置并单击左键。

【任务实施】

01 选择“文件”→“新建”命令，新建空白文档。

02 设置图层、设置文字样式，按照任务9的方法设置“基本样式”与“文字水平”两个标注样式。

03 根据图10.1中所示尺寸调用直线命令和圆命令绘制连杆平面轮廓二维线框，如图10.7所示。

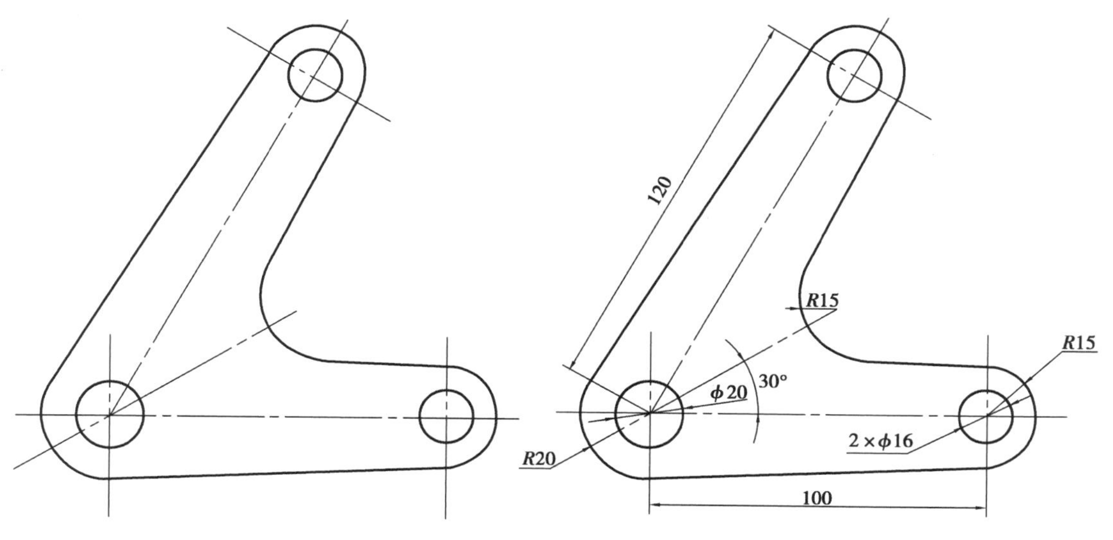

图10.7　连杆平面轮廓二维线框

图10.8　连杆平面轮廓图

04 选择“基本样式”为当前标注样式。

05 创建线性标注：单击工具栏上的按钮→单击鼠标左键捕捉到左交点→单击鼠标左键捕捉到的右交点→将尺寸线拉到距离轮廓线5~7 mm时单击左键，标注完线性尺寸100。

06创建对齐线性标注:单击工具栏上的按钮→单击鼠标左键捕捉到下交点→单击鼠标左键捕捉到上交点→将尺寸线拉到距离轮廓线 5~7 mm 时单击左键,标注完对齐线性尺寸 120。

07选择“文字水平”为当前标注样式。

08创建 $R20$、$R15$ 圆弧的半径标注:单击工具栏上的按钮→左键单击所标注的圆弧→调整到合适的位置单击左键,完成 $R20$ 标注。按照此方法标注两个 $R15$ 的圆弧。

09创建 $\phi20$ 圆的直径标注:单击工具栏上的按钮→左键单击所标注的圆→调整到合适的位置单击左键,完成 $\phi20$ 标注。

10创建 $\phi16$ 圆的直径标注:单击工具栏上的按钮→左键单击所标注的圆→M→空格→输入“2×%%c16”→空格→调整到合适的位置单击左键,完成 $\phi16$ 的标注。

11单击“工具栏”中的按钮,保存图形文件“连杆平面轮图.dwg”。

任务 11　快速尺寸标注

【学习目标】

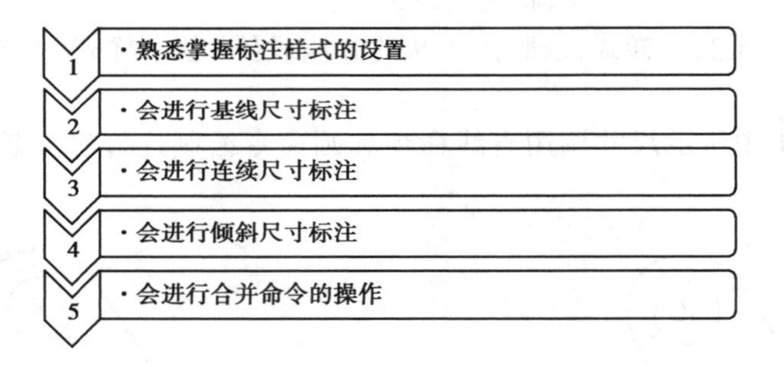

【任务提出】

绘制图 11.1 所示图形,并使用基线标注命令进行尺寸标注。

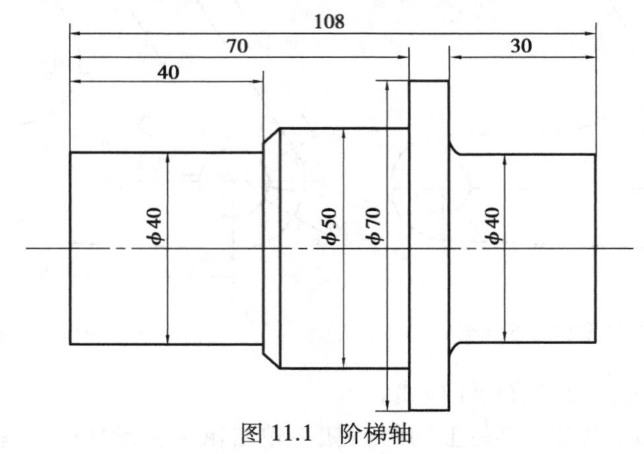

图 11.1　阶梯轴

【任务引入】

当零件的图形绘制完成后,应按机械制图国家标准标注零件各部分的尺寸、尺寸公差、形位公差等。因此,尺寸标注是绘图过程中的重要环节。本次任务要求学生熟练掌握标注工具栏和菜单栏的调用,并学会基线尺寸标注、连续尺寸标注、倾斜标注以及合并命令的运用。

【任务知识点】

知识点 1　基线标注

【功能】

基线标注是基于一个或选择的标注连续进行线性、角度尺寸标注,它将指定尺寸界线或者前一个尺寸的第一尺寸界线作为自己的第一条尺寸界线,尺寸线方向平行,尺寸线与选择的或前一尺寸偏移指定的距离。

【命令启动方法】

- 菜单栏:“标注”→“基线(B)”
- 工具栏:单击“标注”工具栏上的按钮
- 命令:DIMBASELINE 或<快捷键>DBA

【操作方法】

标注线性基线尺寸:单击工具栏上的按钮→指定第一个尺寸界线原点→指定第二条尺寸界线原点→指定尺寸线位置(移动鼠标使尺寸位于合适位置单击左键)→单击标注工具栏上的按钮→指定第二条尺寸界线原点(选择所标尺寸第二条尺寸界线原点单击左键)→指定第二条尺寸界线原点(直到标注完基线尺寸标注)→ESC 退出。

标注角度基线尺寸:单击工具栏上的按钮→选择第一条尺寸界线→选择第二条直线→指定标注弧线位置(移动鼠标使尺寸位于合适位置时单击左键)→单击标注工具栏上按钮→指定第二条尺寸界线原点→指定第二条尺寸界线原点(直到标注完基线尺寸标注)→ESC 退出。

【命令选项】

- 放弃(U):命令已全部放弃。
- 选择(S):选择基准标注。

【实例】

采用基线标注将图 11.2(a)、图 11.3(a)所示图形标注成图 11.2(b)、图 11.3(b)的形式。

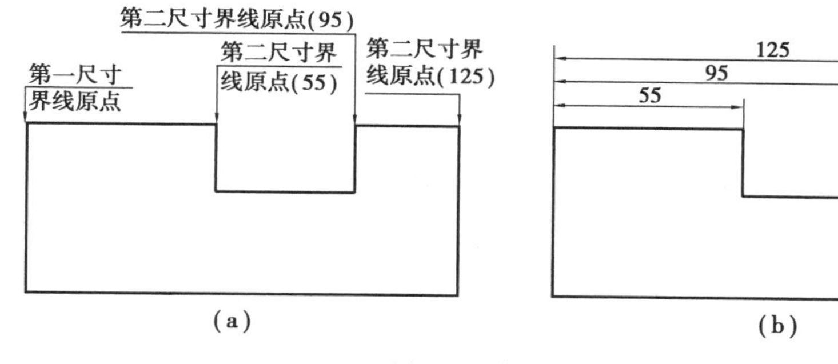

图 11.2　标注尺寸

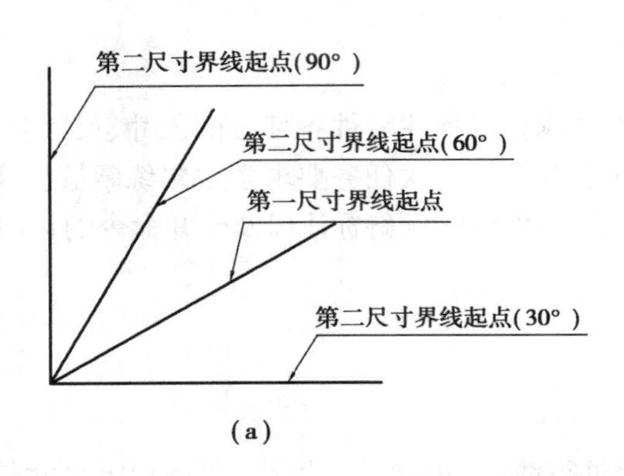

(a)

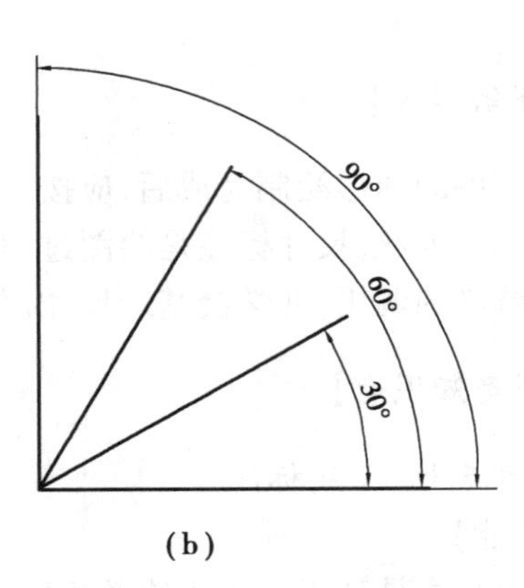

(b)

图 11.3 标注尺寸

操作步骤:

①用直线命令绘出图 11.2(a)、图 11.3(a)所示图形。

②标注尺寸“55”。单击工具栏上的按钮→指定第一个尺寸界线原点→指定第二条尺寸界线原点→移动鼠标使尺寸位于合适位置时单击左键(标注出线性尺寸 55)。

③标注尺寸“95”“125”。单击“标注”工具栏上的按钮→用光标对准尺寸“95”的第二条尺寸界线原点并单击左键→用光标对准尺寸“125”的第二条尺寸界线原点并单击左键→ESC。

④标注角度“30°”。单击工具栏上的按钮→选择 30°方向的直线→选择水平直线→移动鼠标使尺寸位于合适位置单击左键。

⑤标注角度“60°”“90°”。单击“标注”工具栏上的按钮→选择 60°方向直线→选择 90°方向直线→ESC。

知识点 2 连续标注

【功能】

连续标注是基于上一个或选择的尺寸标注连续进行线性、角度尺寸标注,它将所选择的尺寸界线或者上一个标注的第二尺寸界线作为自己的第一条尺寸界线,用户直接指定第二个尺寸界线的起点,尺寸线按前一尺寸线的定位放置。

【命令启动方法】

- 菜单栏:“标注”→“连续(C)”
- 工具栏:单击“标注”工具栏上的按钮
- 命令:DIMCONTINUE 或<快捷键>DCO

【操作方法】

同知识点 1(操作过程中将单击按钮换为即可)。

【实例】

采用连续标注将图 11.4(a)、图 11.5(a)所示图形标注成图 11.4(b)、图 11.5(b)的形式。

操作步骤:

①应用直线命令绘制图 11.4(a)、图 11.5(a)所示图形。

②标注尺寸“55”,方法同上。

③标注尺寸“40”“30”。单击“标注”工具栏上的按钮→用光标对准尺寸“40”的第二

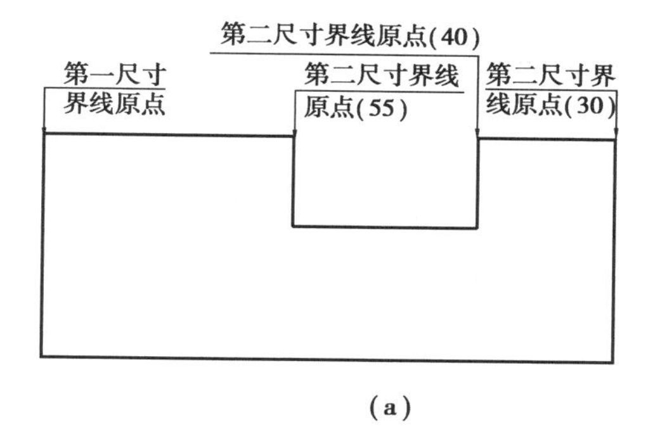

(a)

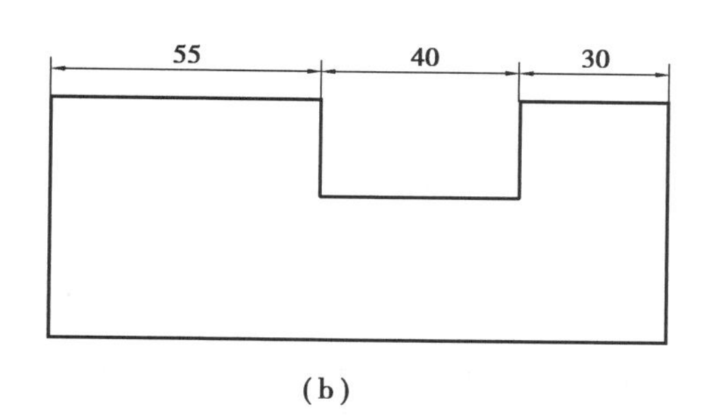

(b)

图 11.4　标注尺寸

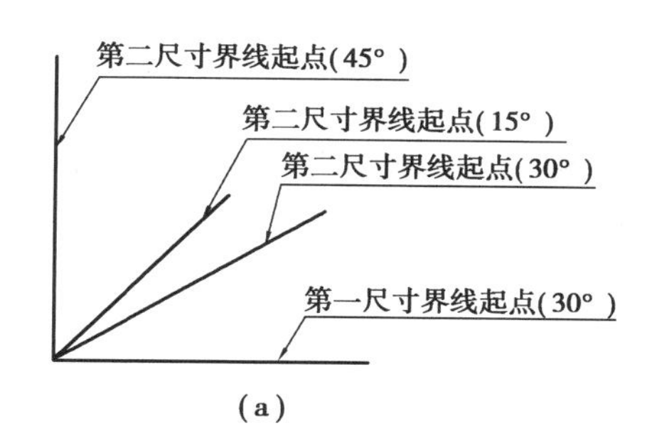

(a)

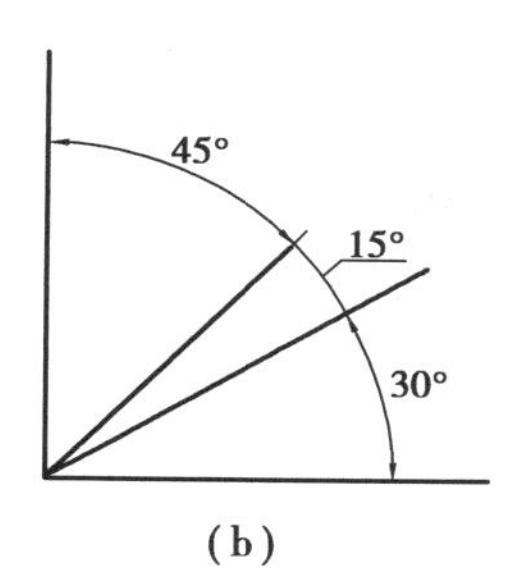

(b)

图 11.5　标注尺寸

条尺寸界线原点并单击左键→用光标对准尺寸“30”的第二条尺寸界线原点并单击左键→ESC。

④标注角度“30°”,方法同上。

⑤标注角度“15°”“45°”。单击标注工具栏上的按钮→选择 15°的第二条尺寸界线起点→选择 45°的第二条尺寸界线起点→ESC。

知识点 3　倾斜标注

【功能】

更改尺寸界线的倾斜角度。

【命令启动方法】

- 菜单栏:“标注”→“倾斜(Q)”
- 工具栏:单击“标注”工具栏上的按钮→O
- 命令:DIMEDIT→O

【操作方法】

- 方法一:单击“标注”工具栏上的按钮→O→空格→选择要倾斜的尺寸对象→空格→输入倾斜角度→空格。
- 方法二:选择要倾斜的尺寸对象→单击“标注”工具栏上的按钮→O→空格→输入倾斜角度→空格。

【实例】

采用倾斜标注将图 11.4(b)所示图形标注成图 11.6 的形式。

操作步骤:

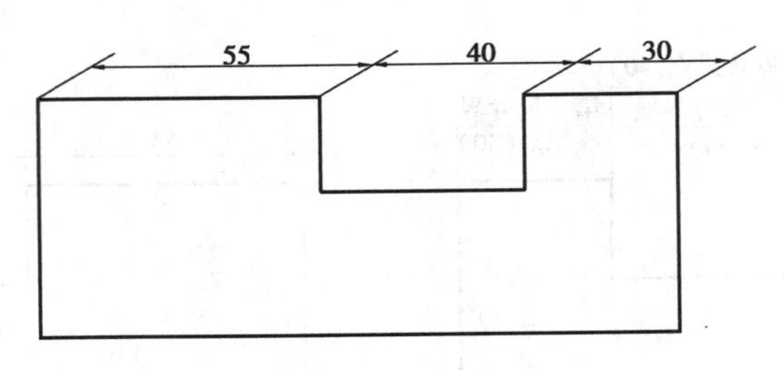

图 11.6　标注尺寸

①绘制并标注图 11.4(b)所示图形。

②单击“标注”工具栏上的按钮→O→空格→选择要倾斜的尺寸对象(单击尺寸“55”“40”“30”的尺寸界线)→空格→输入倾斜角度“30”→空格。

知识点 4　合并命令

【功能】

将其部件对象转变成复合对象,主要用于将几段相连的直线转换成多段线。

【命令启动方法】

- 菜单栏:“修改”→“合并(J)”
- 工具栏:单击“修改”工具栏上的按钮
- 命令:JOIN 或<快捷键>J

【操作方法】

- 方法一:J→空格→选择源对象或要一次合并的多个对象(左键对准一个对象单击一次,几个对象单击几次,或者采用框选)→空格。
- 方法二:选择源对象或要一次合并的多个对象(左键对准一个对象单击一次,几个对象单击几次,或者采用框选)→J→空格。

【实例】

采用合并命令将图 11.7(a)所示的四条直线转变成图 11.7(b)所示的多段线形式。

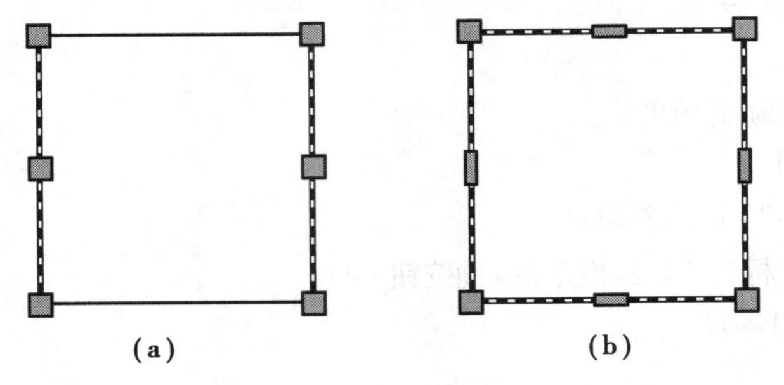

图 11.7　绘制图形

操作步骤:

①应用直线命令绘制图 11.7(a)所示图形。

②输入“J”→空格→选择 4 条直线→空格。

【任务实施】

01 选择“文件”→“新建”命令,新建空白文档。

02 设置图层,设置文字样式,设置标注样式。

03 根据图 11.1 中所示尺寸调用直线、倒角和圆角等命令绘制图形,如图 11.8 所示。

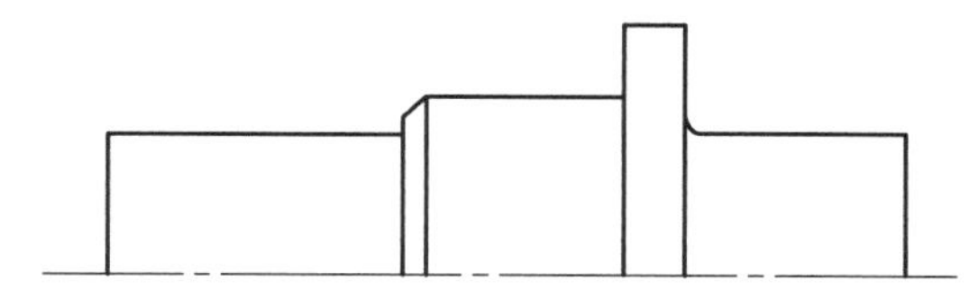

图 11.8　绘制图形

04 采用镜像命令镜像图形另一半,如图 11.9 所示。

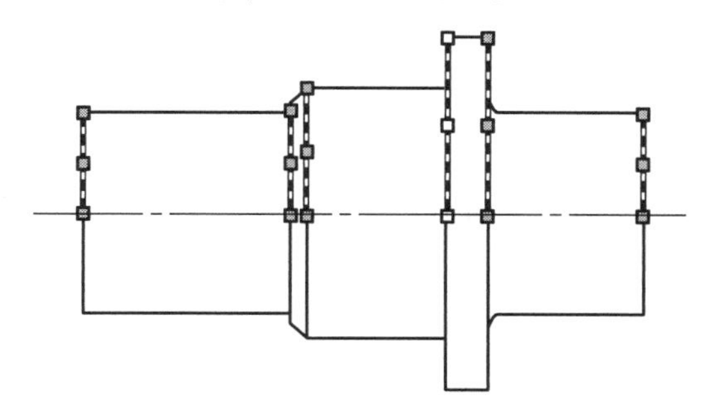

图 11.9　绘制效果

05 将断开的直线合并:J→空格→选择竖直方向的 12 条直线→空格。

06 标注基线尺寸“40”。单击工具栏上的按钮→单击鼠标捕捉到的左端点→单击鼠标捕捉到的右端点→将尺寸线拉到距离轮廓线 5~7 mm 时单击左键。

07 单击工具栏上的按钮→捕捉到尺寸“70”的右端点时单击左键→捕捉到尺寸“108”的右端点→ESC。效果如图 11.10 所示。

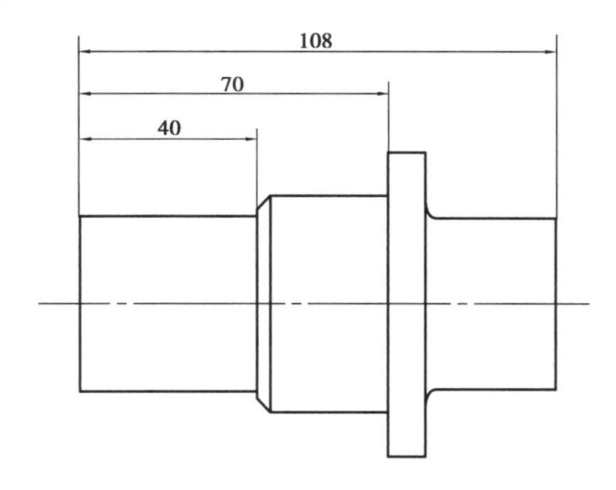

图 11.10　绘制效果

08 使用线性标注命令完成其他尺寸的标注。

09 单击“工具栏”上的按钮,保存图形文件“阶梯轴.dwg”。

任务 12　标注样式替代

【学习目标】

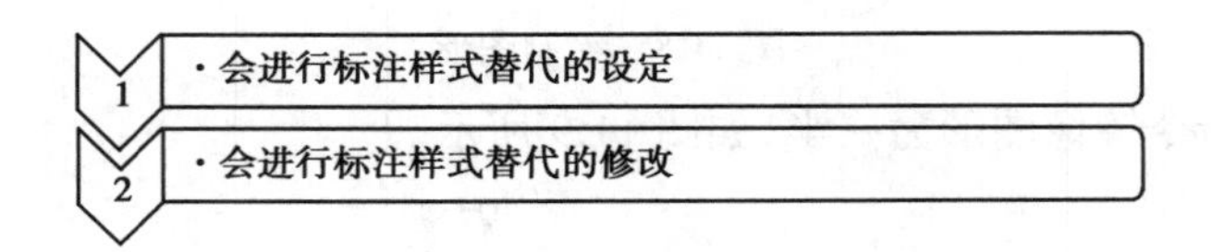

【任务提出】

对如图 12.1 所示的支架零件进行标注。

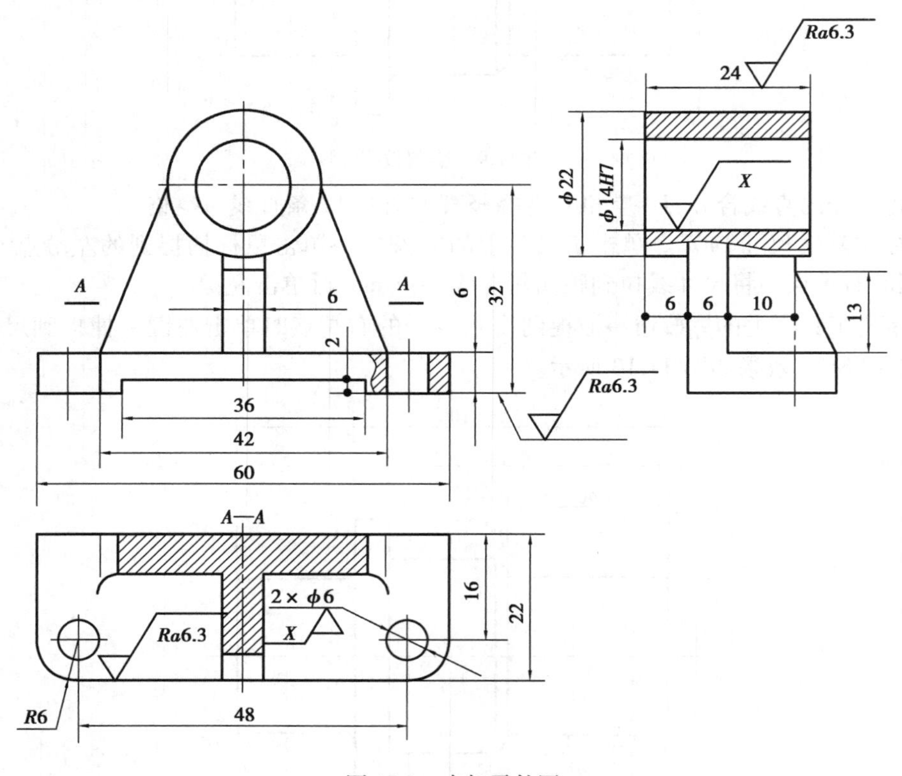

图 12.1　支架零件图

【任务引入】

支架是起支撑作用的构架。本任务通过对支架零件图形的标注,要求学生重点掌握标注样式替代的设定和修改,从而使图形更加规范。

【任务知识点】

知识点1　样式替代的设定

【功能】

为不影响全局的标注样式，可以设置样式替代。样式替代可以用来标注图中特殊的尺寸，例如小尺寸、引出标注等，从而减少设置标注样式的数量。

【命令启动方法】

- 菜单栏：在“格式”菜单中选择“标注样式(D)”→左键单击“替代”选项，如图12.2所示

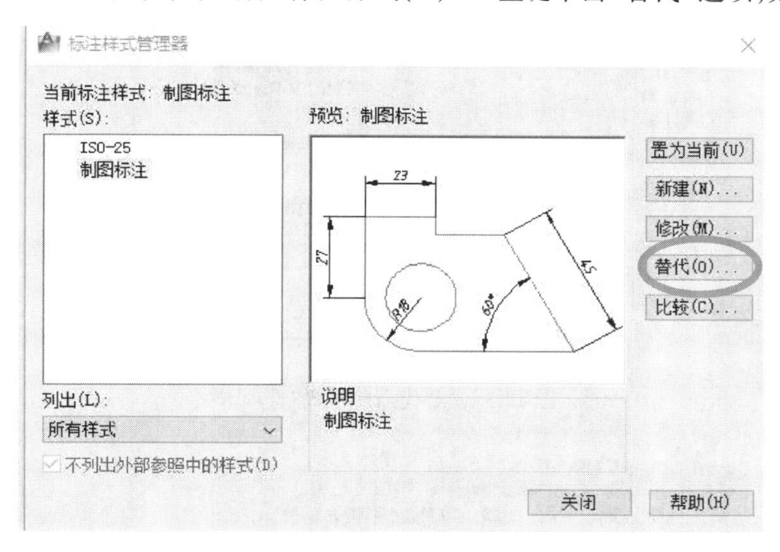

图12.2　“标注样式”管理器

- 工具栏：单击“标注”工具栏上的按钮→左键单击“替代”选项
- 命令：DIMSTYLE→空格→左键单击“替代”选项

【操作方法】

单击“标注”工具栏上的按钮→左键单击“替代”选项→弹出“替代当前样式”选项卡(如图12.3所示)→修改需要替代的标注样式→左键单击“替代样式”选项卡下方的“确定”按钮→左键单击“标注样式管理器”的“置为当前”按钮→左键单击“关闭”按钮→单击要使用的标注按钮(例如、、、等)进行标注。

“替代当前样式”选项卡是基于用户设定的标注样式的基础上进行很小的修改，常常需要修改的内容有：

- 符号和箭头：在标注的线性尺寸很小的情况下，通常将“箭头和符号”选项中的箭头选择“小点”或“斜线”。如图12.3所示，圈出来的部分为常常选用的项目。
- 文字：在标注半径或者直径时，为了避让其他尺寸标注，通常将“文字”选项中的“文字对齐”选择为“水平”。如图12.4所示，圈出来的为常选用的项目。
- 调整：在“调整”选项卡中主要修改“调整选项”和“优化选项”，以确定箭头是画在尺寸界限的里面还是外面，文字是放在尺寸界线的里面还是外面，或者引出来书写。如图12.5所示，圈出来的为常选用的项目。

图 12.3 “替代当前样式”选项卡

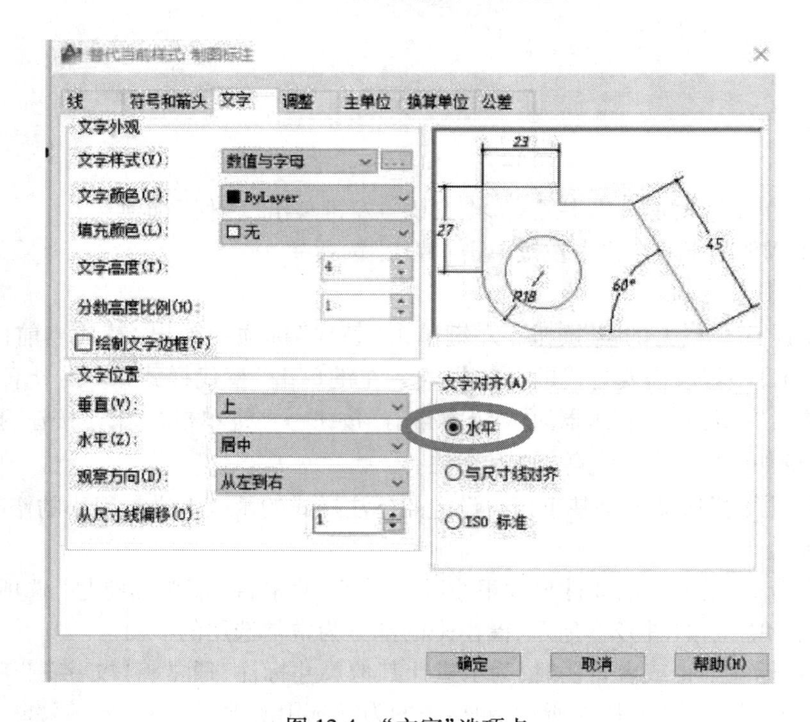

图 12.4 “文字”选项卡

【实例】

将图 12.6(a)所示图形用替代样式标注成图 12.6(b)所示的形式。

图 12.5　“调整”选项卡

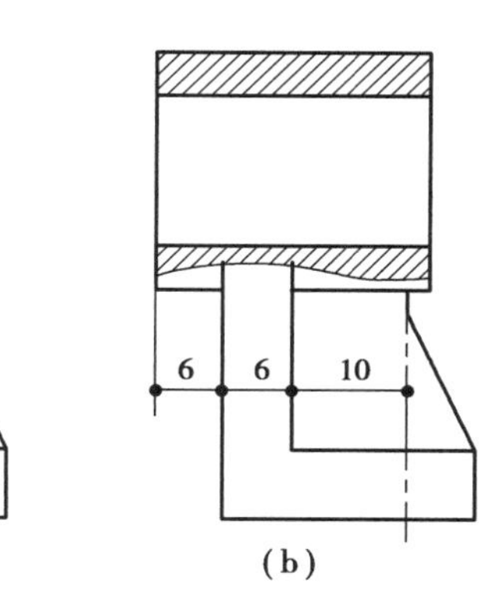

图 12.6　标注尺寸

操作步骤：

①绘制如图 12.6(a)所示图形。

②按照任务 9 设置“基本样式”的标注样式。

③设置样式替代。单击工具栏上的按钮→左键单击“替代”选项，如图 12.2 所示→弹出“替代当前样式”选项卡→左键单击“符号和箭头”选项卡→在“符号和箭头”选项卡中“箭头”选项中第一个和第二个都选择“小点”，如图 12.3 所示→左键单击下方的“确定”按钮→左键单击“标注样式管理器”的“置为当前”按钮→左键单击“关闭”按钮。

④标注尺寸 6、6、10。输入“DLI”→空格→左键单击要标注线段的左端点→左键单击要标注线段的右端点→将尺寸线向上拉到合适位置时单击左键，6 mm 的尺寸标注完成。

⑤按照步骤④标注另外两个尺寸。效果如图 12.6(b)所示。

知识点 2　样式替代的修改

【功能】

在采用样式替代标注后不规范或不满意的情况下，对标注样式替代的设置进行重新设定以符合标注尺寸样式的需要。

【命令启动方法】

• 菜单栏：在“格式”菜单中选择“标注样式(D)”→在“样式替代”为当前的标注样式状态下左键单击“修改”选项(图 12.7)

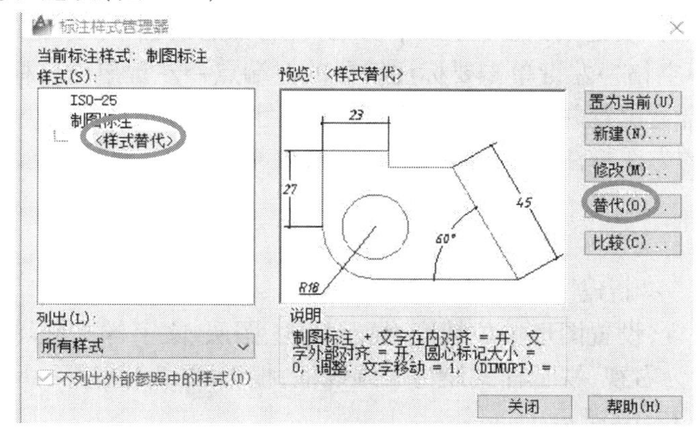

图 12.7　“标注样式”管理器

• 工具栏:单击“标注”工具栏上的按钮→在“样式替代”为当前的标注样式状态下左键单击“修改”选项

• 命令:DIMSTYLE→空格→在“样式替代”为当前的标注样式状态下左键单击“修改”选项

【操作方法】

单击“标注”工具栏上的按钮→左键单击“修改”选项→进入“替代当前样式”选项卡，对需要修改的内容重新设定→左键单击“确定”按钮→左键单击“标注样式管理器”下方的“关闭”按钮→进行各种标注。

【实例】

将图 12.8(a)所示图形用替代样式标注成图 12.8(b)、(c)所示的形式。

操作步骤:

①调用直线、修剪等命令绘制出如图 12.8(a)所示的图形。

②按照任务 9 设置“基本样式”的标注样式。

③按照实例一中的步骤③设置样式替代。

④单击工具栏上的按钮标注尺寸 8、2、5、3、8,如图 12.8(b)所示。

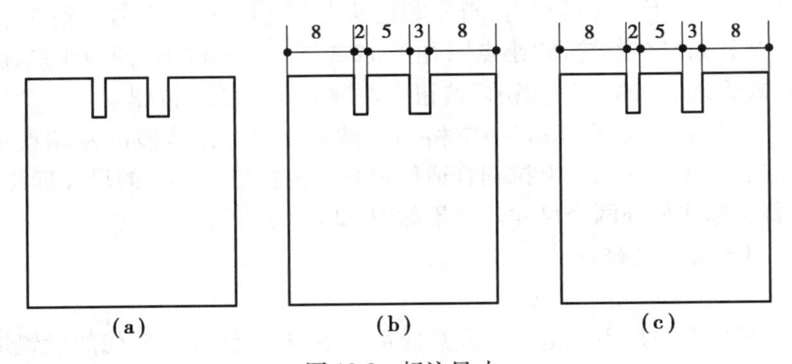

图 12.8　标注尺寸

由于图 12.8(b)不符合制图规范,因此需要重新标注。

⑤单击工具栏上的按钮→在“样式替代”标注设置的基础上,左键单击“修改”选项→弹出“替代当前样式”选项卡→“调整”选项中“文字位置”选定如图 12.9 所示→左键单击“样式替代”选项卡下方的“确定”按钮→左键单击“标注样式管理器”下方的“关闭”按钮。

⑥输入“DLI”→空格→左键单击要标注线段的左端点→左键单击要标注线段的右端点→将尺寸线向上拉到合适位置并单击左键。2 mm 的尺寸标注完成。

⑦按照步骤⑥的方法标注 3 mm 的尺寸。完成效果如图 12.8(c)所示。

【任务实施】

01 选择“文件”→“新建”命令,新建空白文档。

02 绘图环境设置,设置图形单位精度、显示精度、图层、文字样式、标注样式。

03 视图方向设为右视,视觉样式设为二维线框,根据图 12.1 中所示尺寸调用命令绘制阶梯轴二维线框,如图 12.10 所示。

04 调用线性标注工具标注线性尺寸。

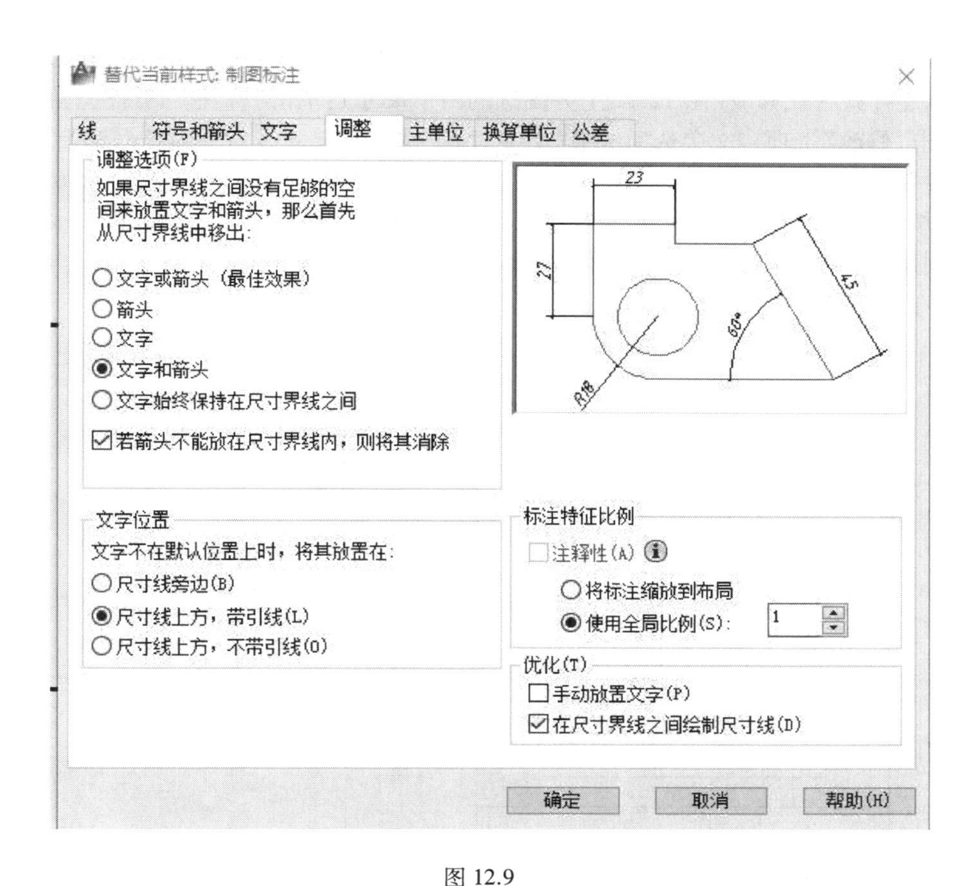

图 12.9

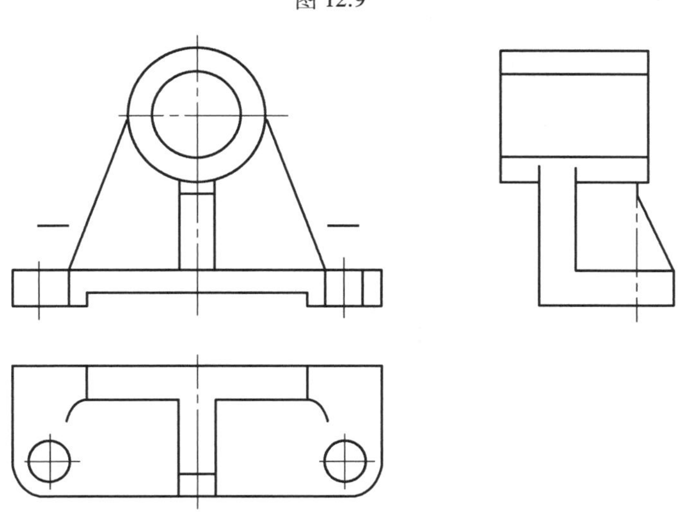

图 12.10　支架零件二维线框

05 创建样式替代(图 12.11 下方圈选的两个尺寸):单击“标注”工具栏上按钮→左键单击“替代”选项→文字选项卡中“文字对齐”选择水平→调整“优化”选项卡勾选手动放置文字→单击替代当前样式下方的“确定”按钮→单击工具栏上的按钮→左键单击所标注的圆或圆弧→调整到合适的位置单击左键,完成 *R*6 的标注→单击工具栏上的按钮→左键单击所标注的圆或圆弧→M→输入“2×%%c6”→调整到合适的位置单击左键，完成 ϕ6 的标注。

06 创建样式替代修改（图 12.11 上方圈选的两个尺寸）：单击“标注”工具栏上的按钮→左键单击“修改”选项→文字选项卡中“文字对齐”选择与尺寸线对齐→符号和箭头选项中“箭头”第一个和第二个都选择“小点”→单击工具栏上的按钮标注线性尺寸 2、6→单击工具栏上按钮→标注 6、10→空格→空格，完成尺寸标注。

07 创建块→插入块→标注好表面粗糙度，标注如图 12.1 所示。

08 单击“工具栏”上的按钮，保存图形文件“图 12.1 支架零件图.dwg”。

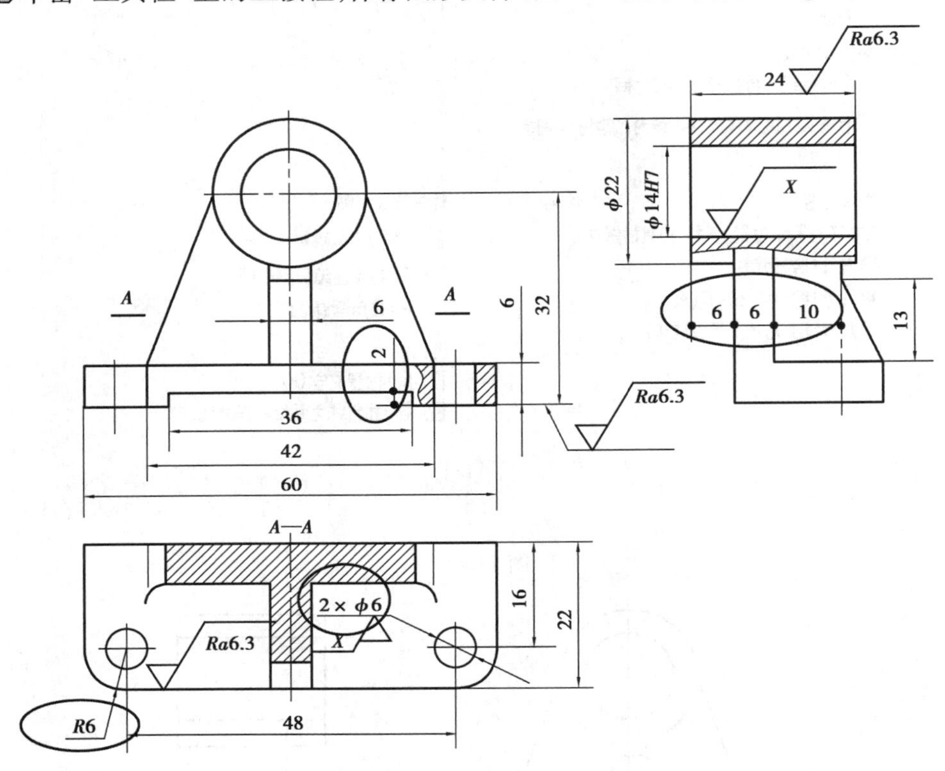

图 12.11　支架零件替代标注图

任务 13　块操作

【学习目标】

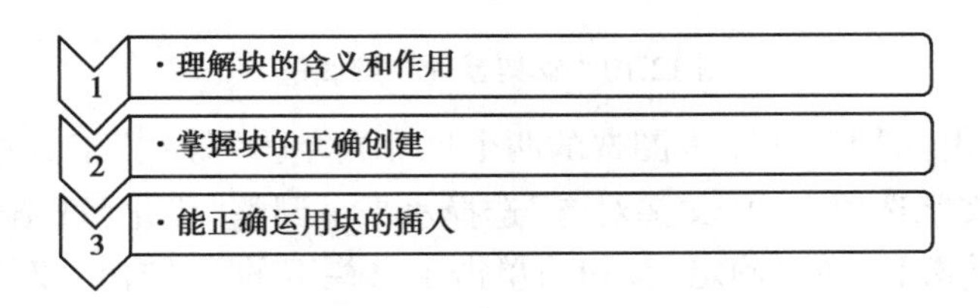

【任务提出】

运用多段线命令绘制如图 13.1 所示的图形,将图 13.2 所示的表明粗糙度代号以块的形式插入图 13.1 中,效果如图 13.3 所示。

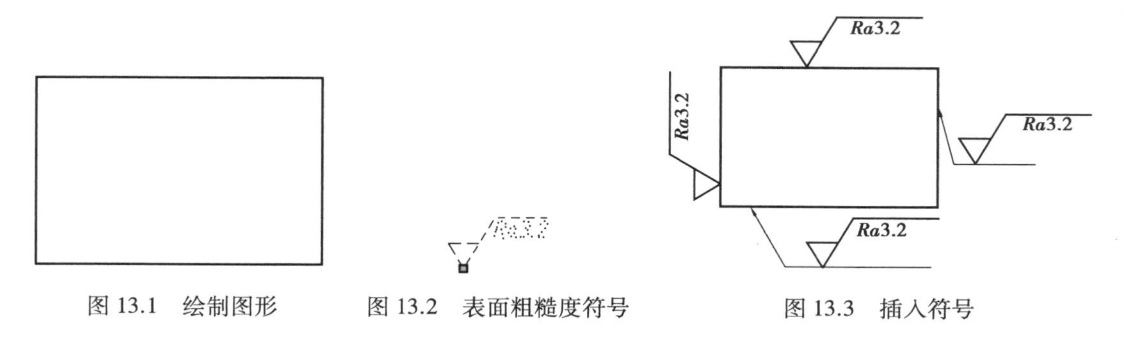

图 13.1　绘制图形　　图 13.2　表面粗糙度符号　　图 13.3　插入符号

【任务引入】

块是由多个对象组成并赋予块名的一个整体,可以随时将它插入当前图形指定的位置,同时还可缩放和旋转。图形中的块可以移动、删除和列表。块还可以起到资源共享、提高工作效率的作用。本任务要求学生会创建块和正确运用块的插入。

【任务知识点】

知识点 1　块定义属性

【功能】

块的主要作用有三个:其一,建立图形库,用户可以将经常出现的图形做成块,建成图形库。用插入块的方法来拼图形,这样可以避免许多重复性的工作,提高设计和绘图的效率及质量。用户可将常用的零件和图形创建为块。如绘制零件图时,表面粗糙度符号就可以创建为块将其保存(如图 13.2 所示),以便绘图需要时插入相应的表面粗糙度符号。其二,节省空间。在绘图时,由于加入到当前图形的每个对象都会占据磁盘空间,如果将图形做成块,就不必记录重复的对象信息,这样可以提高绘图速度,节省存储空间。尤其是对一些复杂的、重复使用的图形,定义成块后进行插入,更能体现其优越性。其三,便于修改和重新定义。块还可以被分解为相互独立的对象,而这些独立的对象又可被修改,并可以重新定义这个块。如果零件是一个插入的块,仅需要重新定义这个块,图中所有引用了该块的地方都会自动更新。

【命令启动方法】

- 菜单栏:“绘图”→“块(K)”→“定义属性(D)”
- 命令:ATTDEF 或<快捷键>ATT

【操作方法】

ATT→空格(弹出“属性定义”对话框,如图 13.4 所示)→对“模式”“属性”“插入点”“文字设置”四个方面进行设置→左键单击选项卡下方的“确定”按钮完成定义。

【命令选项】

- 模式:块属性模式的选择,决定“块”属性的显示形式。

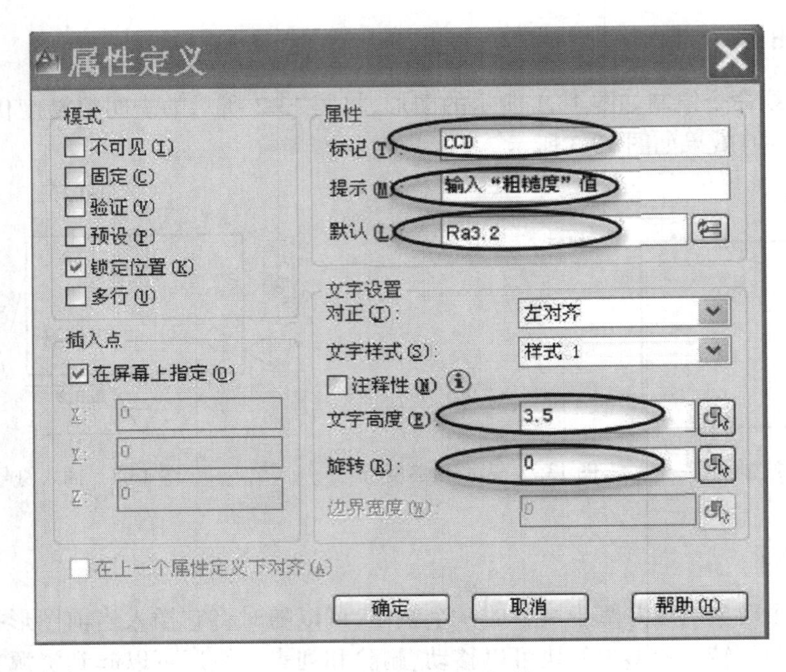

图 13.4 “属性定义”对话框

不可见:指定插入块时不显示或者打印属性值;

固定:在插入块时赋予属性固定值;

验证:插入块时提示验证属性值是否正确;

预设:插入包含预设属性值的块时将属性设定为默认值;

锁定位置:锁定块参照中属性的位置;

多行:指定属性值可以包含多行文字。

- 属性:包括标记、提示、默认等。

标记:标识图形中每次出现的属性;

提示:指定在插入包含该属性定义的块时显示的提示;

默认:指定默认属性值。

- 插入点:插入块的起点,一般选择在“屏幕上指定”插入点。
- 文字设置:对文字的“对正”“文字样式”“文字高度”进行设置。
- 旋转:对“标记”为块的内容、符号或图形进行角度旋转。
- 边界宽度:在“多行”模式进行边界宽度设置。

知识点 2 创建块

【功能】

建立块定义。该命令是以对话框的方式创建块定义。

【命令启动方法】

- 菜单栏:“绘图”→“块(K)”→“创建(M)”,如图 13.5 所示
- 工具栏:单击“绘图”工具栏上的按钮
- 命令:BLOCK 或<快捷键>B

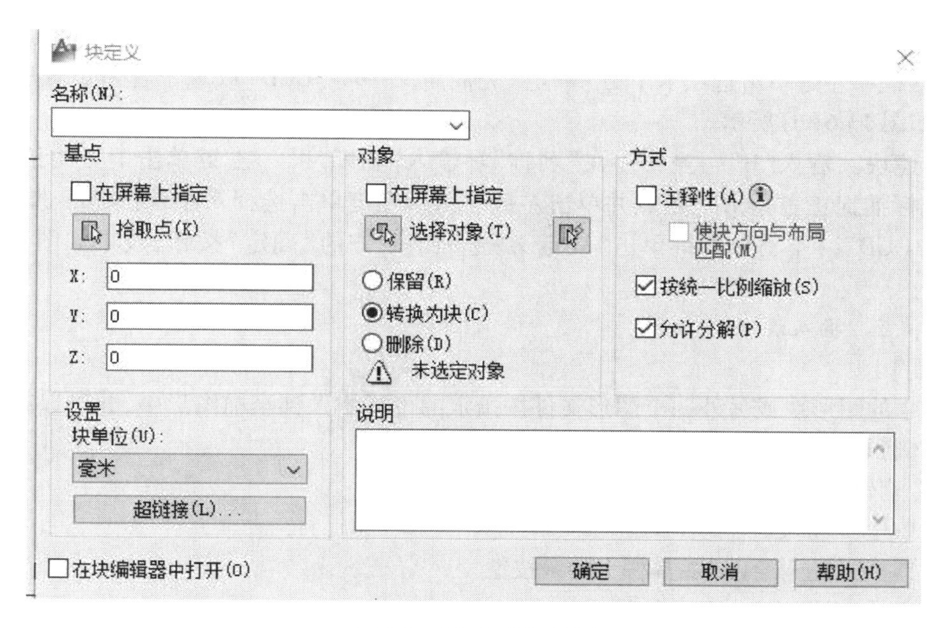

图13.5　“块定义”对话框

【操作方法】

单击“绘图”工具栏上的按钮→填写“块定义”选项卡中“名称”栏→左键单击下方的拾取点按钮(“块定义”对话框消失)→光标捕捉相应的点后单击左键(重新弹出“块定义”对话框)→左键单击选择对象按钮(“块定义”对话框消失)→拾取框选择对象→空格(重新弹出“块定义”对话框)→单击“块定义”选项卡下方的“确定”按钮。

【命令选项】

• 名称:对将要创建块的对象进行命名,插入时方便寻找。块名称及块定义保存在当前图形中。

• 基点:插入块时指定块的参考点。用户可用两种方式确定基点,一是单击拾取点按钮,在图形块中确定一点;二是在 X、Y、Z 框中直接输入基点 X、Y、Z 三个方向的坐标值。

• 对象:指定新块中要包含的对象,以及创建块后保留或删除选定的对象还是将它们转换成块的引用。

• 方式:块创建完后,允许块存储的格式。

【实例】

绘制表面粗糙度代号并定义为块。

操作步骤:

①绘制表面粗糙度符号。将“极轴追踪”中“增量角”为60°后,应用多段线命令绘制表面粗糙度符号,效果如图13.6(a)所示。

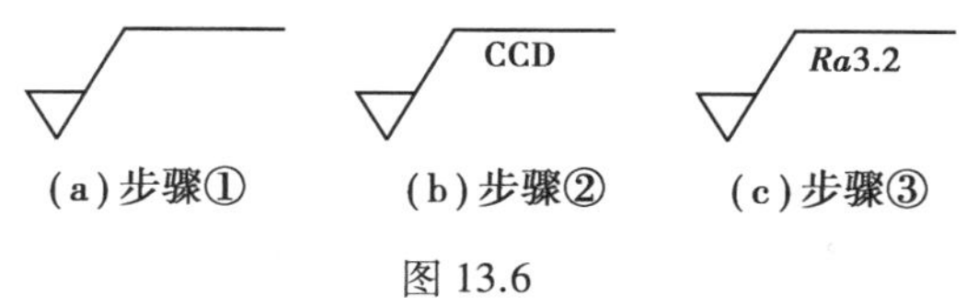

图13.6

②定义块属性。输入“ATT”→空格→弹出“属性定义”对话框→按照图 13.4 设定“定义属性”对话框→左键单击选项卡下方“确定”完成定义→将“CCD”放置于合适位置后单击左键,效果如图 13.6(b)所示。

③创建块。输入“B”→空格→在“名称”项输入“粗糙度”→左键单击下方的拾取点按钮→光标捕捉正三角形下角点并单击左键→鼠标左键单击选择对象按钮→选择“粗糙度符号和 CCD”→空格→左键单击“块定义”选项卡下方的“确定”按钮,效果如图 13.6(c)所示。

知识点 3　插入块

【功能】

将建立的图形块或另外一个图形文件按指定的位置插入到当前图形中,并可以改变插入图形的比例和旋转角度。

【命令启动方法】

- 菜单栏:“插入”→“块(B)”
- 工具栏:单击“绘图”工具栏上的按钮
- 命令:DDINSERT 或<快捷键>I

【操作方法】

- 方法一:单击“绘图”工具栏上的按钮,弹出“插入”对话框,如图 13.7 所示→选择要插入的块名称→左键单击“确定”按钮(光标会拖出要插入对象)→左键单击插入点→空格。

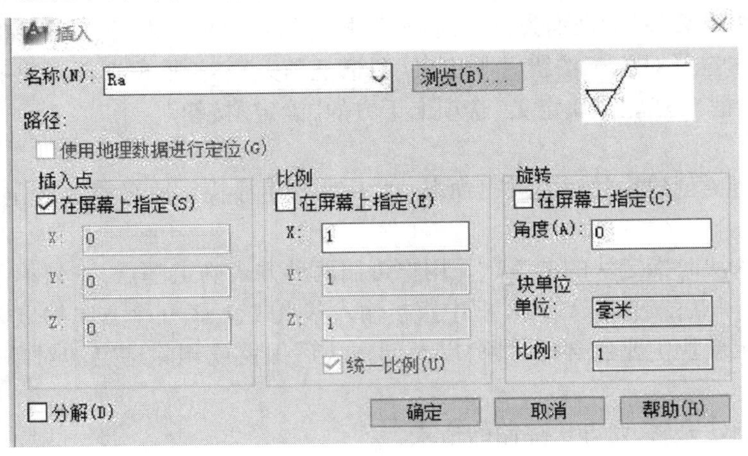

图 13.7　“插入”对话框

- 方法二:单击“绘图”工具栏上的按钮,弹出“插入”对话框→选择要插入的块名称→左键单击“确定”按钮(光标会拖出要插入对象)→R→空格→输入旋转角度→空格→S→空格→输入比例→空格→左键单击插入点→空格。

在操作过程中还可根据命令栏提示更改粗糙度值。或者操作完成后双击插入的块(弹出“增强属性编辑器”)对相关参数进行修改。

【命令选项】

- 名称:在该列表框中指定要插入的块名或指定要作为块插入的文件名。
- 浏览:单击“浏览(B)”按钮,显示“选择图形文件”对话框,在此对话框中选择要插入的块或文件。

● 插入点:在插入块时指定块的插入点。用户可以用两种方式确定插入点,一是选择在屏幕上指定(直接在图形中用光标确定插入点);二是在 X、Y、Z 框中直接输入插入点的 X、Y、Z 三个方向的坐标值。

● 缩放比例:指定将块插入图中的比例。用户可以用三种方式确定,一是选择在屏幕上指定(指定定义在块中的对象);二是在 X、Y、Z 框中直接输入插入的块 X、Y、Z 三个方向的比例因子;三是统一比例,即插入的块在 X、Y、Z 三个方向确定一个比例因子。

● 旋转:指定插入块的旋转角度。用户可以两种方式确定,一是选择在屏幕上指定,直接按回车键(系统默认不旋转);二是在命令窗口按所提示的选项输入旋转角度。

● 分解:分解块并插入该块的各个部分。

【实例】

将图 13.6(c)表面粗糙度代号所定义的块插入到图 13.8 中,标注完后如图 13.9 所示。

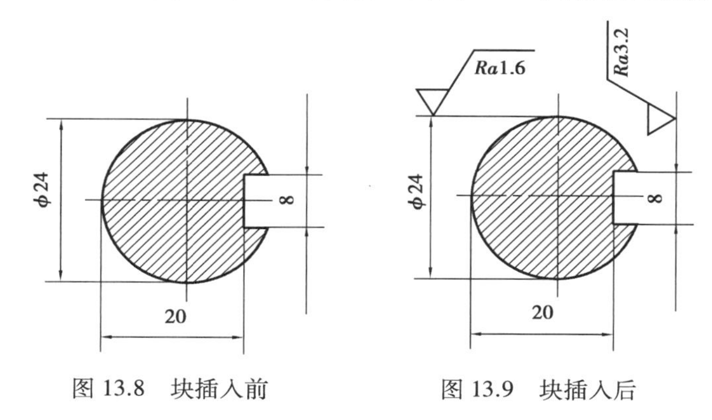

图 13.8　块插入前　　　图 13.9　块插入后

操作步骤:

①绘制图 13.8 所示图形,并完成线性标注。

②单击“绘图”工具栏上的按钮(弹出“插入”对话框)→选择名称为“粗糙度”的块→左键单击“确定”按钮(光标会拖出要插入对象)→R→空格→输入“90”→空格→左键单击尺寸 8 的尺寸线→空格。

③单击“绘图”工具栏上的按钮(弹出“插入”对话框)→选择名称为“粗糙度”的块→左键单击“确定”按钮(光标会拖出要插入对象)→左键单击插入点→输入“*Ra*1.6”→回车。

【任务实施】

01 选择“文件”→“新建”命令,新建空白文档。

02 设置图层、文字样式与标注样式等。

03 调用命令绘制矩形框,如图 13.1 所示。

04 创建块。按照知识点二的实例中的方法创建表面粗糙度为“*Ra*3.2”的块。

05 标注上表面粗糙度。单击“绘图”工具栏上的按钮(弹出“插入”对话框)→选择名称为“粗糙度”的块→左键单击“确定”按钮(光标会拖出要插入对象)→左键单击插入点→空格。

06 标注左表面粗糙度。单击“绘图”工具栏上的按钮(弹出“插入”对话框)→选择名称为“粗糙度”的块→左键单击“确定”按钮(光标会拖出要插入对象)→R→空格→输入“90”→空格→左键单击插入点→空格。

07 标注右表面粗糙度。单击“绘图”工具栏上的按钮(弹出“插入”对话框)→选择名称为“粗糙度”的块→左键单击“确定”按钮(光标会拖出要插入对象)→R→空格→输入“270”→空格→左键单击插入点→空格→左键双击插入的块(弹出“增强属性编辑器”)→按照图 13.10 所示设定文字选项→左键单击“确定”按钮。

08 标注下表面粗糙度。单击“绘图”工具栏上的按钮(弹出“插入”对话框)→选择名称为“粗糙度”的块→左键单击“确定”按钮(光标会拖出要插入对象)→R→空格→输入“180”→空格→左键单击插入点→空格→左键双击插入的块(弹出“增强属性编辑器”)→按照图 13.11 所示设定文字选项→左键单击“确定”按钮。

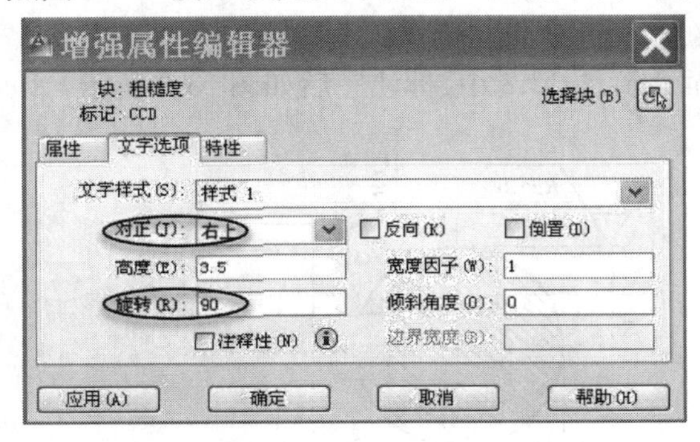

图 13.10 设置“增强属性编辑器”对话框(一)

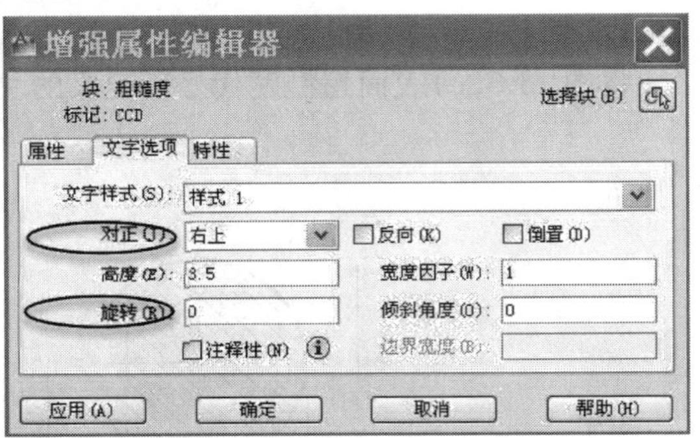

图 13.11 设置“增强属性编辑器”对话框(二)

任务 14 公差的标注

【学习目标】

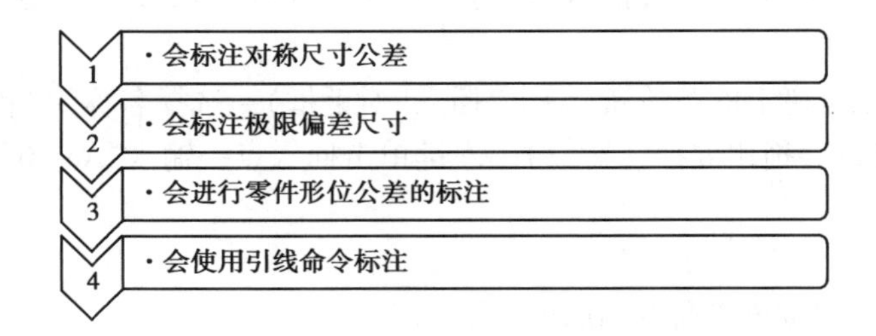

【任务提出】

标注图 14.1 所示端盖零件图的尺寸公差、形位公差。

【任务引入】

油封盖是用来密封油液的机械零件,是机械中涉及汽油、机油、润滑油等容器的密封元件。它通过内部的油封将传动部件中需要润滑的部件与外界隔离,避免润滑油渗漏。

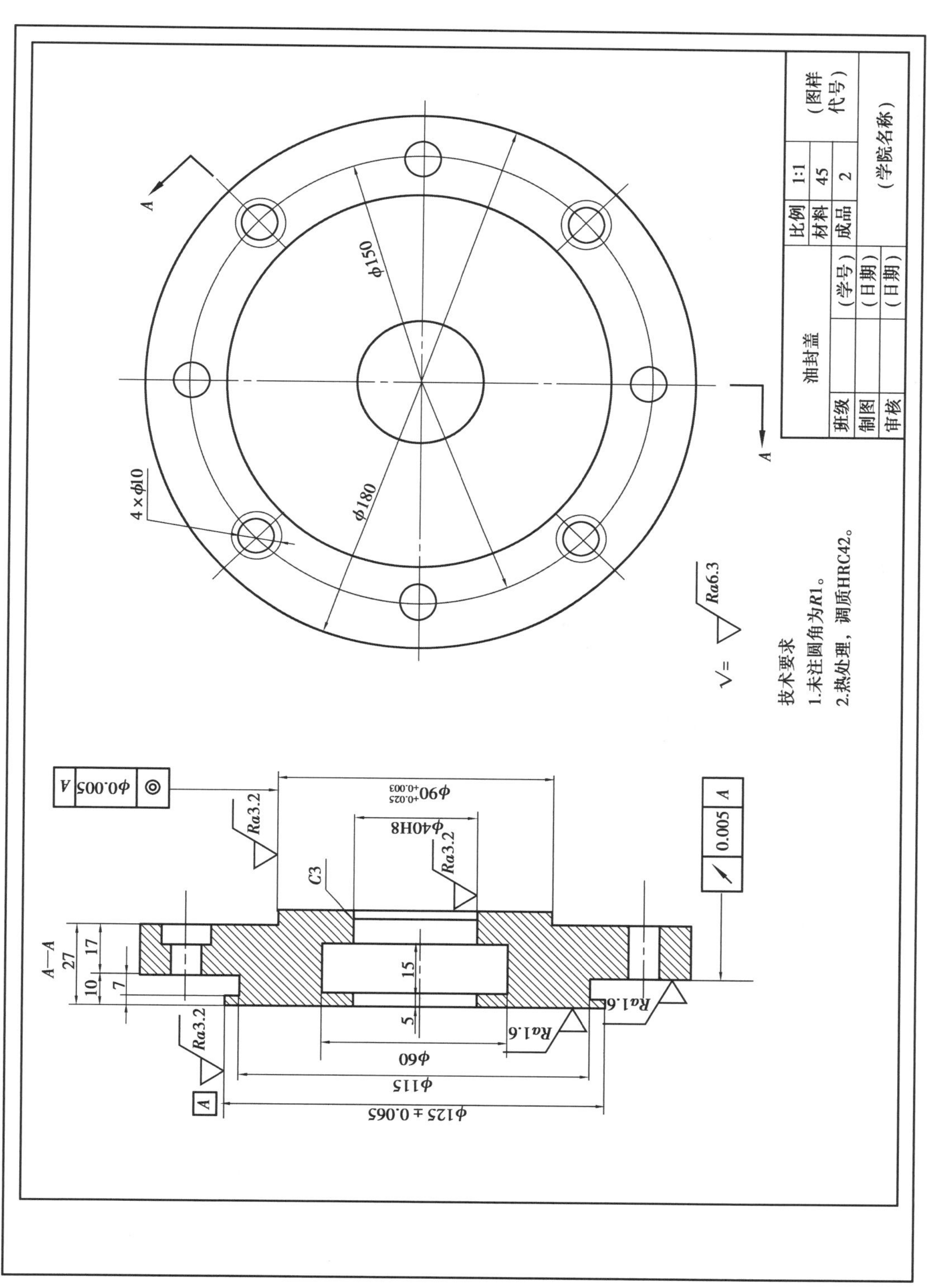
A
4×φ10
φ150
φ180
A
油封盖
比例 1:1
材料 45
成品 2
（图样代号）
班级 （学号）
制图 （日期）
审核 （日期）
（学院名称）
√= Ra6.3
技术要求
1.未注圆角为R1。
2.热处理，调质HRC42。
A—A
27
17
10
7
15
5
C3
Ra3.2
Ra1.6
φ40H8
φ90+0.025 +0.003
φ60
φ115
φ125±0.065
φ0.005 A
0.005 A
A

图14.1　油封盖零件图

本任务重点掌握运用公差工具绘制对称公差尺寸、极限公差尺寸以及运用快速引线和公差命令绘制形位公差标注和基准符号技能。因此,在掌握前面任务学习的基础上,应熟练掌握按要求调用公差标注命令的技能。

【任务知识点】

知识点 1　对称尺寸公差的标注

【功能】

对称尺寸公差是零件图中常见的一种标注形式,应用“样式替代”和“文字格式”编辑器对图形进行对称尺寸公差标注。

【命令启动方法】

同“样式替代”与“简单尺寸标注”启动方法一样,这里不再赘述。

【操作方法】

• 方法一:D→空格(弹出“标注样式管理器”对话框)→左键单击对话框中“替代”选项(弹出“替代当前样式”对话框)→选择对话框中“公差”选项卡(如图 14.2 所示)→在“公差”选项卡中“方式”下拉窗口选中“对称”选项→在当前窗口中“精度”选项中选择“0.000”→在当前窗口中“上偏差”选项中输入公差值→左键单击“确定”按钮,关闭“标注样式管理器”对话框→单击要使用的标注按钮(例如、等)进行标注。

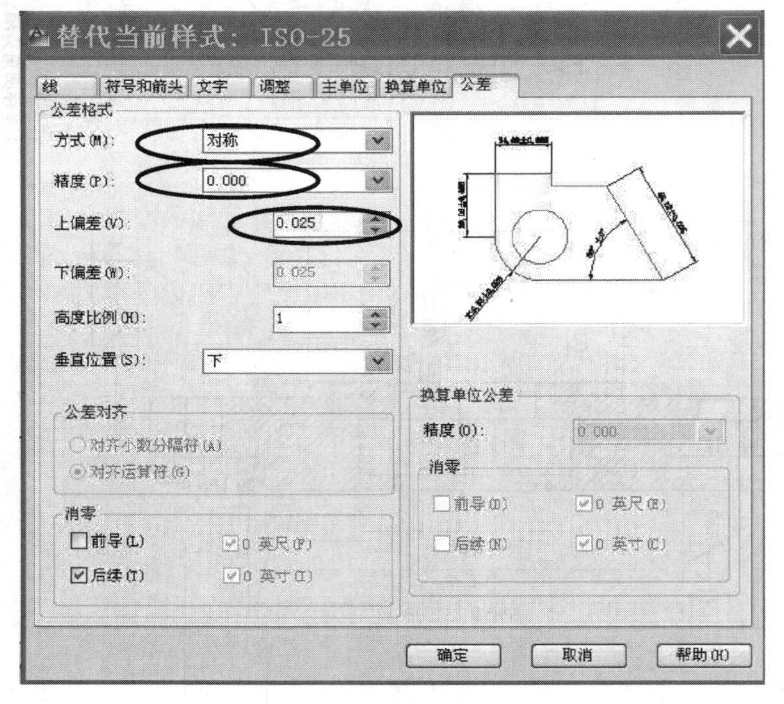

图 14.2　修改公差(一)

此方法适用于批量标注相同的对称公差尺寸。若标注的基本尺寸是直径,则需在“替代当前样式”对话框的“主单位”选项卡中“前缀”项加标“%%C”,如图 14.3 所示。

• 方法二:单击要使用的标注按钮(例如、等)→空格→捕捉第一个尺寸界限原点→

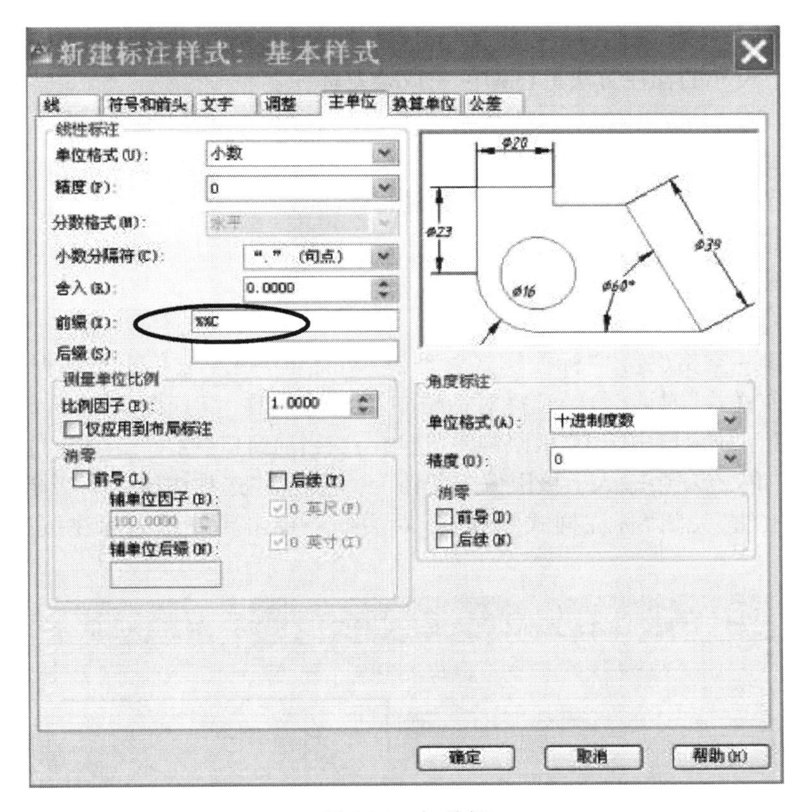

图 14.3　加前缀

捕捉第二个尺寸界限原点→M(弹出“文字格式”编辑器)→光标移到文本框后面→输入“%%P 偏差值”→左键单击“文字格式”编辑器上“确定”按钮→指定尺寸线位置后单击左键。

此方法适用于少量标注对称公差尺寸的情形。

【实例】

已知图 14.4 所示各部分尺寸,运用命令将其编辑为图 14.5 的尺寸标注形式。

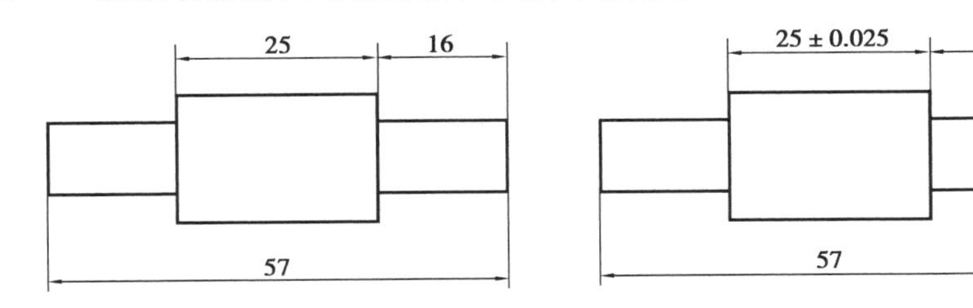

图 14.4　对称公差标注对象　　　图 14.5　对称公差标注后对象

操作步骤：

①用直线、镜像命令绘出图 14.4 所示图形,在“标注”菜单栏中选择 线性标注符号,对尺寸进行标注。

②输入“D”→空格(弹出“标注样式管理器”对话框)→左键单击对话框中“替代”选项(弹出“替代当前样式”对话框)→选择对话框中“公差”选项卡(如图 14.2 所示)→在“公差”选项卡中“方式”下拉窗口选中“对称”选项→在当前窗口中“精度”选项中选择“0.000”→在当前窗

口中“上偏差”选项中输入“0.025”→左键单击“确定”按钮，关闭“标注样式管理器”对话框。

③按照线型尺寸的标注方法标注即可完成公差标注。

知识点 2　极限偏差的标注

【功能】

极限值偏差标注可对有上下偏差的尺寸进行标注。

【命令启动方法】

方法同知识点一。

【操作方法】

● 方法一：D→空格（弹出“标注样式管理器”对话框）→左键单击对话框中“替代”选项（弹出“替代当前样式”对话框）→选择对话框中“公差”选项卡（如图 14.6 所示）→在“公差”选项卡的“方式”下拉窗口中选中“极限偏差”选项→在当前窗口“精度”选项中选择“0.000”→在当前窗口“上偏差”选项中输入上极限偏差差值→“下偏差”选项中输入下极限偏差差值→左键单击“确定”按钮，关闭“标注样式管理器”对话框→单击要使用的标注按钮（例如、等）进行标注。

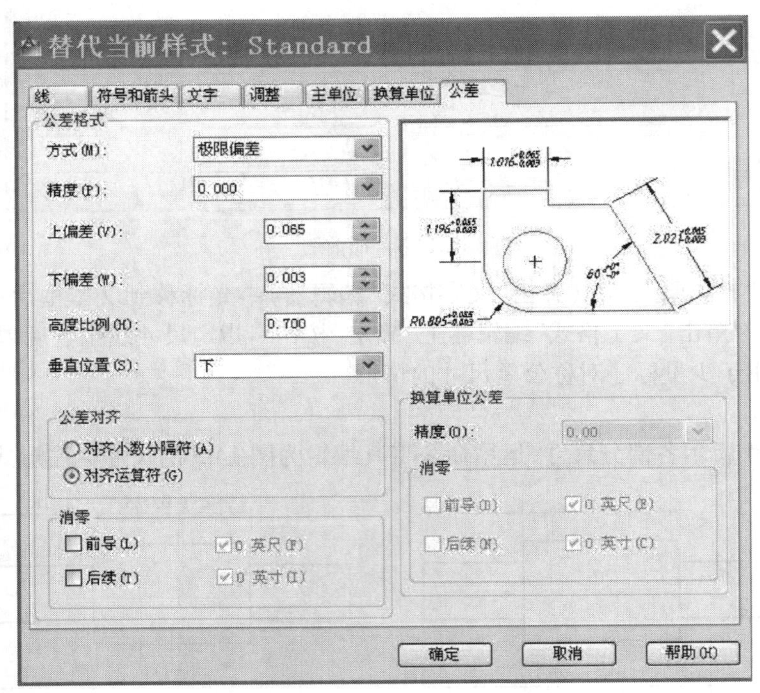

图 14.6　修改公差（二）

● 方法二：单击要使用的标注按钮（例如、等）→空格→捕捉第一个尺寸界限原点→捕捉第二个尺寸界限原点→M（弹出“文字格式”编辑器）→光标移到文本框后面→输入“上偏差值/下偏差值”→左键选中上下偏差值（选中变蓝）→在蓝色区单击右键“堆叠”项（如图 14.7所示）→左键选中堆叠好的偏差值（选中变蓝）→在蓝色区单击右键“堆叠特性”项（如图 14.8 所示），弹出“堆叠特性”对话框（如图 14.9 所示）→“样式”项选择“公差”，“位置”选择“下”→左键分别单击“堆叠特性”对话框与“文字格式”对话框上的“确定”按钮→指定尺寸线位置后单击左键。

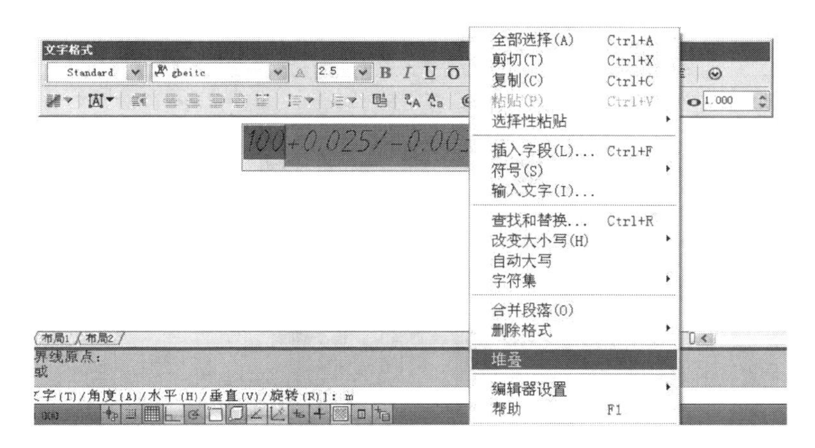

图 14.7　堆叠文字

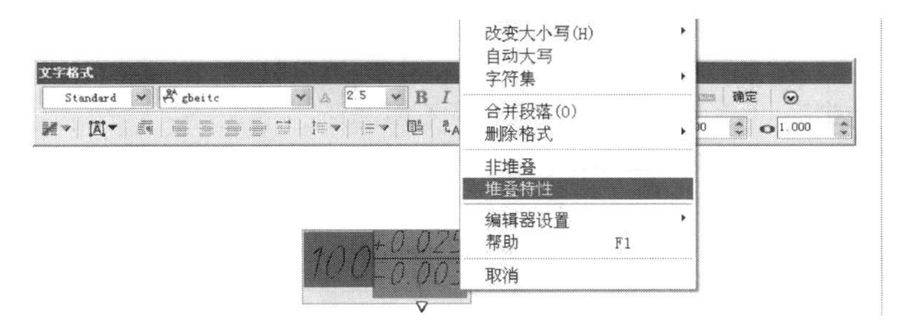

图 14.8　文字的堆叠特性

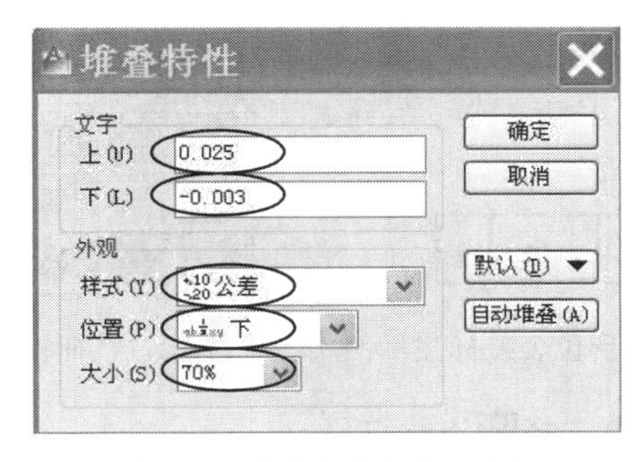

图 14.9　“堆叠特性”对话框

知识点 3　形位公差的标注

【功能】

对选中对象进行形位公差标注。形位公差包括形状公差和位置公差,它是零件的实际形状和实际位置对理想形状和理想位置的允许变动量。

【命令启动方法】

- 菜单栏:“标注”→“公差”
- 工具栏:“标注”工具栏中单击▣按钮
- 命令:TOLERANCE 或<快捷键> TOL

【操作方法】

TOL→空格(弹出“形位公差”对话框,如图 14.10 所示)→根据需要在“符号”“公差”“基准”栏中选择或输入数值→单击“确定”按钮。

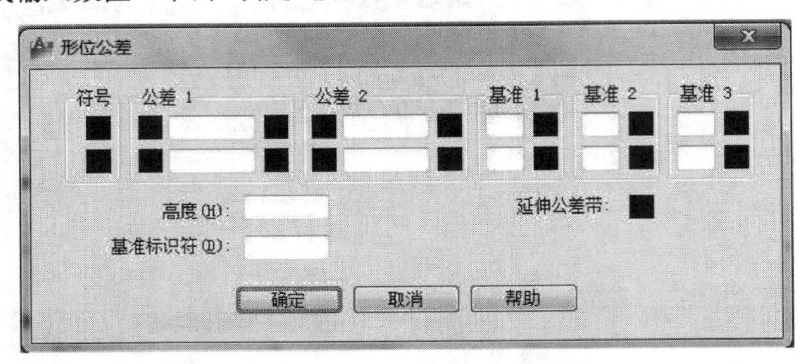

图 14.10 “形位公差”对话框

【命令选项】

● “高度”:输入行为公差的高度值。文本框形位公差的高度、字形均由当前标准样式控制。

● “延伸公差带”:可插入符号,一般情况下不用选择。

● “基准标识符”:可添加一个基准值。

【实例】

用“TOL”命令标注如图 14.11 所示的形位公差。

操作步骤:

①输入“TOL”→空格,弹出如图 14.10 所示的“形位公差”对话框。

②单击“符号”选项组中第一个黑框,弹出如图 14.12 所示的“特征符号”对话框。

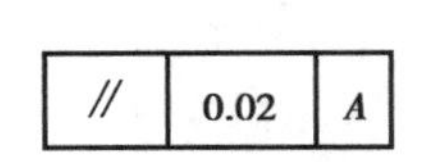

图 14.11 形位公差标注示例　　图 14.12 特征符号”对话框

③在“特征符号”对话框中选择//公差符号。

④在“公差 1”选项组中,单击第一个黑框插入直径符号“Φ”(再次单击可取消)。

⑤在“公差 1”选项组的文字框中输入“0.02”。

⑥在“基准 1”选项组中输入基准字母“A”。

⑦单击“确定”按钮,完成形位公差设置。

⑧在绘图区中拖动鼠标指定形位公差特征控制框的位置。

知识点 4 引线命令

【功能】

在机械零件图样和装配图中,引注一般由箭头、引线和注释文字构成,如图 14.13 所示。引线命令不但可用于标注一些说明或注释性文字,还可以标注行位公差。

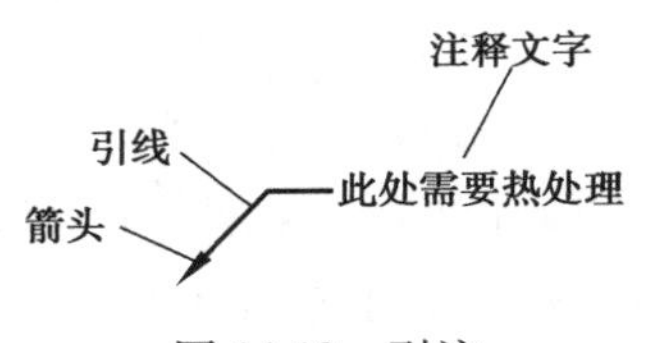

图 14.13 引注

【命令启动方法】

- 菜单栏:“标注”→“多重引线”
- 工具栏:单击“ ”按钮
- 命令:QLRADER 或<快捷键> LE

【操作方法】

LE→空格→S(如引线设置可不需要此步骤)→空格(弹出“引线设置”对话框,如图 14.14 所示)→选择“公差”项→单击“确定”按钮,关闭对话框→指定第一个引线点→指定第二点→指定第三点或空格(弹出“形位公差”对话框)→设定好“形位公差”内容→左键单击“确定”按钮,关闭对话框。

图 14.14　“引线设置”对话框

【实例】

用“LE”命令标注图 14.15 所示的形位公差。

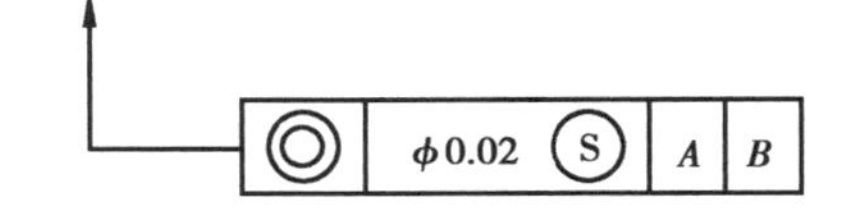

图 14.15　形位公差标注示例

操作步骤:

①输入“LE”→空格→S→空格→选择“公差”项→单击“确定”按钮,关闭对话框→指定第一个引线点→指定第二点→指定第三点(弹出“形位公差”对话框)。

②单击“符号”选项组中第一个黑框,弹出如图 14.12 所示的“特征符号”对话框。

③在“特征符号”对话框中选择◎公差符号。

④在“公差 1”选项组中,单击第一个黑框,插入直径符号“Φ”。

⑤在“公差 1”选项组的文字框中输入“0.02”。

⑥在“公差 1”选项组中,单击第二个黑框,选择Ⓢ附加符号。

⑦在“基准 1”选项组中输入基准字母“A”。

⑧在“基准 2”选项组中输入基准字母“B”。

⑨单击“确定”按钮,完成形位公差设置。

【任务实施】

01 选择“文件”→“新建”命令,新建文件。

02 按照任务三中图的样式设置图层,将粗实线层设置为当前层。

03 绘制图 14.1 所示的油封盖零件图。

04 标注形位公差、尺寸公差外的其他尺寸及表面粗糙度。

05 标注对称公差值 $\Phi125\pm0.065$。输入“DLI”→空格→捕捉第一个尺寸界限原点→捕捉第二个尺寸界限原点→M（弹出“文字格式”编辑器）→光标移到文本框后面→输入“%%P0.065”→左键单击“文字格式”编辑器上的“确定”按钮→指定尺寸线位置后单击左键。

06 标注极限公差值 $\Phi90^{+0.025}_{+0.003}$。D→空格（弹出“标注样式管理器”对话框）→左键单击对话框中“替代”选项（弹出“替代当前样式”对话框）→选择对话框中“公差”选项卡（按照图 14.16 设定）→选择“主单位”项（按照图 14.3 设定）→左键单击“确定”按钮，关闭“替代样式”及“标注样式管理器”对话框→线型标注“90”。

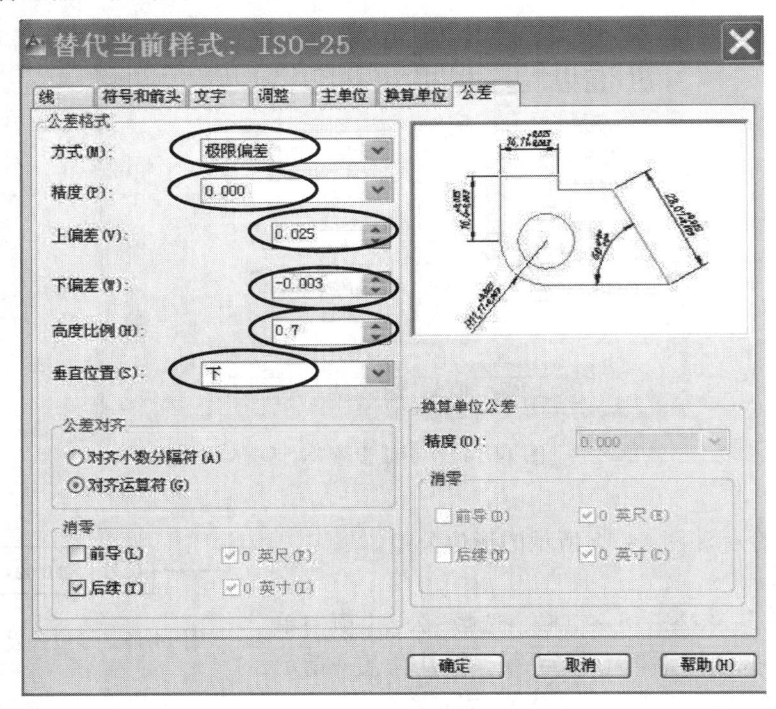

图 14.16 “公差”选项卡

07 标注形位公差 [↗ | 0.005 | A] 和 [◎ | ϕ0.005 | A]。输入“LE”→空格→S→空格→选择“公差”项→单击“确定”按钮，关闭对话框→指定第一个引线点→指定第二点→空格（弹出“形位公差”对话框）。

08 分别按照图 14.17（a）、（b）填写“形位公差”对话框。

09 标注技术要求及填写完整标题栏内容，完成油封盖零件图。

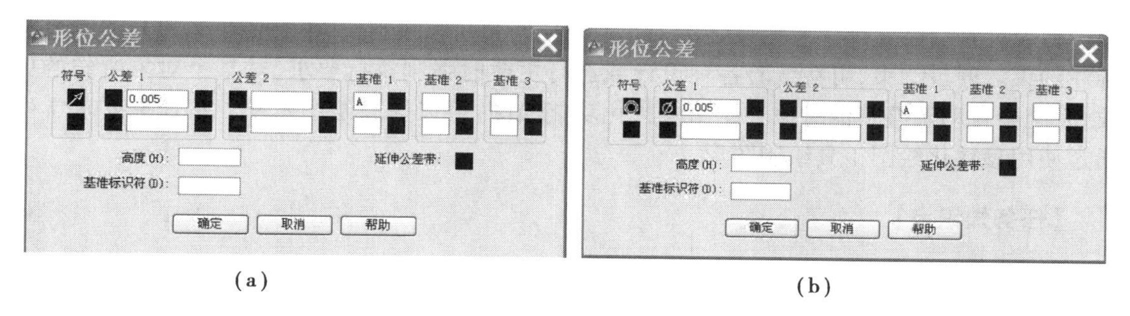

图 14.17　“形位公差”对话框

任务15　参数化绘图

【学习目标】

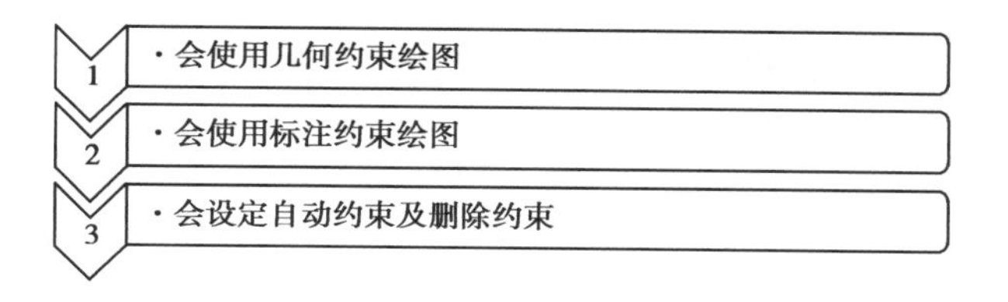

【任务提出】

根据图15.1(a)所示图形，运用参数化绘图工具绘制15.1(b)所示图形。

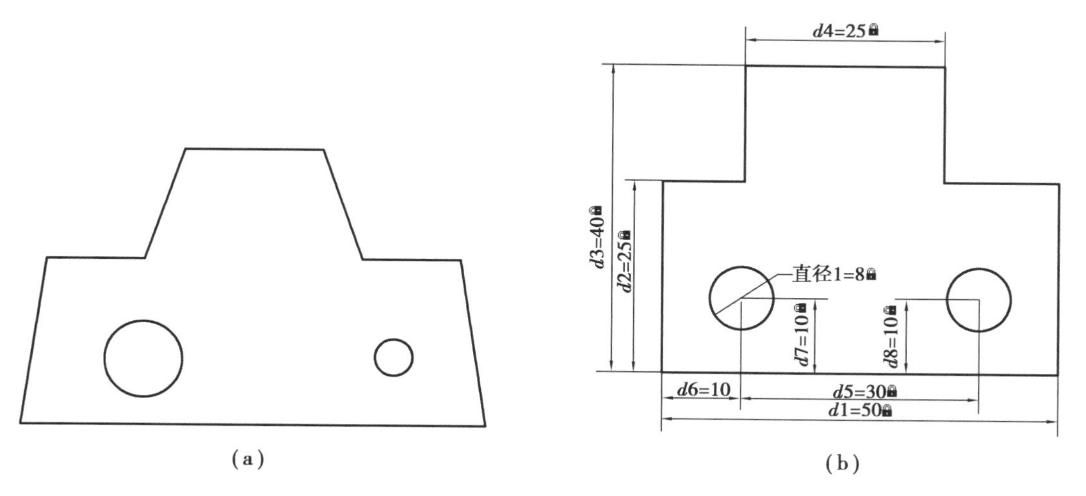

图 15.1　参数化绘图

【任务引入】

参数化绘图是使用具有约束设计的技术。对于参数化图形，可以为几何图形添加约束，以确保设计符合特定要求。约束是用于几何图形的关联和限制,其中主要可运用几何约束和标注约束。通过约束,可在试验各种设计或进行更改时强制执行要求,对某个对象所作的更改,系统会自动调整其他对象。使用参数化功能绘图,可以提高绘图效率。本任务要求学生通过使用参数化绘图工具绘制图形。

【任务知识点】

知识点 1　使用几何约束绘图

【功能】

几何约束用于确定二维对象间或对象上各点间的几何关系,如平行、垂直、同心或重合等。例如,可添加平行约束使两条线段平行,添加重合约束使两端点重合等。应用约束后,只允许对该几何图形进行不违反此类约束的更改。

【命令启动方法】

- 菜单栏:“工作空间”→“草图与注释”→“参数化”,如图 15.2 所示
- 菜单栏:“参数”→“几何约束”命令,如图 15.3 所示

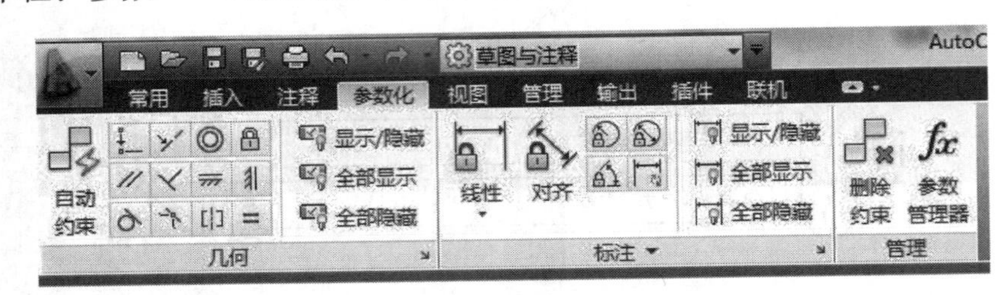

图 15.2　“参数化”几何约束面板

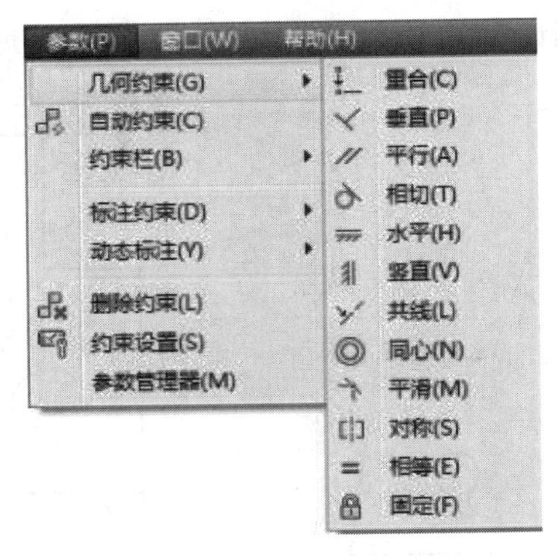

图 15.3　“几何约束”下拉菜单

【操作方法】

GcCo(重合约束)→空格→选择第一个点(左键单击选择第一个对象)→选择第二个点(左键单击选择第二个对象)→完成几何约束命令→ESC 退出。

注:其他几何约束功能操作与上述重合约束命令操作过程类似。

AutoCAD 提供了一系列不同方式的几何约束工具,这些工具包含在图 15.2 所示的“几何

约束”下拉菜单上。

常见的几何约束工具功能如下：

- 重合约束(GCCO)：将两个点或一个点和一条直线重合。
- 垂直约束(GCPE)：将两条直线或多段线的夹角保持 90°。
- 平行约束(GCPA)：将两条直线保持相互平行。
- 相切约束(GCTA)：将两条曲线保持相切或与其延长线保持相切。
- 水平约束(GCHO)：将一条直线或一对点与当前 UCS 的 X 轴保持平行。
- 竖直约束(GCVE)：将一条直线或一对点与当前 UCS 的 Y 轴保持平行。
- 共线约束(GCCOL)：将两条直线位于同一条无限长的直线上。
- 同心约束(GCCON)◎：使选定的圆、圆弧或椭圆保持同一中心点。
- 平滑约束(GCSM)：将一条样条曲线与其他样条曲线、直线、圆弧或多段线保持几何连续性。
- 对称约束(GCSY)：将两个对象或两个点关于选定直线保持对称。
- 相等约束(GCEQ) =：将两条直线或多段线具有相同长度，或使圆弧具有相同半径值。
- 固定约束(GCF)：将一个点或一条曲线固定到相对于世界坐标系(WCS)的指定位置和方向上。

在添加几何约束时，选择两个对象的顺序将决定对象怎样变化。通常，所选的第二个对象会根据第一个对象进行调整。例如：应用平行约束时，选择的第二个对象将调整为第一个对象的平行线。

【选项说明】

- 对象(O)：选定约束对象，通常为点、直线、圆、圆弧等
- 自动约束(A)：自动添加所选择对象的约束关系。

【实例】

绘制图 15.4(a)所示的相切圆。

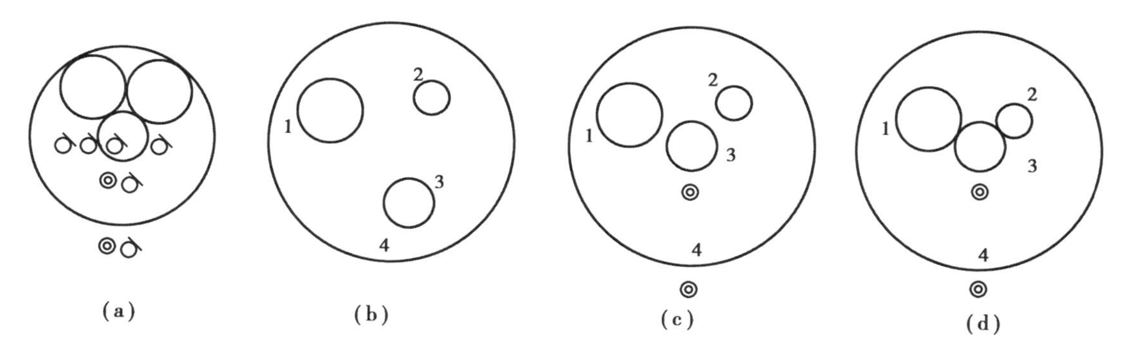

图 15.4　“几何约束”实例

操作步骤：

①绘制圆。运用“圆”命令，选择适当的半径绘制 4 个圆，结果如图 15.4(b)所示。

②约束两圆同心。选择“参数”→“几何约束”选项，单击同心约束◎按钮→选择圆 4→选择圆 3(系统自动调整为同心)，结果如图 15.4(c)所示。

③约束两圆相切。单击按钮→选择圆 3→选择圆 2(系统自动将圆 3 和圆 2 调整为相

切)，按照此方法，将圆 3 和圆 1 调整为相切，如图 15.4(d)所示。

④利用和上步相同的方法，设置圆 2 和圆 1、圆 2 和圆 4，圆 1 和圆 4 相切，得到如图 15.4(a)所示结果。

知识点 2　标注约束

【功能】

标注约束主要针对图形进行长度、角度、圆弧和圆的半径和直径等约束，使其在尺寸上满足设计者的要求。它主要包括对齐约束、水平约束、竖直约束、角度约束和直径约束。标注约束会使几何对象之间或对象上的点之间保持指定的距离和角度。如果更改标注约束的值，图形的形状大小或位置将随之更改。

【命令启动方法】

• 菜单栏：在“工作空间”中将“草图与注释”设置为当前空间→“参数化”选项卡，弹出如图 15.5 所示“参数化”标注约束面板。

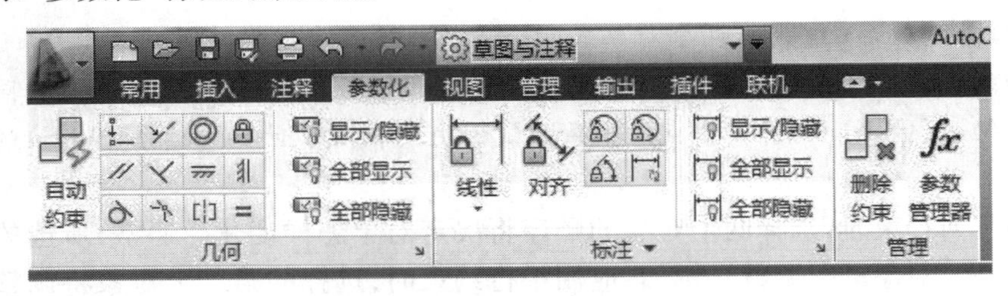

图 15.5　“参数化”标注约束面板

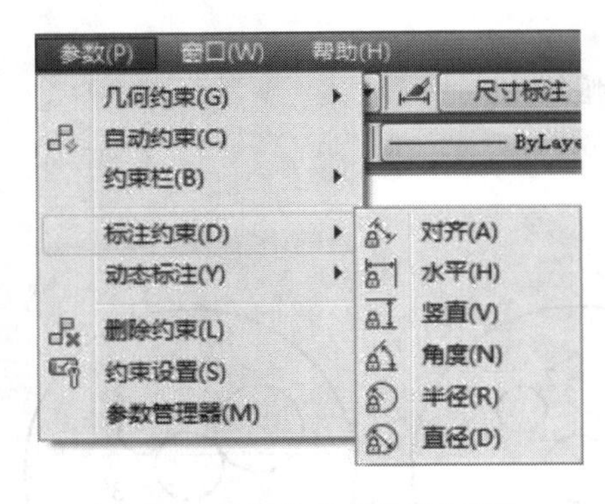

图 15.6　“标注约束”下拉菜单

• 菜单栏：“参数”→“标注约束”，如图 15.6 所示。

【操作方法】

DCAL(对齐约束)→空格→指定第一个约束点(输入第一个几何要素)→指定第二个约束点(输入第二个几何要素)→指定尺寸线位置(选定尺寸线位置)→标注文字(输入尺寸数值)→按回车键。

注：其他标注约束功能操作，与上述对齐约束命令操作过程类似。

AutoCAD 提供了一系列不同方式的标注约束工具，这些工具包含在图 15.6 所示的“标注约束”下拉菜单上。

常见的标注约束工具功能如下：

• 对齐约束(DCAL)：约束两点、点与直线、直线与直线间的距离。
• 水平约束(DCHO)：约束两点之间的水平距离。
• 竖直约束(DCVE)：约束两点之间的竖直距离。
• 角度约束(DCAN)：约束直线间的夹角、圆弧的圆心角或 3 个点构成的角度。
• 半径约束(DCRA)：约束选定圆或圆弧的半径。
• 直径约束(DCDI)：约束选定圆或圆弧的直径。

【实例】

运用标注约束功能将图 15.7(a)所示图形绘制成图 15.7(b)所示图形。

操作步骤：

①应用直线命令，绘制一个闭合多段线图形，如图15.7(a)所示。

②约束两直线对齐，选择"参数"→"标注约束"选项，单击对齐约束按钮→选择要标注直线的两个端点→指定尺寸线位置→输入实际尺寸→回车。效果如图15.7(b)所示。

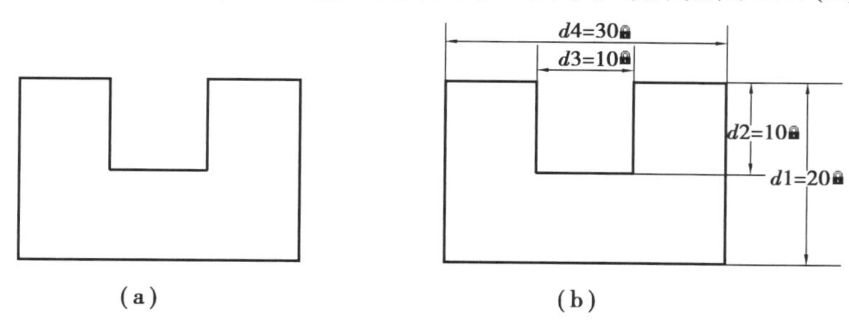

图15.7

知识点3　自动约束与删除约束

【功能】

自动约束：AutoCAD自动添加所选择对象的约束关系；

删除约束：直接删除已添加约束中所不要的约束。

【命令启动方法】

- 菜单栏："工作空间"→"草图与注释"→"参数化"，如图15.5所示
- 菜单栏："参数"→"自动约束"/"删除约束"，如图15.8所示
- 命令：AutoConstrain 或<快捷键> AutoCon

DelConstrain 或<快捷键> DelCon

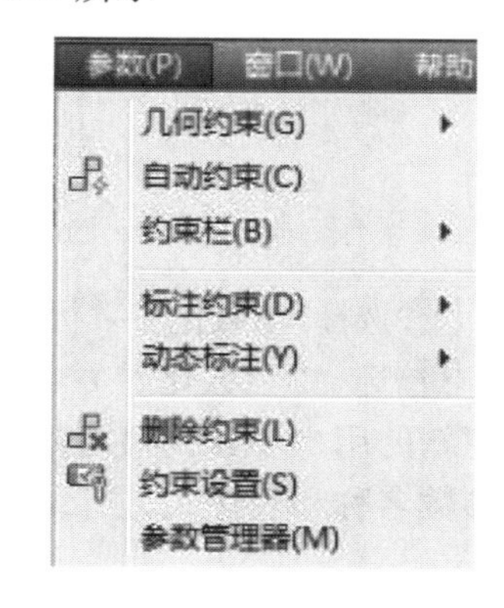

图15.8　"参数化"自动约束/删除约束

【操作方法】

左键单击按钮→选择对象：（单击需约束对象）→空格（完成自动约束功能）→按ESC键退出（如图15.9(a)所示）。

左键单击按钮→选择对象：（单击需删除约束对象）→空格（完成删除约束功能）→按ESC键退出（如图15.9(b)所示）。

【任务实施】

01 选择"文件"→"新建"命令，新建文件。

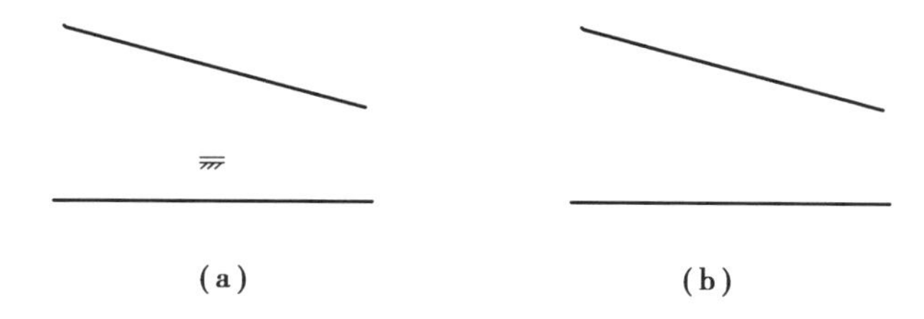

图15.9　自动约束与删除约束

02 设置图层、标注样式，将粗实线层设置为当前层。

03 使用直线命令绘制如图 15.10 所示的闭合多段线和两个小圆。

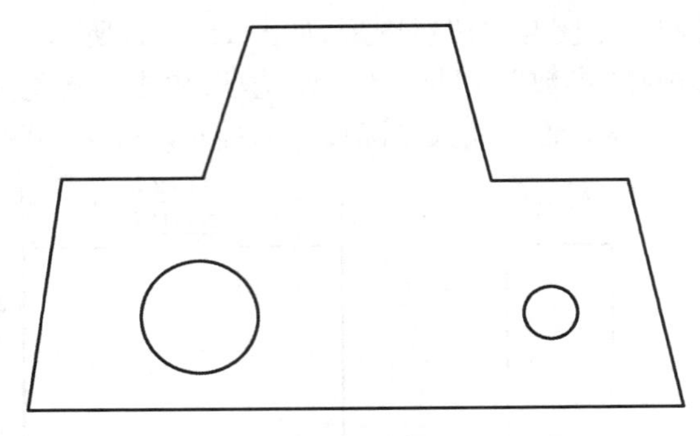

图 15.10　绘制闭合线和两个圆

04 左键单击按钮→选择所绘圆与多线段→空格(完成对图形的自动约束)。

05 在“参数化”→“几何约束”下拉选项中,选择“垂直”“平行”和“相等”等命令,对图形进行几何约束,得到如图 15.11 所示图形。

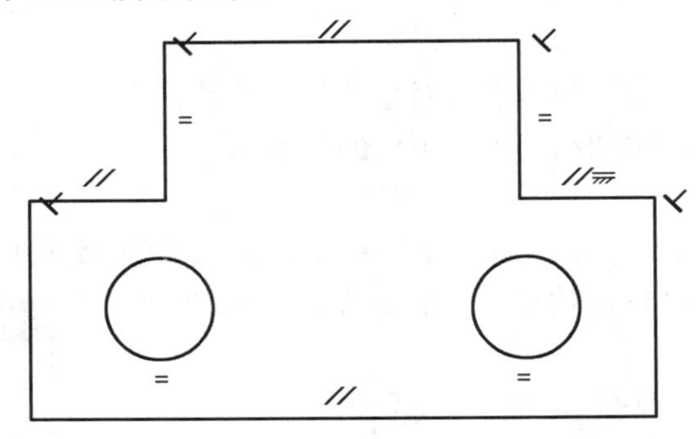

图 15.11　约束图形

06 选择“参数化”→“标注约束”命令,对图形进行标注约束,最终得到如图 15.1(b)所示图形。

07 选择“参数化”→“参数管理器”命令,弹出“参数管理器”对话框,如图 15.12 所示。创建新的用户参数,参数名称为“d”,表达式为“10”。按如图 15.12 所示要求对所列的标注约束参数名称和表达式进行编辑,效果如图 15.13 所示。

搜索参数

名称	表达式	值
标注约束参数		
d1	5*d	50
d2	5/2*d	25
d3	4*d	40
d4	5/2*d	25
d5	3*d	30
d6	d	10
d7	d	10
d8	d	10
d9	d+8	18
直径1	d-2	8
用户参数		
d	10	10

全部: 显示了 11 个参数(共 11 个)

参数管理器

图 15.12　“参数管理器”对话框

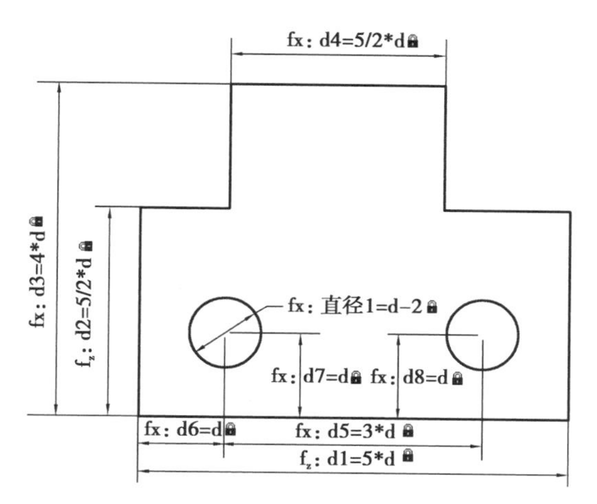

图 15.13　编辑图形后效果

08 在绘图区内右击，在弹出的快捷菜单中选择“标注名称格式”命令，勾选“值”复选框，效果如图 15.14 所示。

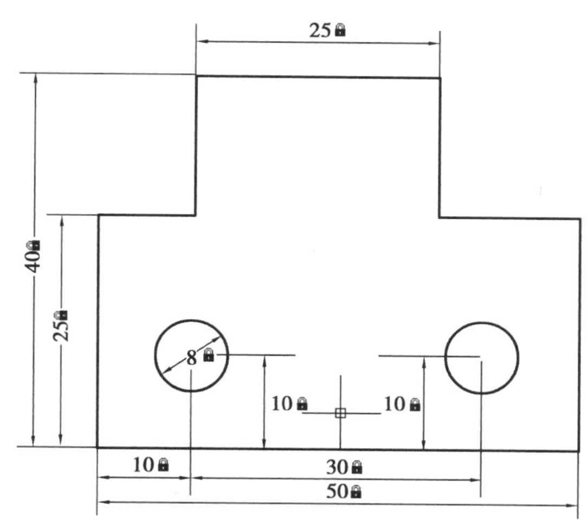

图 15.14　绘图效果

拓展练习二

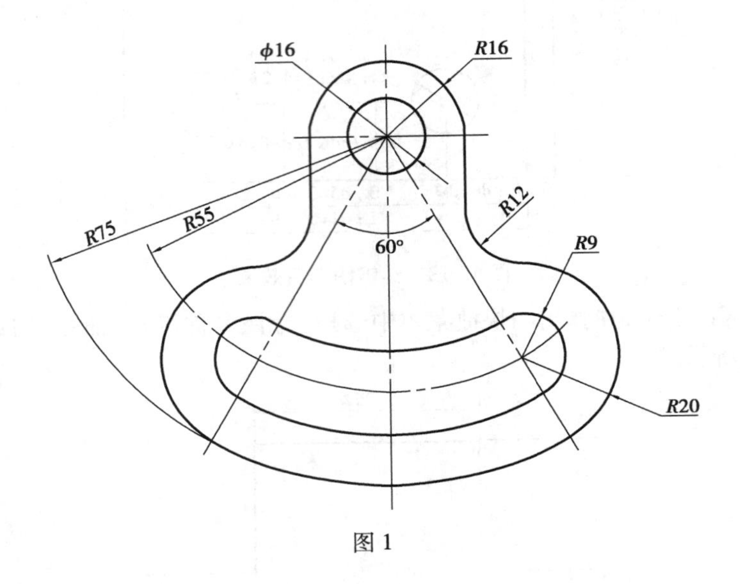
ϕ16
R16
R75
R55
60°
R12
R9
R20

图 1

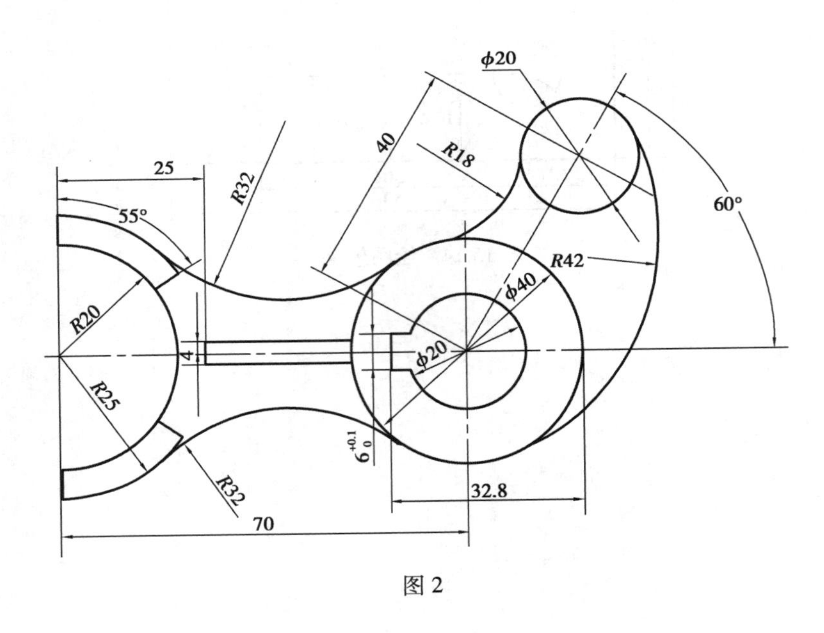
ϕ20
40
R18
25
R32
55°
60°
R42
ϕ40
R20
4
ϕ20
R25
$6^{+0.1}_{0}$
R32
32.8
70

图 2

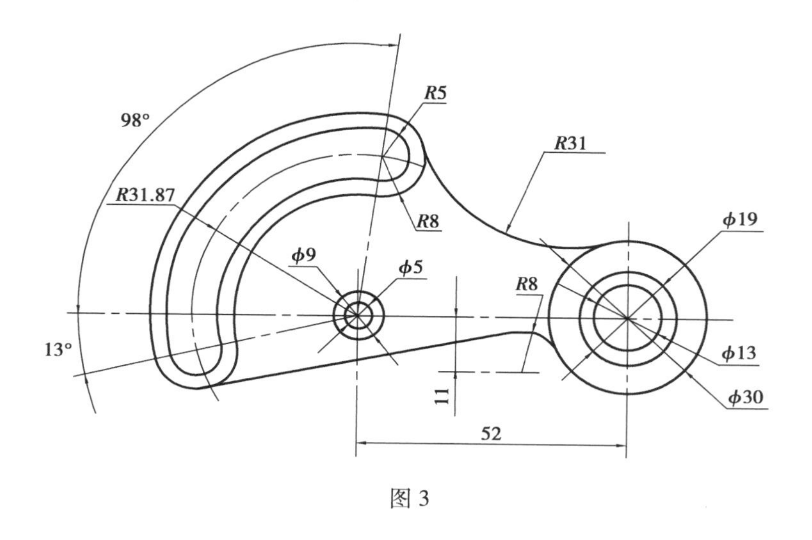
98°
R5
R31
R31.87
R8
ϕ19
ϕ9
ϕ5
R8
13°
ϕ13
ϕ30
11
52

图 3

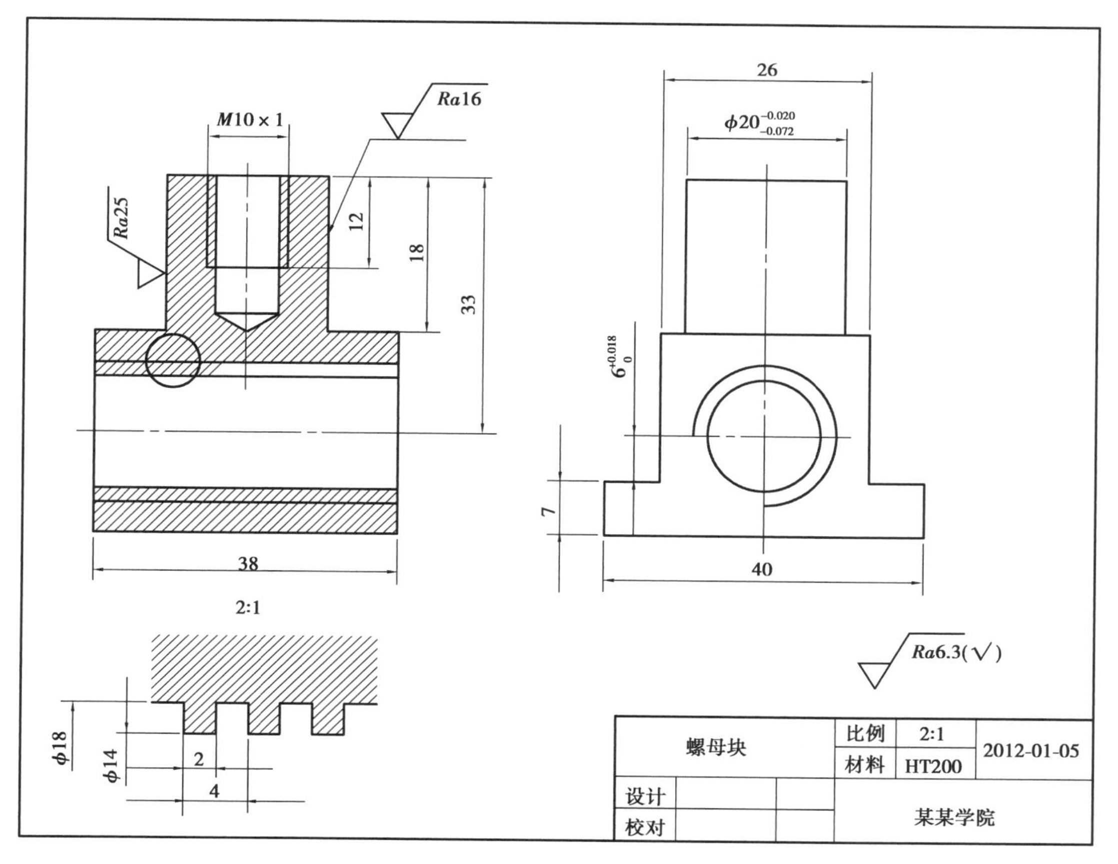
M10×1
Ra16
Ra25
12
18
33
38
2:1
ϕ18
ϕ14
2
4
26
ϕ20
6
7
40
Ra6.3(√)
螺母块
比例
2:1
2012-01-05
材料
HT200
设计
校对
某某学院

图 4

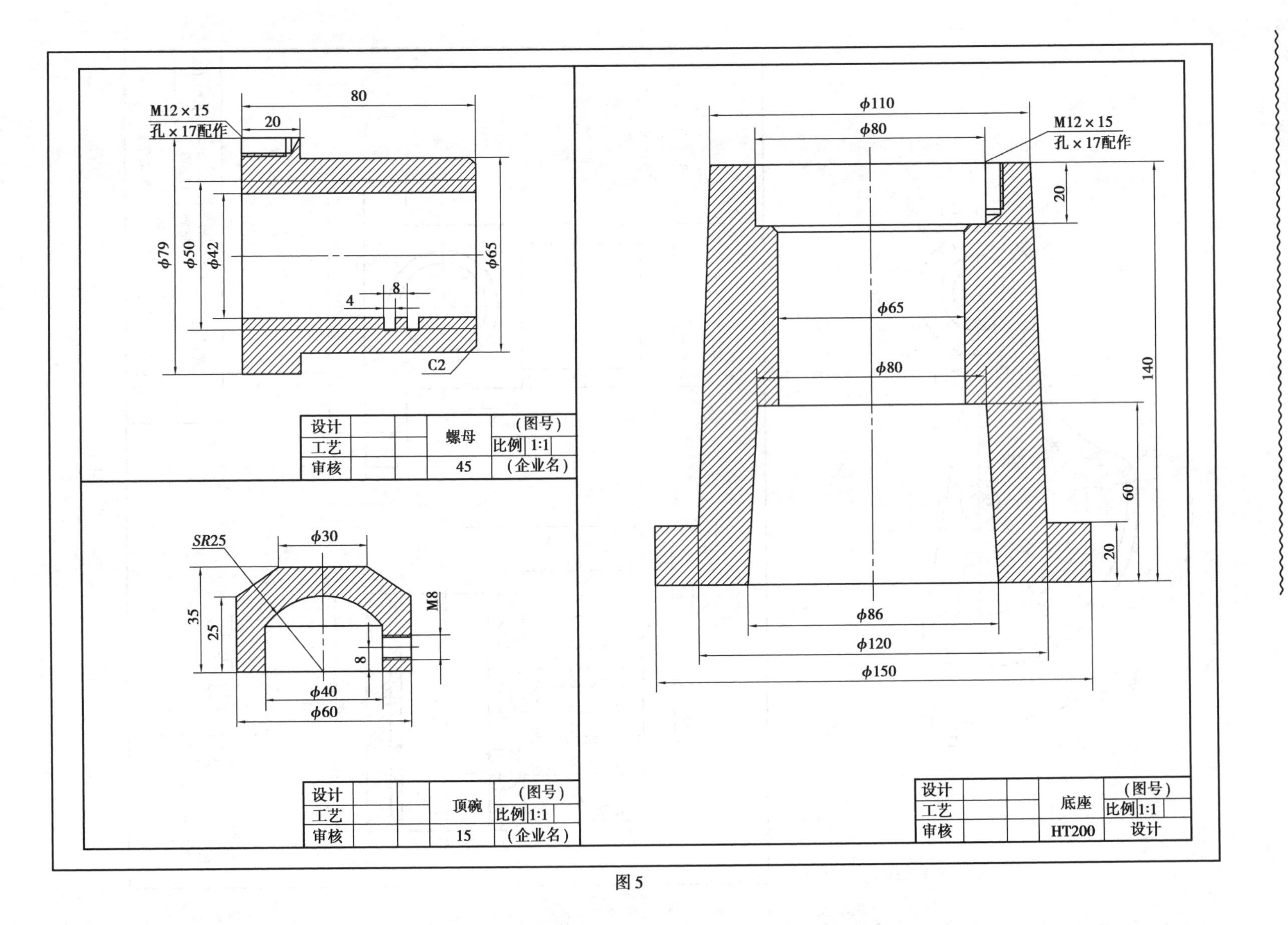
M12×15
孔×17配作
80
20
φ79
φ50
φ42
φ65
4
8
C2
设计
工艺
审核
螺母
45
(图号)
比例 1:1
(企业名)
SR25
φ30
35
25
M8
8
φ40
φ60
设计
工艺
审核
顶碗
15
(图号)
比例 1:1
(企业名)
φ110
φ80
M12×15
孔×17配作
20
φ65
φ80
140
60
20
φ86
φ120
φ150
设计
工艺
审核
底座
HT200
(图号)
比例 1:1
设计

图 5

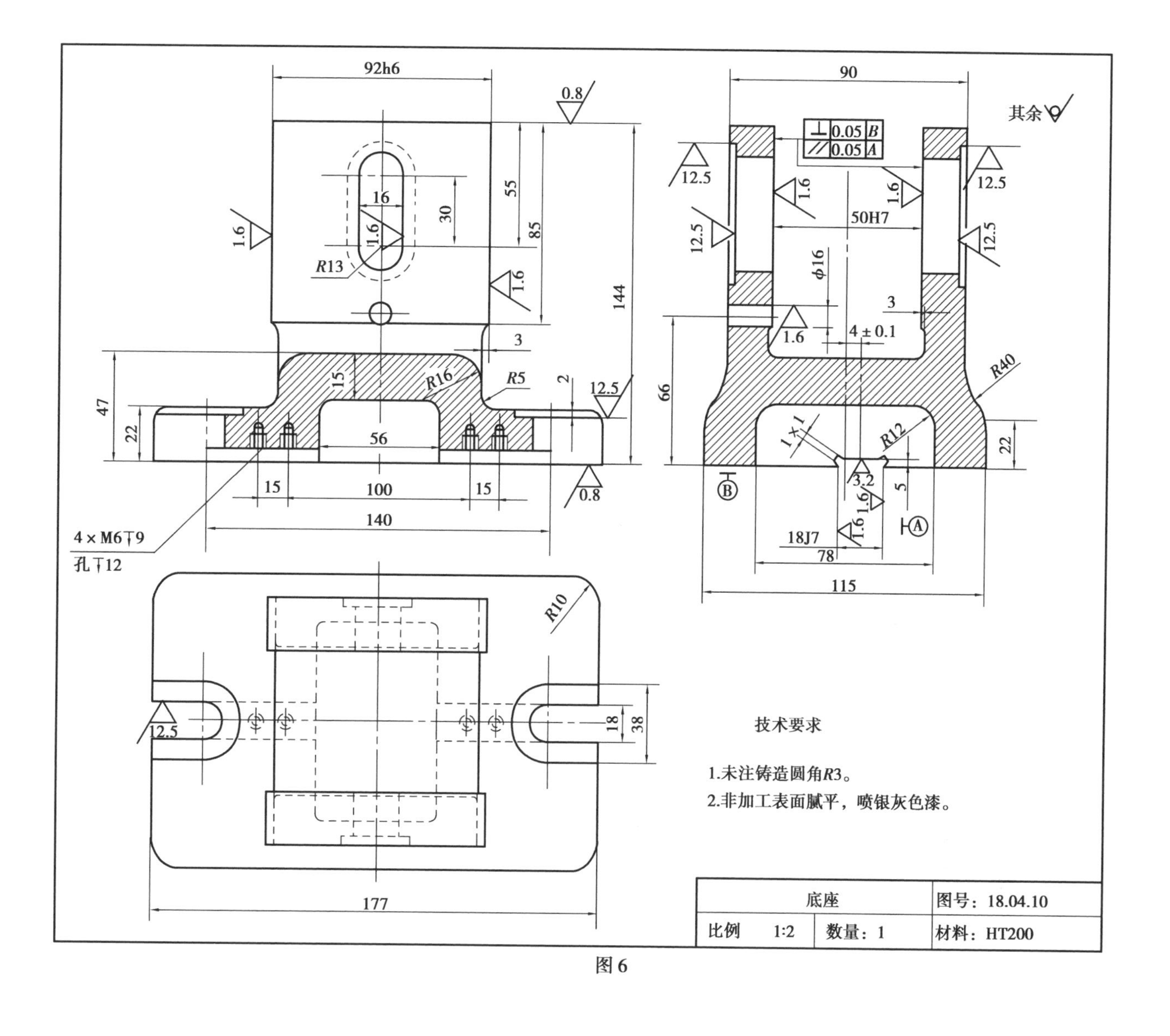
92h6
90
其余
0.05 B
0.05 A
0.8
55
85
144
30
16
R13
1.6
12.5
50H7
φ16
3
4±0.1
R40
R12
1×1
3.2
5
R16
R5
2
15
47
22
66
56
100
140
4×M6↧9
孔↧12
18J7
78
115
R10
18
38
177
技术要求
1.未注铸造圆角R3。
2.非加工表面腻平，喷银灰色漆。
底座
图号：18.04.10
比例 1:2
数量：1
材料：HT200

图 6

第3篇 轴测图与三维建模

任务16 轴测图绘制及标注

【学习目标】

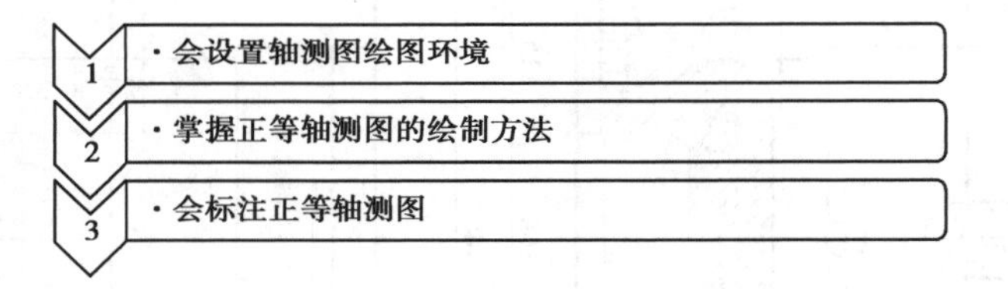

【任务提出】

根据图16.1绘制正等轴测图,要求表达正确,并标注尺寸。

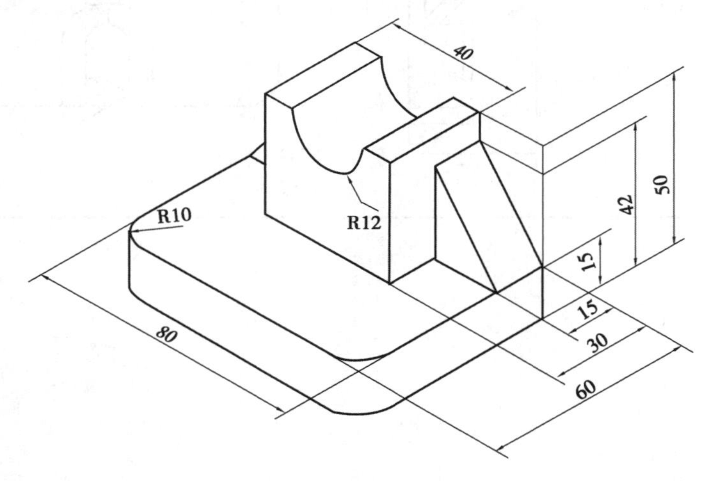

图16.1 支座轴测图

【任务引入】

在组合体零件图中，为了表达清楚，给读图者以直观视觉感，通常会配以轴测图辅助读图。本任务以正等轴测图为例，讲解轴测图的绘制与标注方法。

【任务知识点】

知识点 1　设置轴测图绘图环境

【功能】

在三视图中，X 轴与 Y 轴的夹角为 90°，但在正等轴测图中，X 轴与 Y 轴的夹角为 120°。通过设置轴测图绘图环境可以使 X 轴与 Y 轴成 120°。

【命令启动方法】

- 菜单栏："工具"→"绘图设置"
- 状态栏：右键单击状态栏中的▦按钮，选择"设置"

【操作方法】

①在"工具"中选择"绘图设置"（弹出"草图设置"对话框，如图 16.2 所示）→左键单击"捕捉与栅格"选项卡→在"捕捉类型和样式"选项组中勾选"等轴测捕捉"单选项（如图 16.2 所示）→左键单击☒按钮（关闭对话框）。

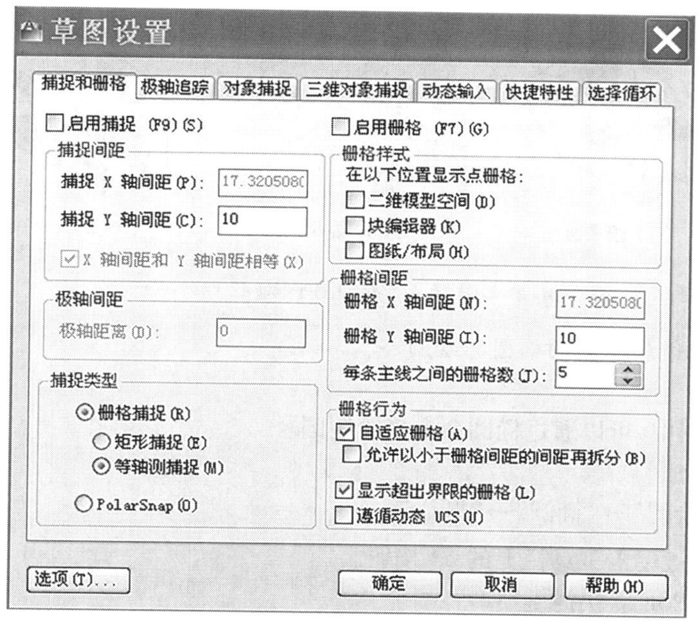

图 16.2　设置等轴测捕捉环境

②打开正交，按下键盘上的"F5"功能键，可将轴测面在"俯视""左视""右视"间切换，如图 16.3 所示。

提示：另外，用户也可以通过按下"Ctrl+F5"组合键，在三种等轴测面中进行切换。

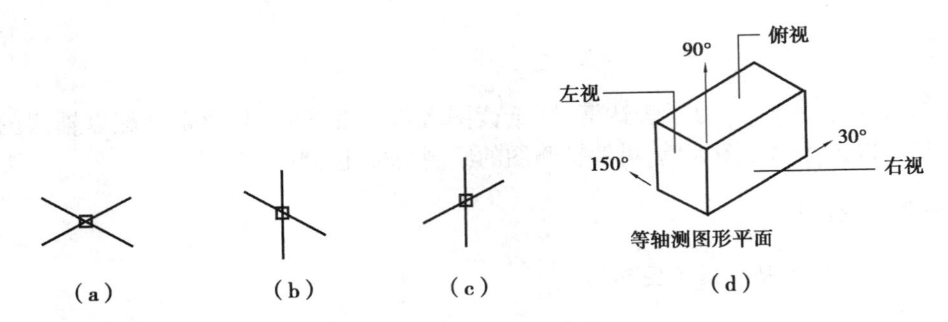

图 16.3　等轴测平面(一)

如果捕捉角度是 0°,那么等轴测平面的轴是 30°、90°和 150°。如图 16.4 所示,将捕捉样式设置为“等轴测”后,可以在三个平面中的任一个平面上工作,每个平面都有一对关联轴:

- 俯视,捕捉和栅格沿 30°和 150°轴对齐;
- 左视,捕捉和栅格沿 90°和 150°轴对齐;
- 右视,捕捉和栅格沿 30°和 90°轴对齐。

选择三个等轴测平面之一将导致“正交”和十字光标沿相应的等轴测轴对齐。例如,打开“正交”时,指定点将沿正在上面绘图的模拟平面对齐。因此,可以先绘制上平面,然后切换到左平面绘制另一侧,接着再切换到右平面完成图形。

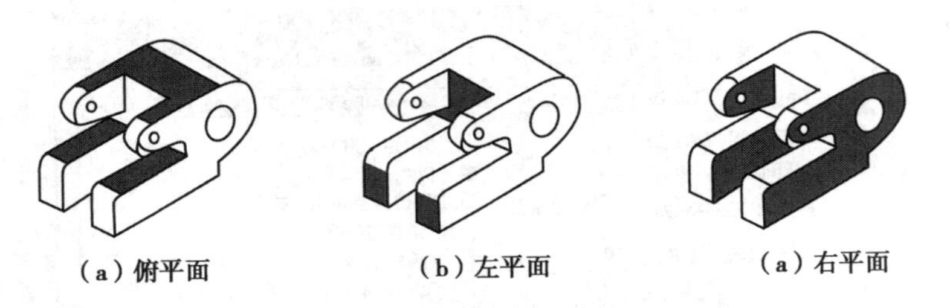

图 16.4　等轴测平面(二)

知识点 2　正等轴测图的椭圆的绘制

【功能】

在正等轴测图中,可以通过椭圆命令来绘制圆。

【命令启动方法】

- 菜单栏:“绘图”→“椭圆”→“圆心”
- 工具栏:左键单击工具栏上的按钮。
- 命令:ELLIPSE 获快捷键“EL”

【操作方法】

EL→空格→I→空格→鼠标指定圆形位置→输入半径值(在操作过程中可按 F5 切换等轴测平面)。

知识点 3　轴测图的标注

轴测图运用“对齐标注”标注线性尺寸,运用“半径标注”“直径标注”标注椭圆尺寸。标注完成后,运用“编辑标注”命令来修改尺寸界线倾斜的角度,运用创建文字样式来修改文字。具体如表 16.1 所示,知识点已在任务 11、任务 3 中详细介绍,这里不再赘述。

表 16.1　修改尺寸界线、文字时输入的角度

轴测平面	标注尺寸所处方向	修改文字时输入倾斜角度/(°)	修改尺寸界线时输入倾斜角度/(°)
右平面	与 X 轴平行	30	-90
	与 Z 轴平行	-30	30
俯平面	与 Y 轴平行	30	30
	与 X 轴平行	-30	-30
左平面	与 Z 轴平行	30	-30
	与 Y 轴平行	-30	90

任务实施

01 新建空白文档，并设置图层。

02 把绘图环境设置为“等轴测捕捉”，如图 16.2 所示。

03 将粗实线层设置为当前层。

04 按 F5 键(切换到俯平面绘图)→L→空格→鼠标单击绘图区域任意一点→F8(打开正交模式)→移动鼠标使线与 Y 轴平行，输入“80”→空格→移动鼠标使线与 X 轴平行，输入“60”→空格→移动鼠标使线与 Y 轴平行，输入“80”→空格→移动鼠标使线与 X 轴平行，输入“60”→ESC(退出)，效果如图 16.5 所示。

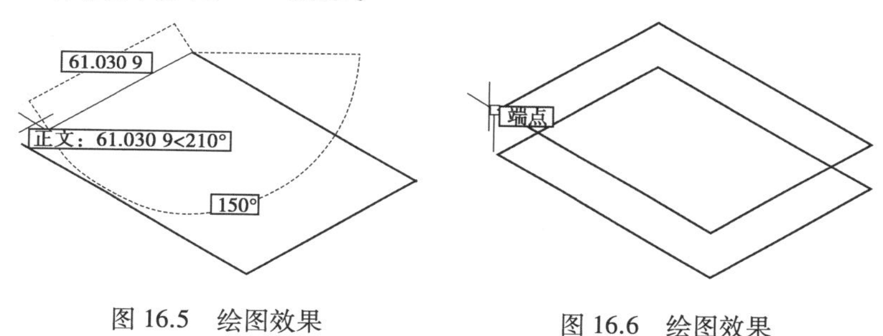

图 16.5　绘图效果　　图 16.6　绘图效果

05 CO→空格→左键选择布置上面绘制的四条线段→空格→左键单击任意一个角点→F5(切换到左平面或右平面)→输入“15”(鼠标向上移动)→ESC(退出)。效果如图 16.6 所示。

06 L→空格→左键单击底板上下两平面的角点。重复该操作，绘制四条直线，效果如图 16.7 所示。

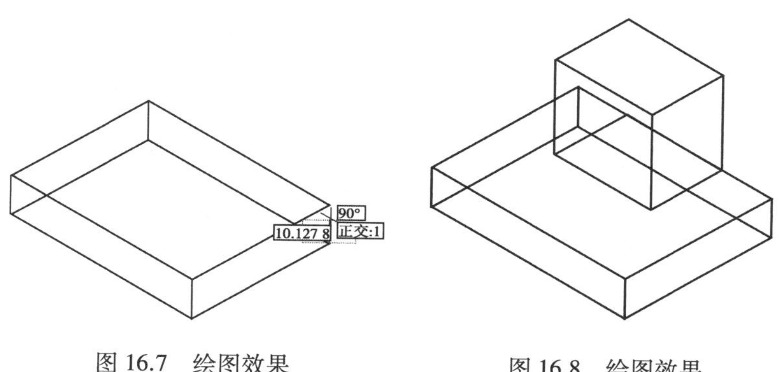

图 16.7　绘图效果　　图 16.8　绘图效果

07 按照步骤 4、5、6 的方法绘制支座上面的长方体。效果如图 16.8 所示。

08 E→空格→选择显示被挡的线段→空格，效果如图 16.9 所示。

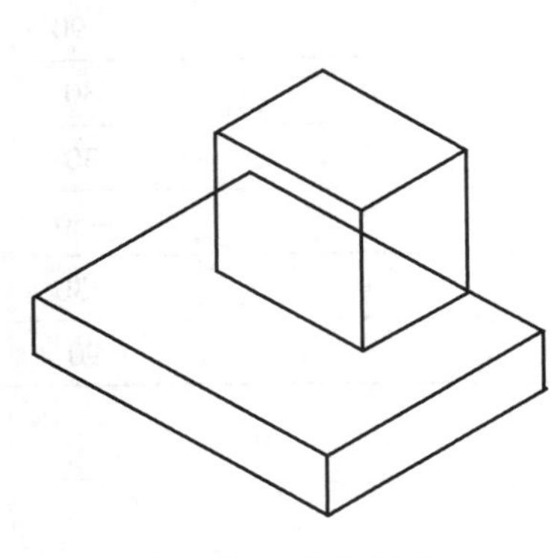

图 16.9　绘图效果

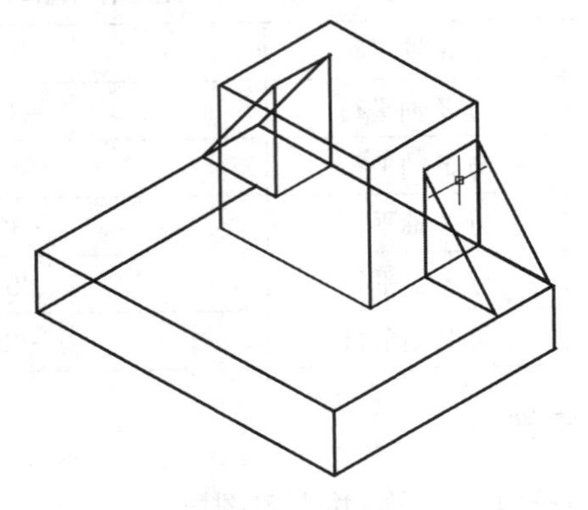

图 16.10　绘图效果

09 仿照步骤 4、6 绘制左右两个肋板，效果如图 16.10 所示。

10 使用修剪和删除命令，修剪或删除不可见线段，效果如图 16.11 所示。

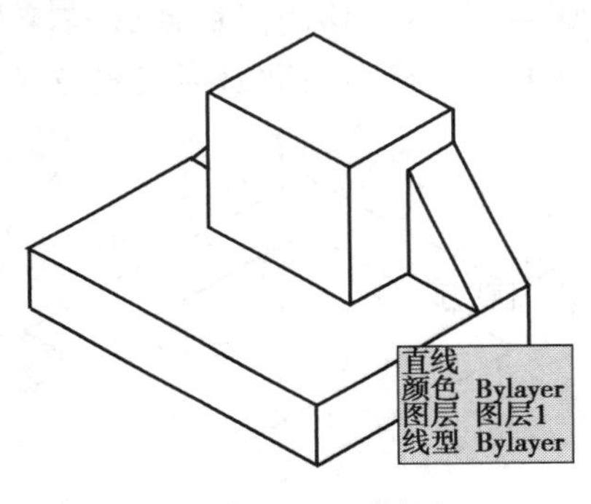

图 16.11　绘图效果

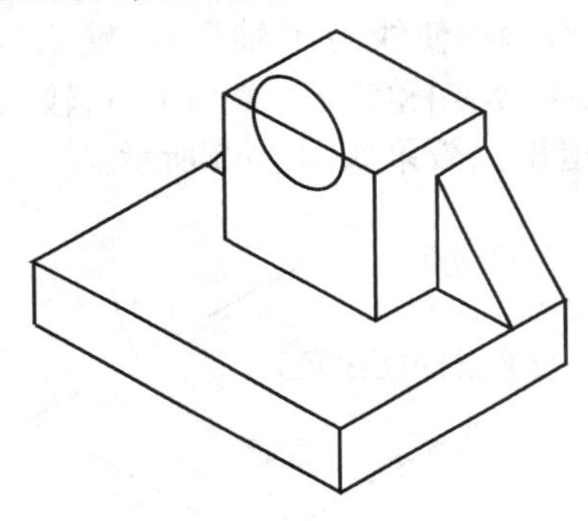

图 16.12　绘图效果

11 EL→空格→I→空格→鼠标指定圆形位置→输入“12”→空格（在操作过程中可按 F5 切换到左平面），效果如图 16.12 所示。

12 按照步骤 11 绘制第二个椭圆，效果如图 16.13 所示。

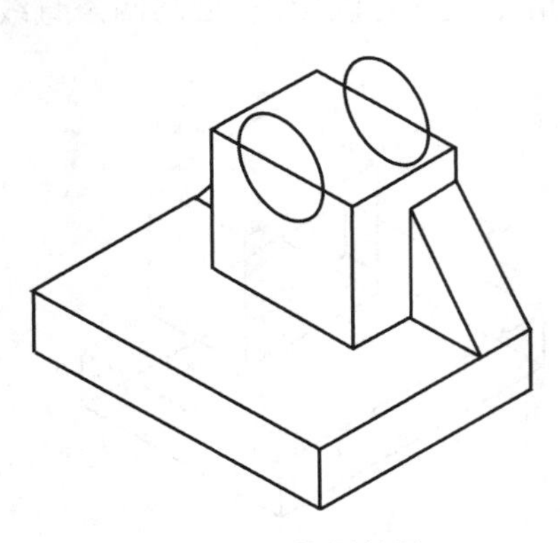

图 16.13　绘图效果

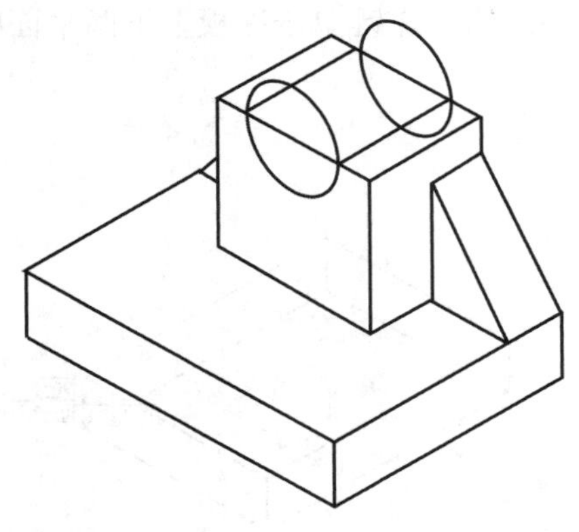

图 16.14　绘图效果

13 L→空格→左键单击两个椭圆左边象限点→ESC(退出)。重复该操作,绘制右边象限点连线,效果如图 16.14 所示。

14 E→空格→选择不需要的线段→空格,效果如图 16.15 所示。

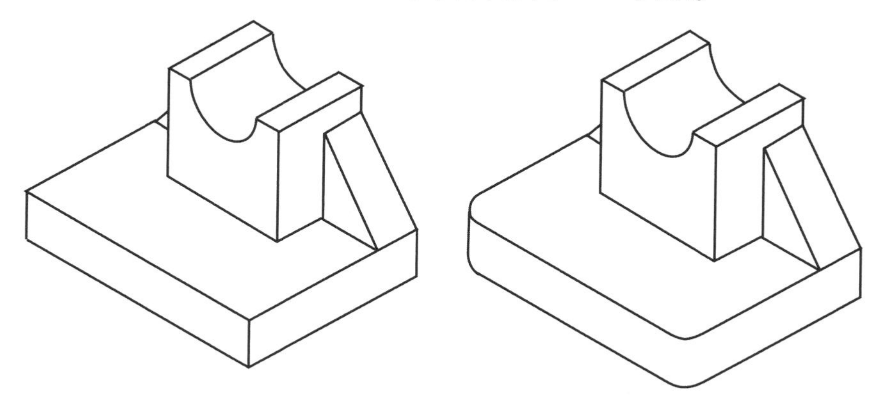

图 16.15　绘图效果　　　　图 16.16　绘图效果

15 按照步骤 11、12、13、14 在地板上绘制圆角,效果如图 16.16 所示。

16 设置两个文字样式,“30”文字样式文字倾斜角度为 30°,“-30” 文字样式文字倾斜角度为-30°。设置界面如图 16.17、图 16.18 所示。

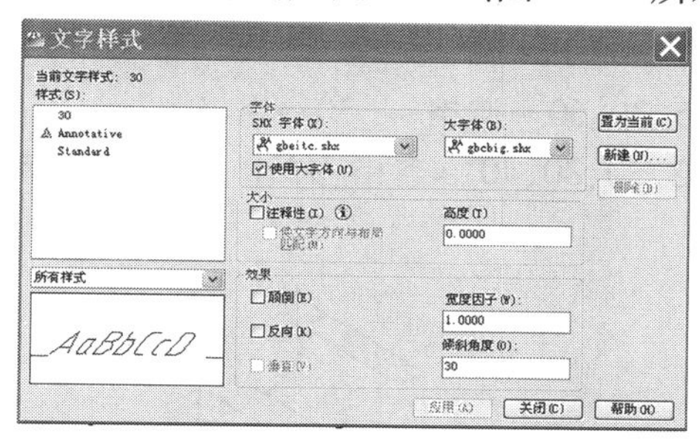

图 16.17　“30”文字样式

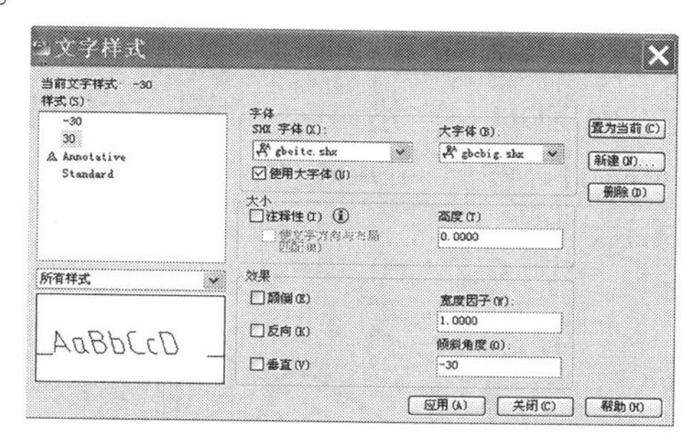

图 16.18　“-30”文字样式

17 设置两个标注样式,“30”标注样式在“文字”选项卡中文字样式选择“30”;“-30”标注样式在“文字”选项卡中文字样式选择“-30”。设置界面如图 16.19、图 16.20 所示。

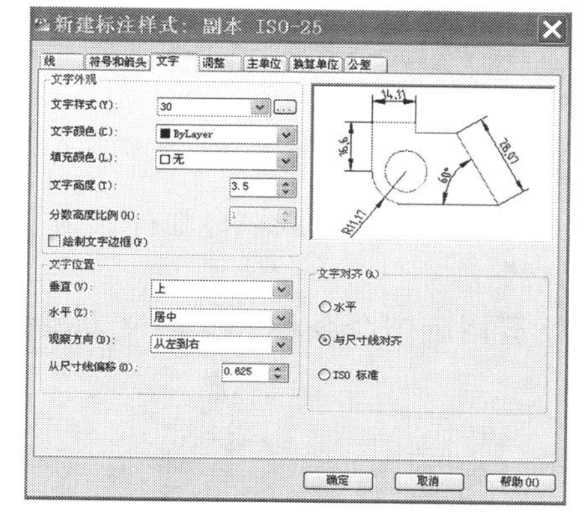

图 16.19　“30”标注样式

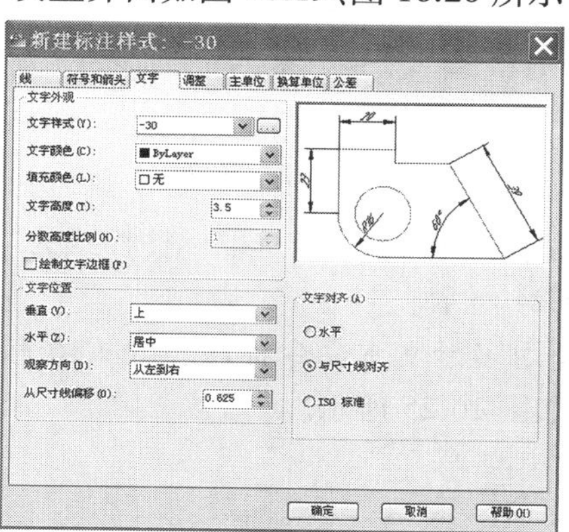

图 16.20　“-30”标注样式

18 运用直线命令绘制图示八条辅助的细实线,方便寻找对齐标注的端点,如图 16.21 所示。

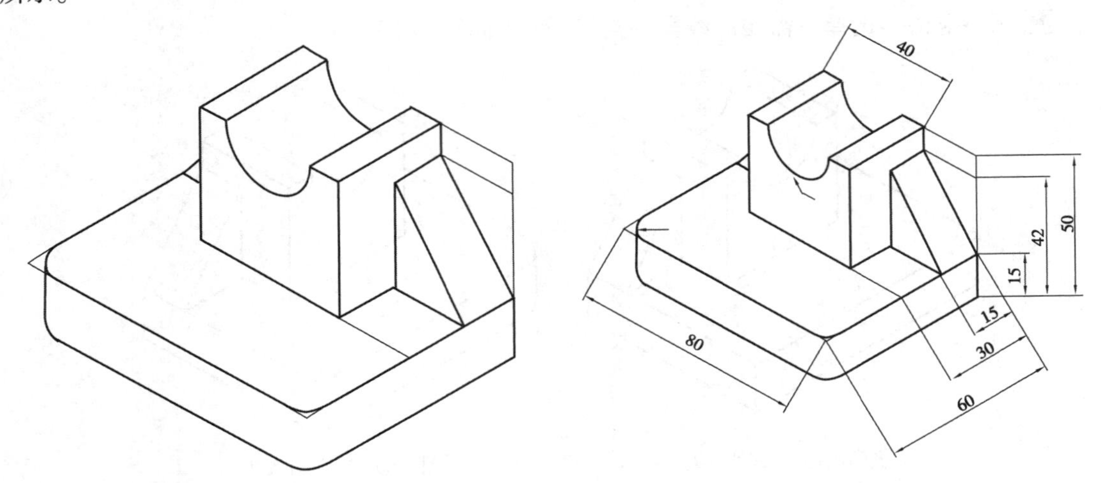

图 16.21　轴测图标注步骤一　　图 16.22　轴测图标注步骤二

19 运用对齐标注标注尺寸 15,30,60,42,50,80,40。运用快速标注标注两个半径标注的尺寸线,当命令行提示"输入注释文字的第一行 <多行文字(M)>:"时直接按回车键不输入任何文字内容。效果如图 16.22 所示。

20 DIMEDIT→空格→O→空格→左键选择 15、30、60→空格→-30→空格。

DIMEDIT→空格→O→空格→左键选择 15、42、50、80、40→空格→210→空格,效果如图 16.23 所示。

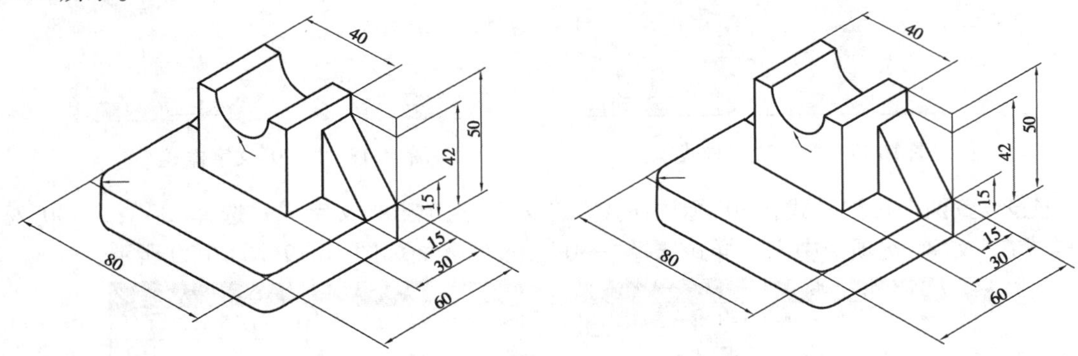

图 16.23　轴测图标注步骤三　　图 16.24　轴测图标注步骤四

21 尺寸 40 和 80 应该选取标注样式为"30",余下六个尺寸应选取标注样式为"-30",效果如图 16.24 所示。

22 运用多行文本命令标注尺寸 $R10$ 和 $R12$。运用旋转命令将 $R12$ 的文本顺时针旋转 30°,效果如图 16.25 所示。

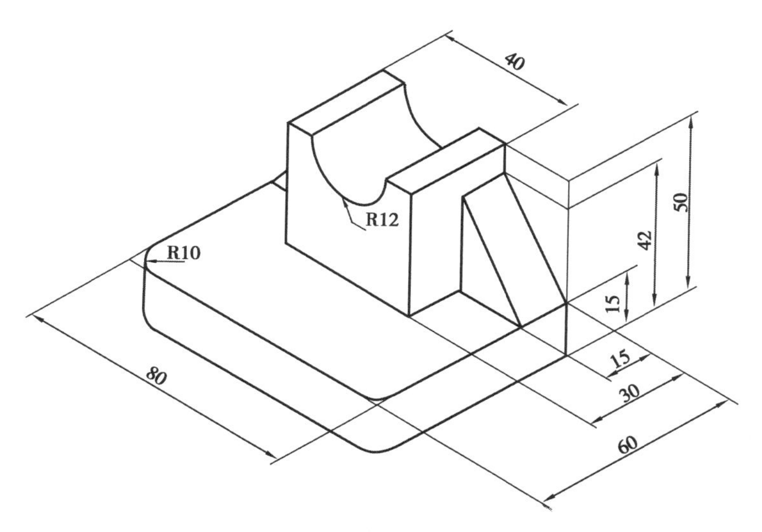

图16.25 轴测图标注步骤五

任务17 三维建模绘图环境介绍

【学习目标】

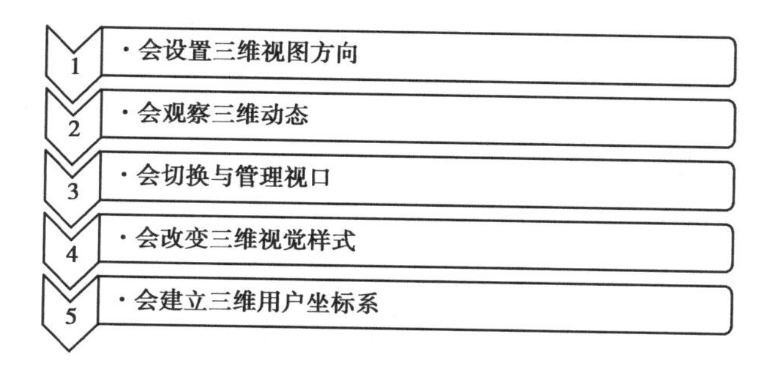

【任务提出】

设置三维建模绘图环境，在给定模型斜面上绘制半径为60的圆，绘制完成后进行模型的三维动态观察。按图17.1所示设置三个视口，要求左上方视口视图方向为西南等轴测，视觉样式为灰度；左下方视口视图方向为俯视，视觉样式为线框；右方视口视图方向为东南等轴测，视觉样式为隐藏。

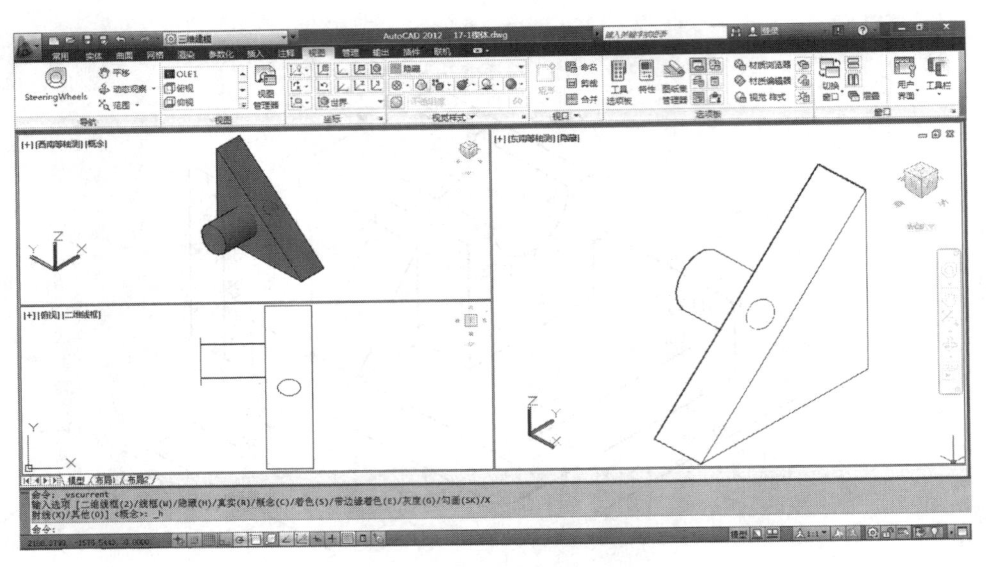

图 17.1　设置三维建模绘图环境

【任务引入】

传统的工程设计图纸只能表现二维图形,需通过物体的投影等手段来表达空间物体。而利用计算机进行三维建模,则可以在计算机中模拟真实的物体,这些三维模型对于工程设计具有相当重要的意义。AutoCAD 中有三类三维模型:三维线框模型、三维曲面模型和三维实体模型。本书仅介绍三维实体模型的构建方法。

在三维造型中,三维观察及“UCS”的创建是必不可少。由于 AutoCAD 默认采用的第三视角投影与我国机械制图中采用第一视角投影的投影方法有所不同,因此个别视图会存在差别。在本任务中,要求设置三维建模环境,熟悉用户坐标系,动态观察并多视口显示三维实体。

设置三维建模绘图环境:

- 工作空间:“三维建模”,如图 17.2 所示
- 状态栏:切换工作空间“三维建模”,如图 17.3 所示

图 17.2　设置三维建模绘图环境

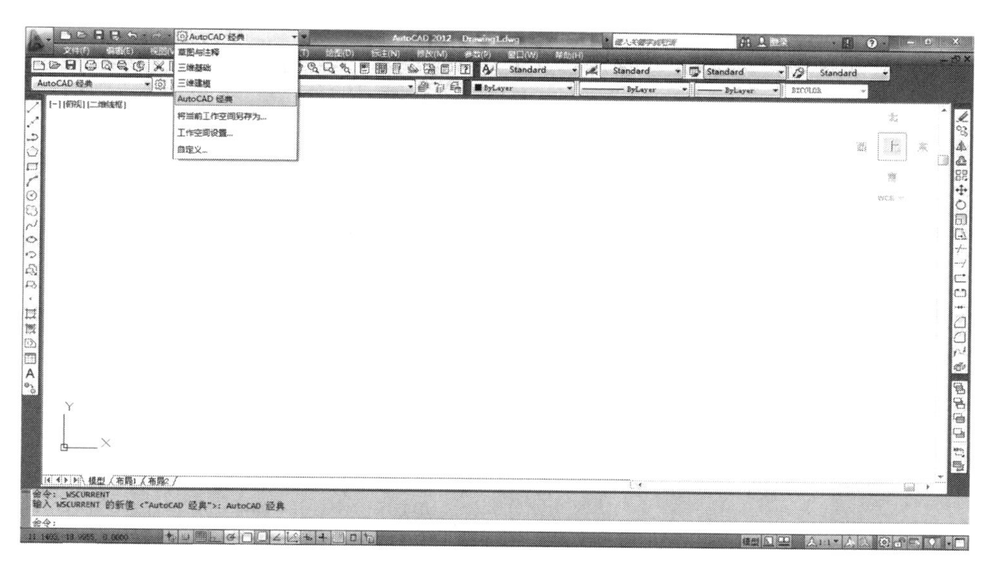

图 17.3　设置三维建模绘图环境

【任务知识点】

知识点 1　三维视图方向

【功能】

可以使用户从多种不同的角度观察绘图区域中的三维模型。

【命令启动方法】

- 面板:“常用”→“视图”或“视图”→“视图”,如图 17.4(a)、(b)、(c)所示

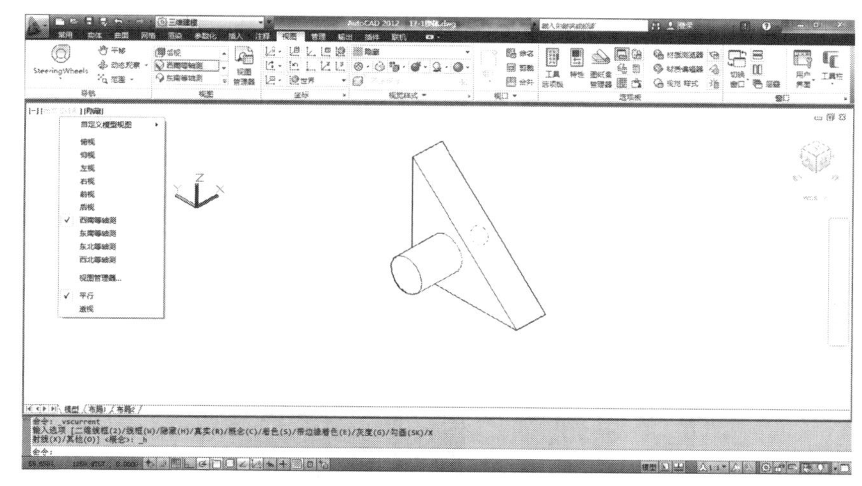

(a)“视图”面板　　(b)“视图”下拉菜单

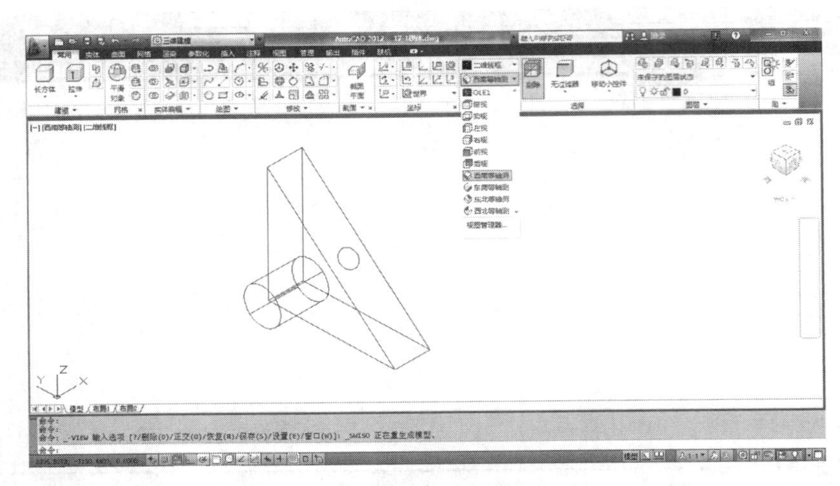

(c)“视图”下拉菜单

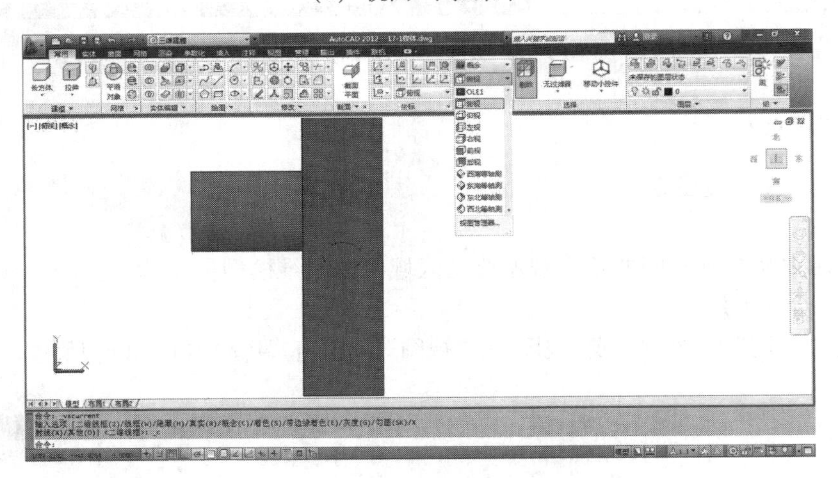

(d)俯视图

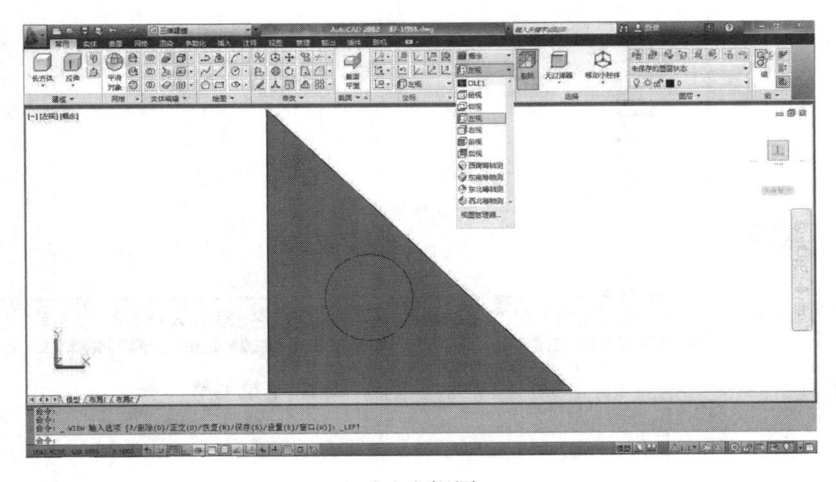

(e)左视图

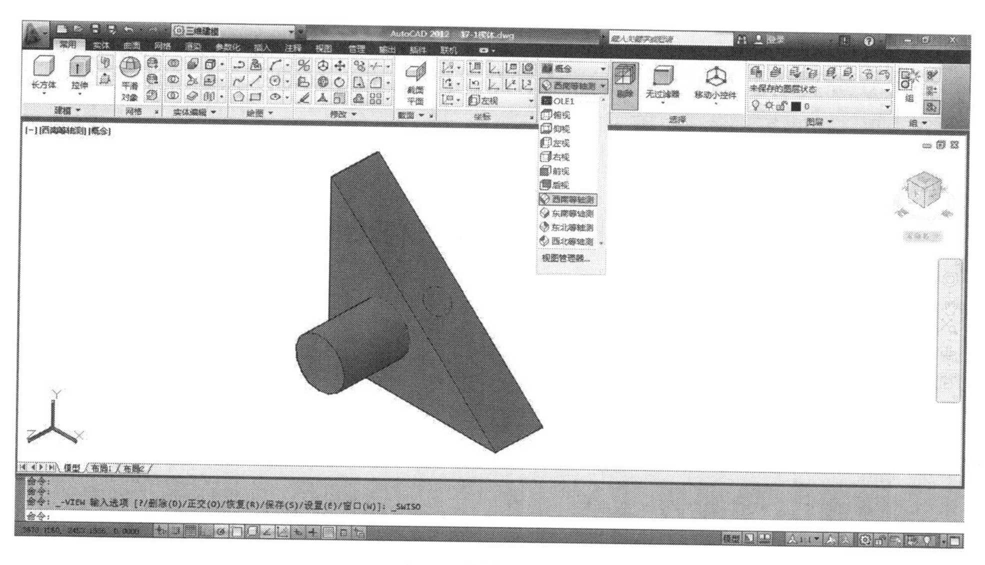

(f)西南等轴测图

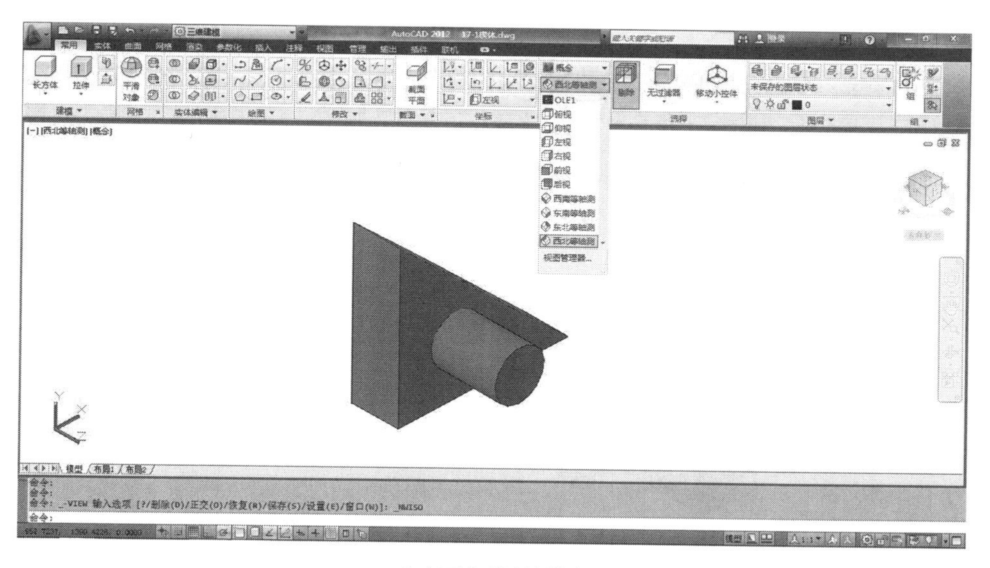

(g)西北等轴测图

图 17.4　三视图

【操作方法】

左键单击西南等轴测图、东南等轴测图等视图时，AutoCAD 会从不同视角显示三维实体图，如图 17.4(d)、(e)、(f)、(g)所示。

知识点 2　切换与管理视口

【功能】

用户可以从默认的单个视口切换到多个视口,从而方便地对三维图形进行观察,还可以对视口进行合并、存储等操作,如图 17.5 所示。

图 17.5　“视口”下拉菜单

【命令启动方法】

● 面板:“常用”→“视图”或“视图”→“视口”,如图 17.6 所示。

【操作方法】

左键单击不同的视口配置时,AutoCAD 会按照用户需要显示视图,如图 17.7(a)、(b)、(c)所示。

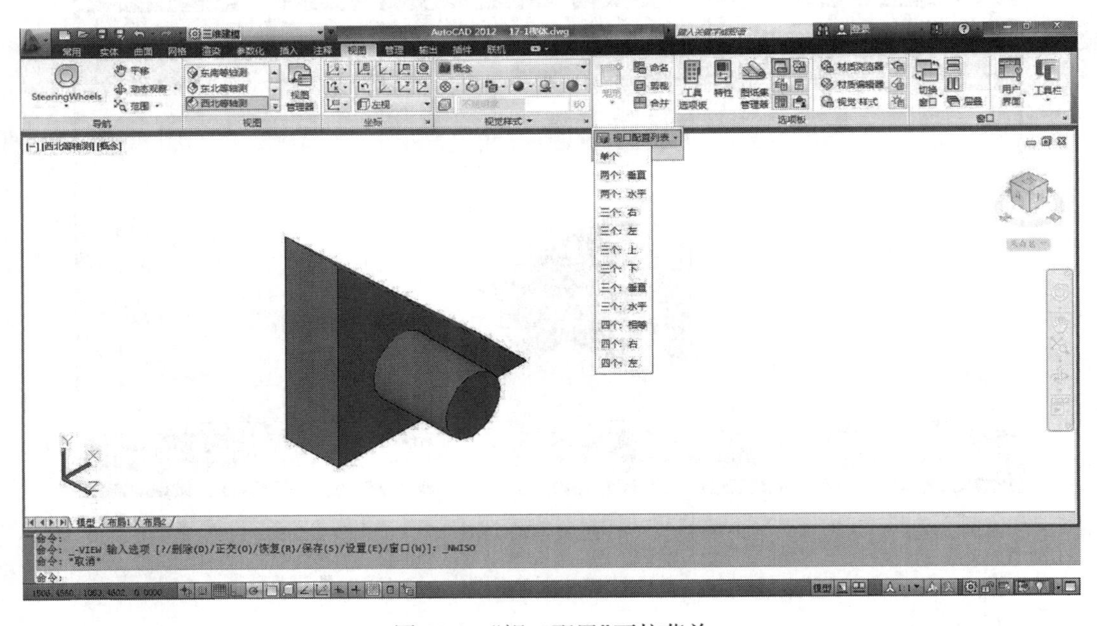

图 17.6　“视口配置”下拉菜单

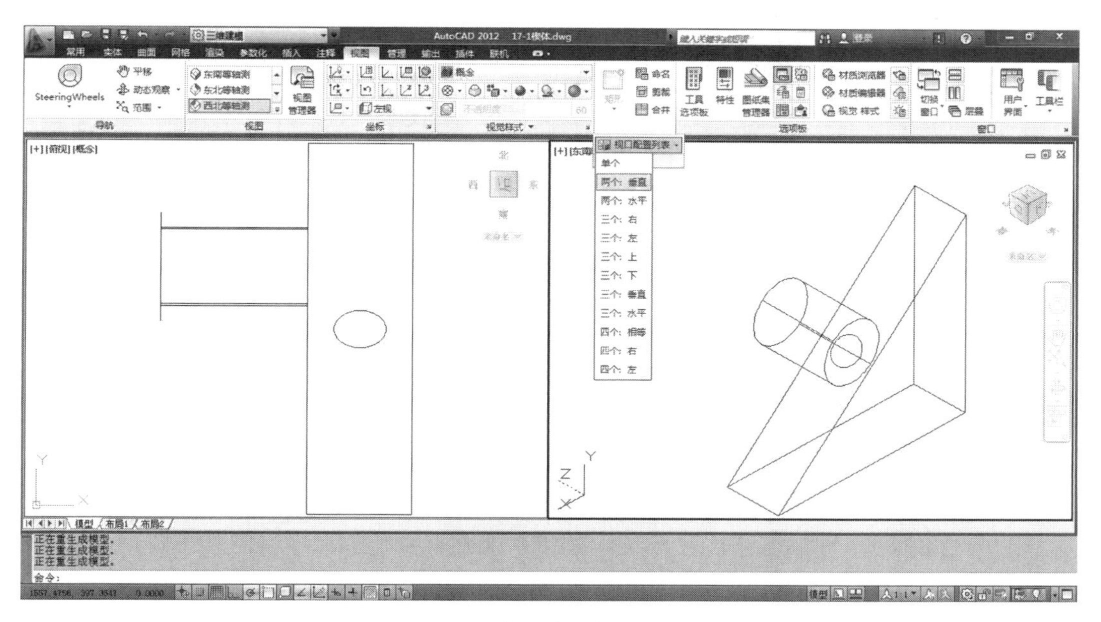

(a)“两个垂直”放置视口

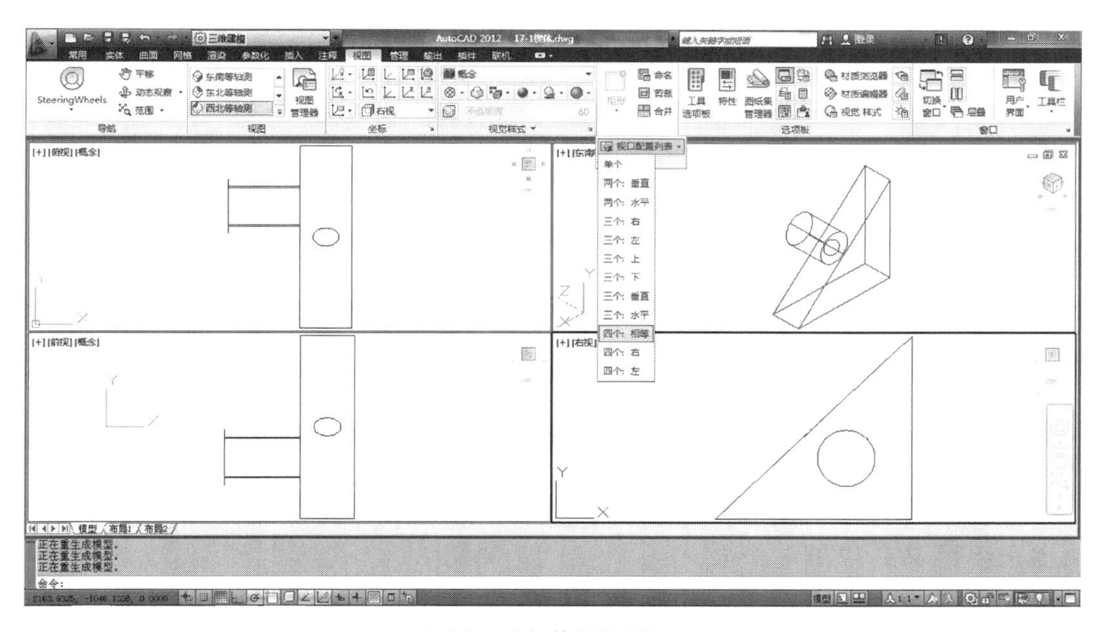

(b)“四个相等”放置视口

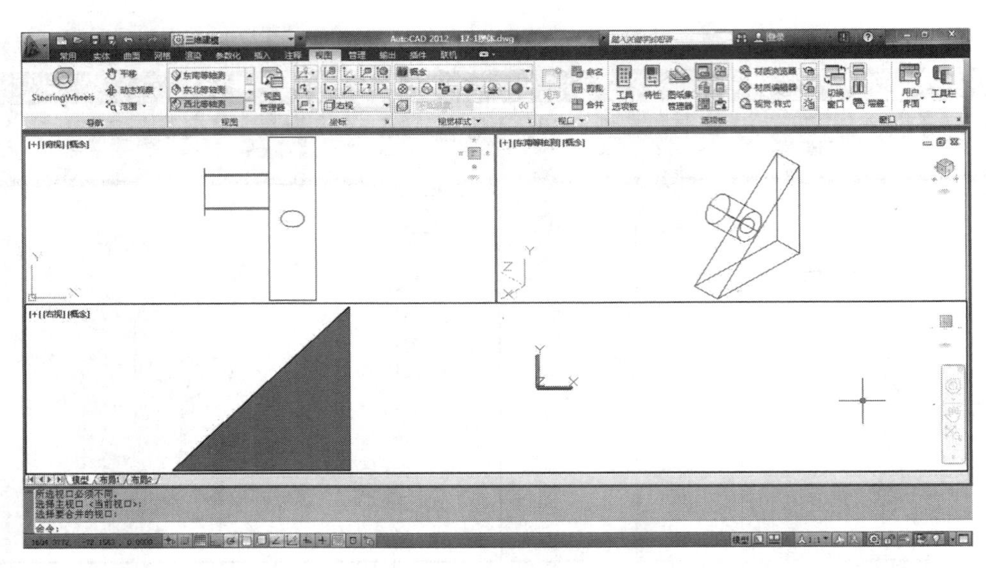

(c)合并视口

图 17.7　放置视口

知识点 3　视觉样式

【功能】

视觉样式控制边、光源和着色的显示。

【命令启动方法】

- 面板:“视图”→“视觉样式”,或“常用”→“视图”→“视觉样式”,如图 17.8 所示。
- 工具栏:“视觉样式”
- 命令:SHADEMODE

【操作方法】

AutoCAD 中预定义的视觉样式如下:

- 二维线框:通过使用直线和曲线表示边界的方式显示对象,此时光栅和线型、线宽均可见,如图 17.9(a)所示。
- 概念:对多边形平面间的对象进行着色,并使对象的边缘平滑化。效果缺乏真实感,但可以方便地查看模型的细节,如图 17.9(b)所示。
- 隐藏:使用三维线框方式显示对象,隐藏不可见轮廓,如图 17.9(c)所示。
- 真实:对多边形平面间的对象进行着色,并使对象的边缘平滑化,还可以使用定义的材质显示对象,如图 17.9(d)所示。
- 着色:使用平滑着色来显示对象,如图 17.9(e)所示。
- 带边缘着色:使用平滑着色和可见边显示对象,如图 17.9(f)所示。
- 灰度:使用平滑着色和单色灰度显示对象,如图 17.9(g)所示。
- 勾画:使用线延伸和显示手绘效果的对象,如图 17.9(h)所示。
- 线框:通过使用直线和曲线表示边界的方式显示对象,如图 17.9(i)所示。
- X 射线:以局部透明度显示对象,如图 17.9(j)所示。

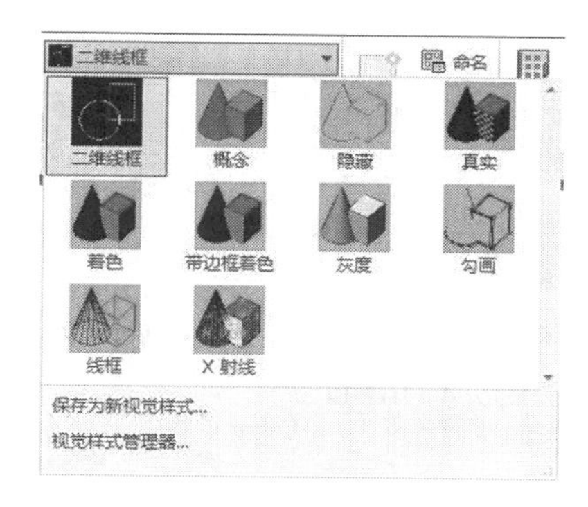

(a)

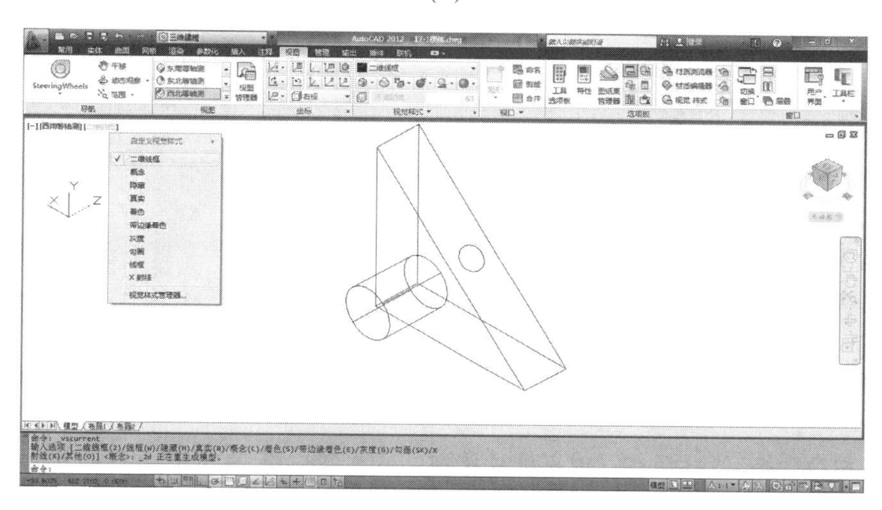

(b)

图 17.8　“视觉样式”

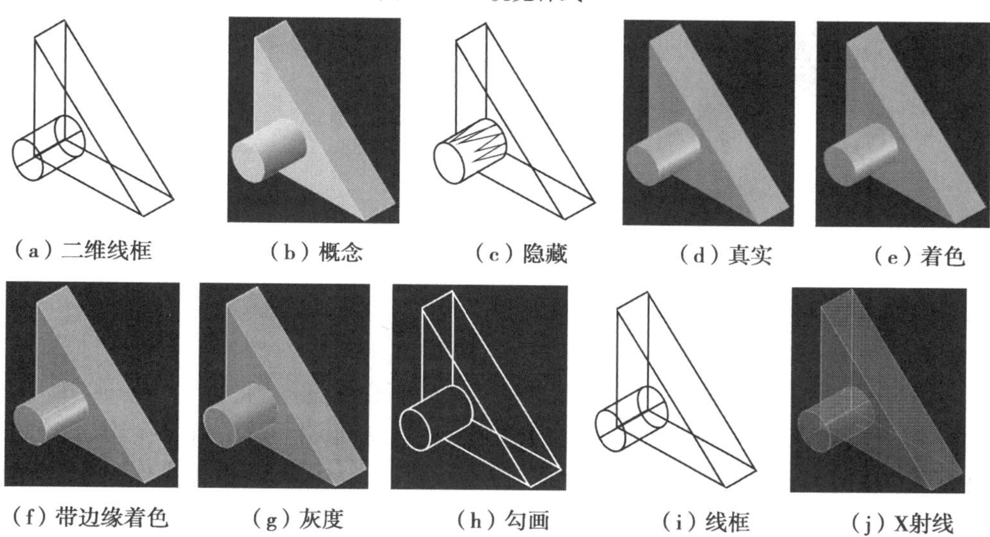

(a) 二维线框　(b) 概念　(c) 隐藏　(d) 真实　(e) 着色

(f) 带边缘着色　(g) 灰度　(h) 勾画　(i) 线框　(j) X射线

图 17.9　视觉样式

知识点 4　三维动态观察

【功能】

用户可以从不同角度查看对象,还可以让模型自动连续地旋转。

【命令启动方法】

- 面板:“视图”→“导航”→“动态观察”
- 工具栏:“三维导航”→“动态观察”,如图 17.10 所示
- 命令:3DORBIT,3DFORBIT,3DCORBIT

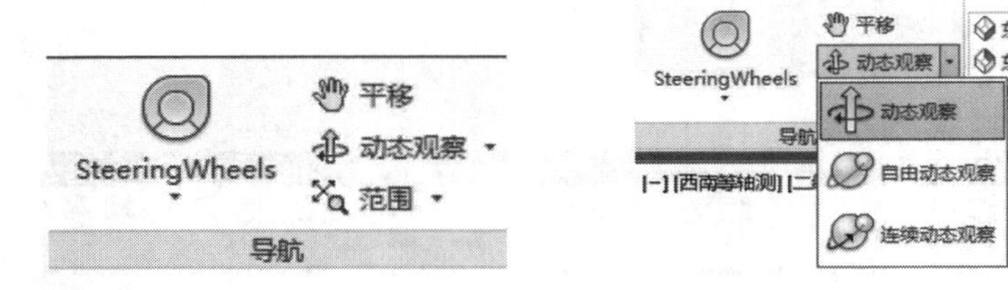

图 17.10　“动态观察”下拉菜单

【操作方法】

AutoCAD 中动态观察相应选项如下:

- 动态观察(受约束的动态观察):通过左右上下拖动光标,可沿水平方向或垂直方向旋转视图,如图 17.11(a)所示。
- 自由动态观察:显示导航球,可在三维空间中不受滚动约束地旋转视图,如图 17.11(b)所示。
- 连续动态观察:可在三维空间以连续运动方式旋转视图,如图 17.11(c)所示。

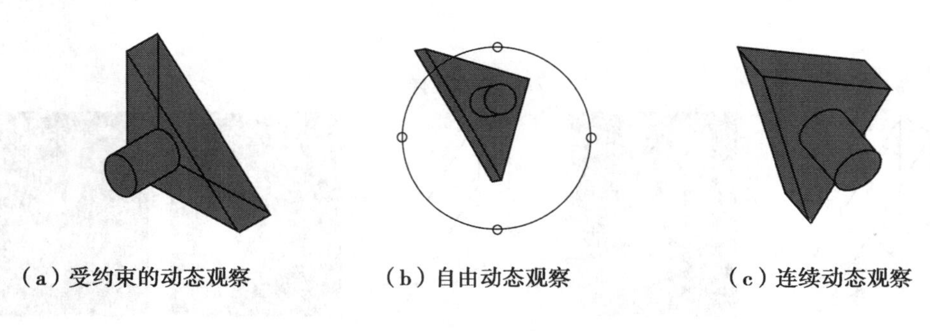

(a)受约束的动态观察　(b)自由动态观察　(c)连续动态观察

图 17.11　动态观察对象

知识点 5　用户坐标系

【功能】

为了能更好地创建三维模型,必须理解坐标系的概念和具体用法。在 AutoCAD 三维空间中进行建模,很多操作依然只能限制在 *XOY* 平面(构造平面)上进行,所以在绘制三维图形的过程中经常需要 UCS 坐标系。用户坐标系(UCS)是用于坐标输入、平面操作和查看对象的一种可移动坐标系。移动后的坐标系相对于世界坐标系(WCS)而言,就是创建的用户坐标系(UCS)。

在 AutoCAD 中,用户可以在任意位置和方向指定坐标系的原点、*XOY* 平面和 *Z* 轴等,从

而得到一个新的用户坐标系。

图 17.12　“坐标”面板

图 17.13　“UCS”工具栏

【命令启动方法】

- 菜单栏:“视图”→“坐标”或“常用”→“坐标”,如图 17.12 所示
- 工具栏:“UCS”工具栏上按不同方式建立用户坐标系,如图 17.13 所示
- 命令:UCS
- 动态 UCS 启动方法:单击状态栏上的“允许/禁止动态 UCS”按钮或按 F6 键来转换

【操作方法】

常见重新定位用户坐标系 UCS 命令如下:

- :通过重新定义原点移动 UCS。指定一点作为新坐标原点,系统则将 UCS 平移到该点。
- :通过三点方式定义新的 UCS。指定 3 个点创建新的 UCS,用户所指定的第 1 点为坐标原点,所指定的第 1 点与第 2 点方向即为 *X* 轴正方向,所指定的第 1 点与第 3 点方向即为 *Y* 轴正方向。
- :通过指定 *Z* 轴矢量方向定义新的 UCS。指定 2 个点,系统将以所指定的两点方向作为 *Z* 轴正方向创建新的 UCS。
- :恢复到上一个 UCS,在当前任务中最多可返回 10 个。
- :恢复 UCS 与 WCS 重合。系统将 UCS 与 WCS(世界坐标系)重合。
- :绕 *X*、*Y*、*Z* 轴旋转 UCS。,输入旋转角度,系统将通过绕指定旋转轴转过指定的角度创建新的 UCS。
- :将 UCS 与选定对象或面对齐。将 UCS 的 *XY* 平面与垂直于观察方向的平面对齐,原点保持不变,但 *X* 轴和 *Y* 轴分别变成水平和垂直。系统将 UCS 与选定对象对齐,一般情况下以选定对象作为新 UCS 的 *X* 轴。系统将以选定表面作为 *XY* 平面创建新的 UCS。
- :动态 UCS。动态 UCS 处于启用状态时,可以在创建对象时使 UCS 与 *XY* 平面自动与三维实体上的平面临时对齐。结束该命令后,UCS 将恢复到其上一个位置和方向。

【操作实例】

运用动态 UCS 在图 17.14(a)楔体侧面中心点绘制出如图 17.6(d)所示的水平圆柱体。

操作步骤:

①单击状态栏上的“允许/禁止动态 UCS”按钮或按 F6 键,启动动态 UCS。此时为世界坐标系,如图 17.14(a)所示。

②单击按钮,将光标移至侧面,此时侧面高亮显示,如图 17.14(b)所示。

③捕捉侧面的中心点为底面圆心后，此时 UCS 的 *XY* 平面自动与侧面临时对齐，如图 17.14(c)所示。

④在侧面绘制出如图 17.14(d)所示的圆柱体，绘制结束后，UCS 将恢复到如图 17.14(a)所示的世界坐标系。

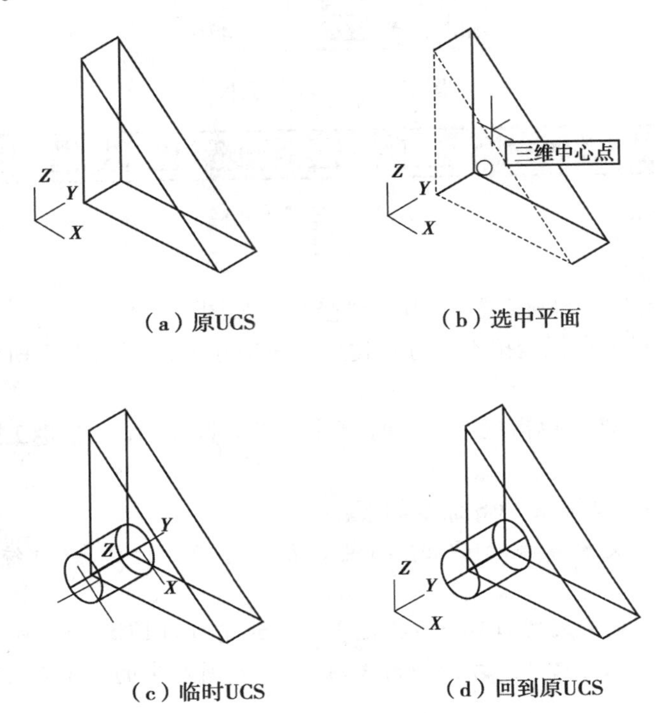

（a）原UCS　（b）选中平面

（c）临时UCS　（d）回到原UCS

图 17.14　动态 UCS

【任务实施】

01 选择“文件”→“打开”命令，打开 “17.1 楔体”文档。

02 调整视图方向为西南等轴测：视图→视图面板→“西南等轴测”或常用→视图面板→“西南等轴测”。

03 调整视觉样式为二维线框：视图→视觉样式面板→“二维线框”或常用→视图面板→“二维线框”。

04 打开动态 UCS 。状态栏上的“允许/禁止动态 UCS”按钮 或按 F6 键来转换。

05 输入“C”→空格→光标移至斜面，此时斜面高亮显示→捕捉斜面中心点为圆心，单击左键→60→空格。

06 动态观察三维模型，视图面板→导航→动态观察。

07 设定三个视口：视图→视口→视口配置列表→三个：右。

08 按题意分别调整三个视口的视图方向和视觉样式，如图 17.15 所示。

09 单击“工具栏”中的“💾”按钮，保存图形文件“17.1 建模环境.dwg”。

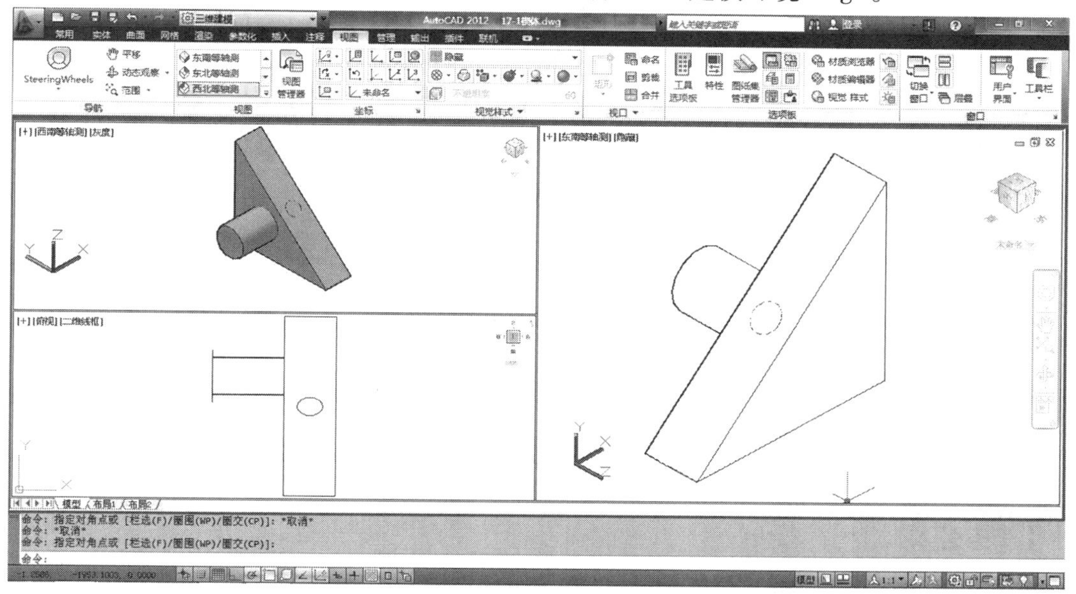

图 17.15　三个视口的视图方向和视觉样式

任务 18　绘制梯子实体图形

【学习目标】

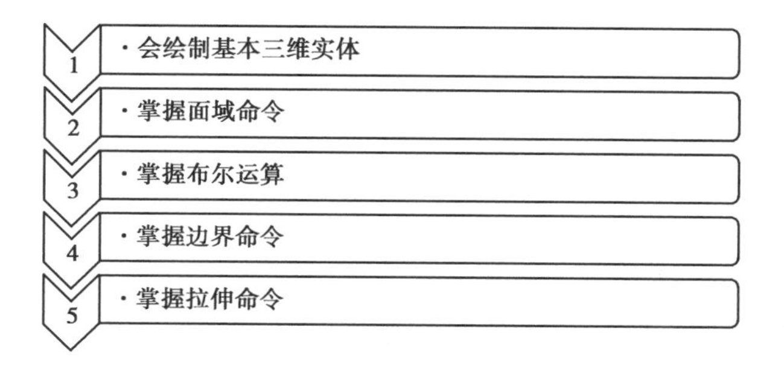

【任务提出】

根据图 18.1(a)所示的梯子二维图形，绘制如图 18.1(b)所示的梯子三维实体图。

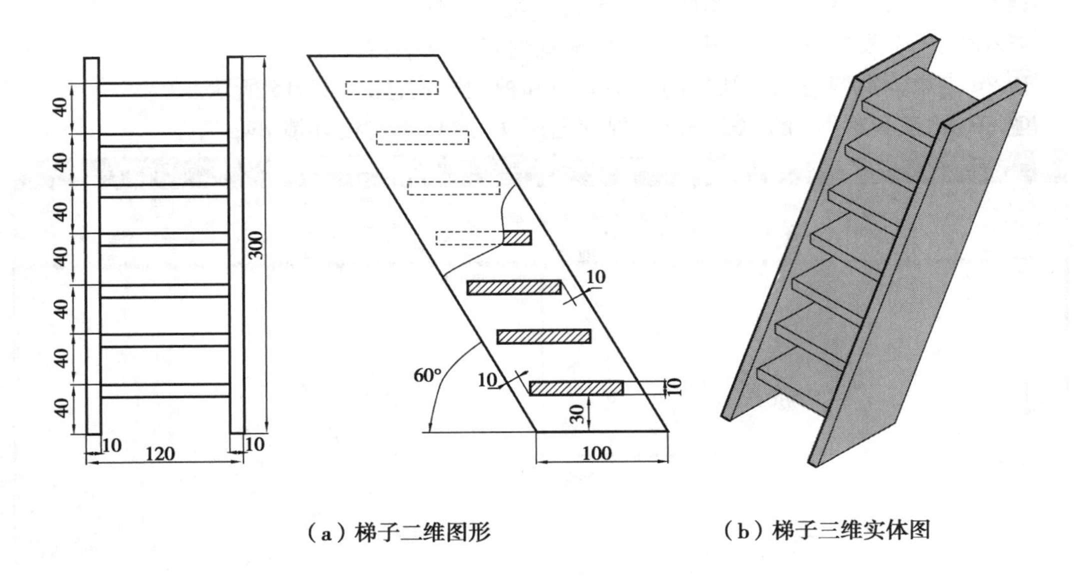

（a）梯子二维图形　　（b）梯子三维实体图

图 18.1　梯子图形

【任务引入】

基本三维实体是三维图形中常用的组成部分。AutoCAD 提供了长方体、圆柱体、圆锥体、球体、圆环体、楔体和棱锥体等基本三维实体的绘制命令，通过这些命令可以轻松地创建简单的三维实体模型。

除了使用基本三维实体绘制命令外，还可以通过拉伸等命令将现有的直线、多段线和曲线等二维图形对象转换成三维实体或曲面模型。

本任务中，主要要求使用面域命令、拉伸命令、布尔运算完成梯子三维实体图绘制。

任务知识点

知识点 1　基本三维实体的绘制

【功能】

通过这些命令可以轻松地创建简单的三维实体模型。

【命令启动方法】

- 菜单栏："绘图"→"建模"→"基本体"
- 面板："实体"→"图元"→"基本体"或"常用"→"建模"→"基本体"，如图 18.2 所示
- 命令：BOX（长方体），CYLINDER（圆柱体），CONE（圆锥体），SPHERE（球体），PYRAMID（棱锥体），WEDGE（楔体），TORUS（圆环体），POLYSOLID（多段体）

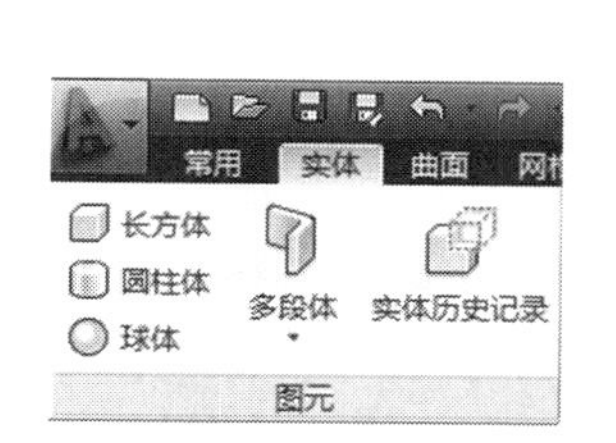

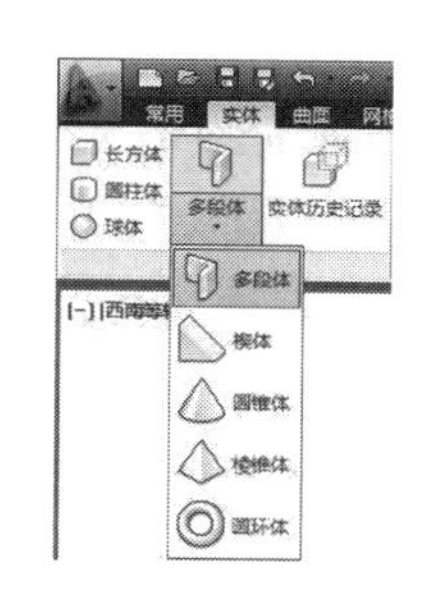
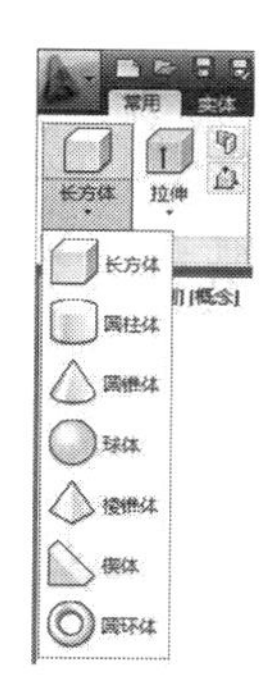

图 18.2　“基本三维实体”下拉菜单

【操作方法】

AutoCAD 中基本三维实体创建(以长方体为例说明)如下:

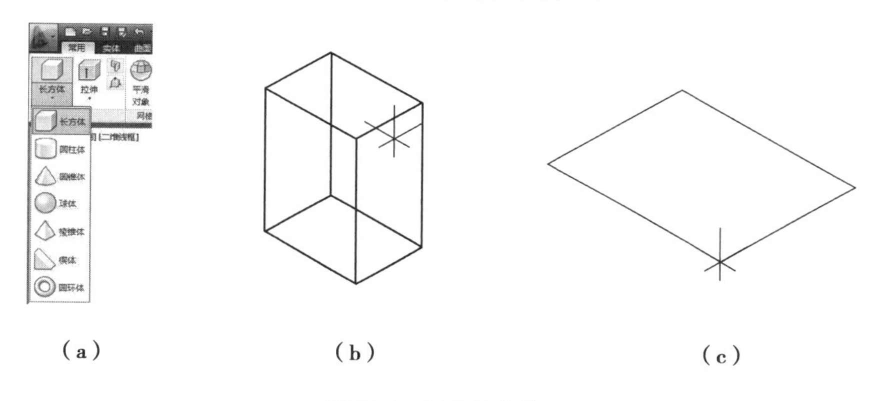

(a)　(b)　(c)

图 18.3　创建长方体

在视图管理器选择西南等轴测→单击基本体小黑三角形,如图 18.3(a)所示→选择长方体→绘图区域单击第一个角点→输入“L”→输入长度值→空格→输入宽度值→空格,如图 18.3(b)所示→光标向上或者下拉出方向→输入高度值,如图 18.3(c)所示。

- 长方体:用 BOX 命令可以创建长方体,创建时可以用底面顶点来定位,也可以用长方体中心来定位,所生成的长方体的底面平行于当前 UCS 的 *XY* 平面,长方体的高沿 *Z* 轴方向。
- 圆柱体:用 CYLIDER 命令可以绘制圆柱体、椭圆柱体,所生成的圆柱体、椭圆柱体的底面平行于 *XY* 平面,轴线与 *Z* 轴相平行。
- 圆锥体:使用 CONE 命令可以绘制圆锥体、椭圆锥体,所生成的圆锥体、椭圆锥体的底面平行于 *XY* 平面,轴线与 *Z* 轴相平行。
- 球体: 球体是最简单的三维实体,使用 SPHERE 命令可以按指定的球心、半径或直径绘制实心球体,球体的纬线与当前 UCS 的 *XY* 平面平行,轴线与 *Z* 轴相平行。
- 棱锥体:使用 PYRAMID 命令可以通过基点的中心、边的中心和确定高度的另一个点来绘制棱锥体。
- 楔体:使用 WEDGE 命令可以绘制楔形体,其斜面高度将沿 *X* 轴正方向减少,底面平行于 *XY* 平面。绘制方法与长方体类似,可以用底面顶点定位或楔形体中心定位。

• 圆环体：使用 TORUS 命令可绘制圆环体。圆环体由两个半径定义，一个是从圆环体中心到管道中心的圆环体半径，另一个是管道半径。

• 多段体：使用 POLYSOLID 命令可以创建多段体，还可以将现有直线、二维多段线、圆弧或圆转换为多段体。

知识点 2　创建面域

【功能】

面域是由直线、圆弧、多段线、样条曲线等对象组成的二维封闭区域。面域是一个独立的对象，可以进行各种布尔运算。因此，常用面域来创建一些比较复杂的图形，它在三维实体绘制中扮演着非常重要的角色。

【命令启动方法】

• 菜单栏："绘图"→"面域"

• 面板：在"常用"菜单的"绘图"中的"面域"图标，如图 18.4 所示

• 命令：REGION

【操作方法】

左键单击图标→选择对象（必须是封闭区域）→空格。

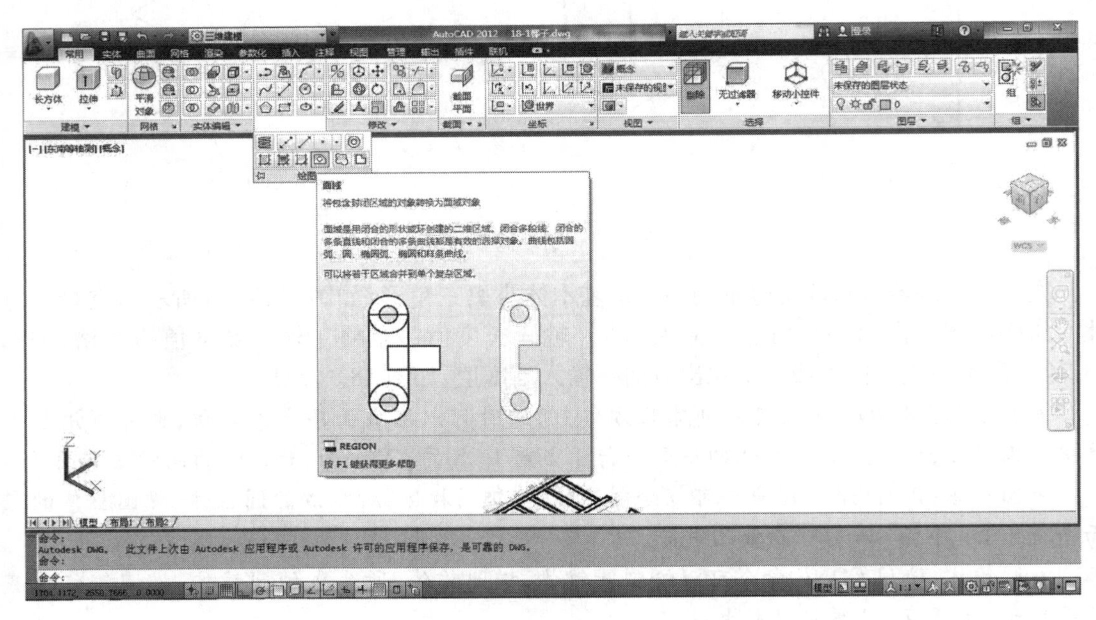

图 18.4　"面域"图标

【实例】

已知图 18.5(a) 所示图形，用面域命令将其创建为一个面域。

操作步骤：

①用圆和修剪命令绘出图 18.5(a) 所示图形。

②左键单击图标→选择所绘图形对象→空格，效果如图 18.5(b) 所示。

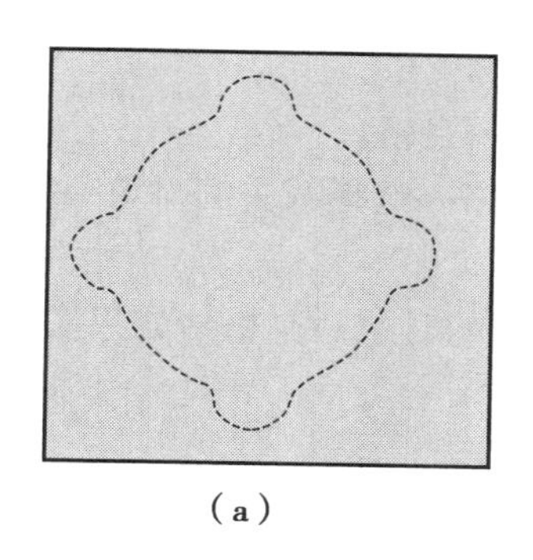

（a）

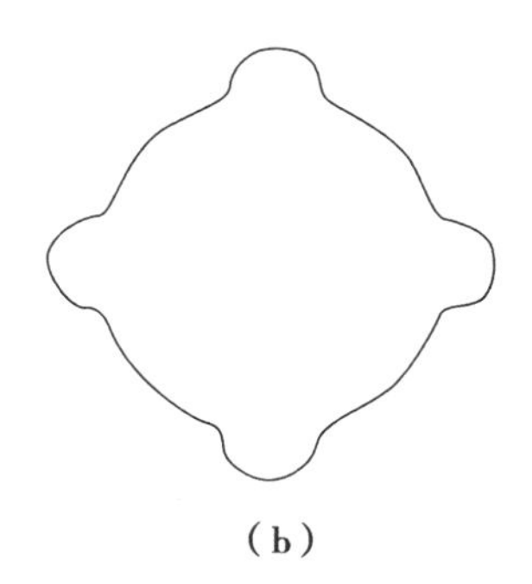

（b）

图 18.5　创建面域

创建面域后，所选的封闭图形会被组合成为一个整体。从外观上来看，面域和一般的封闭图形没有区别，但是单击图形后，通过夹点可以看出两者的不同之处，如图 18.6 所示。

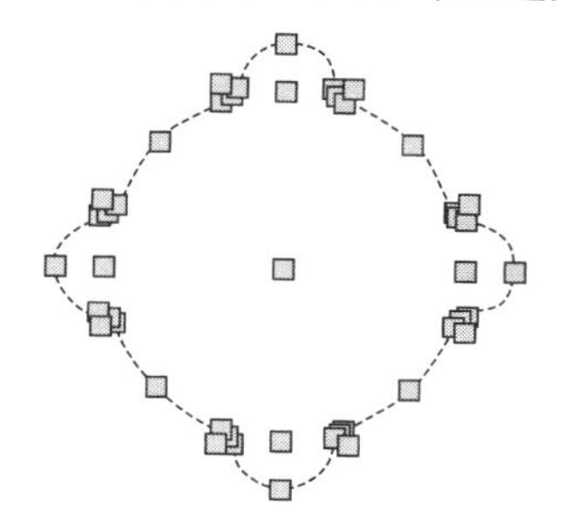

（a）创建面域前的对象夹点

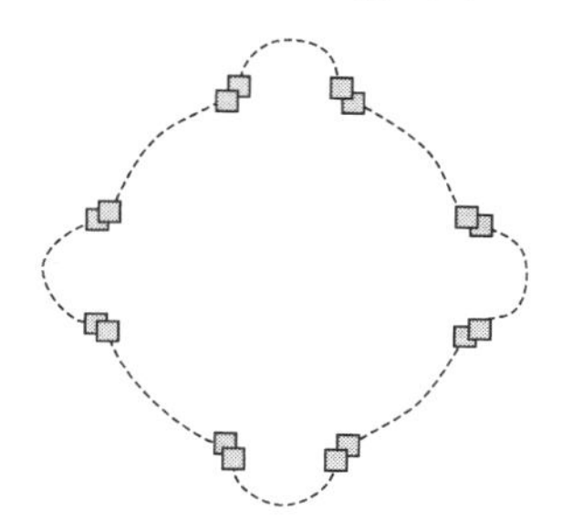

（b）创建面域后的对象夹点

图 18.6　创建面域前后的对象夹点对比

知识点 3　布尔运算

【功能】

通过布尔运算可以创建复杂的三维实体、曲面或面域。在 AutoCAD 中，布尔运算包括“并集”“差集”和“交集”3 种类型。

【命令启动方法】

- 菜单栏：“修改”→“实体编辑”→“布尔运算”
- 面板：“常用”→“实体编辑”或“实体”→“布尔值”，如图 18.7 所示
- 命令：UNION（并集）、SUBTRACT（差集）、INTERSECT（交集）

在布尔运算时，所有参与操作的对象都必须是面域或实体。

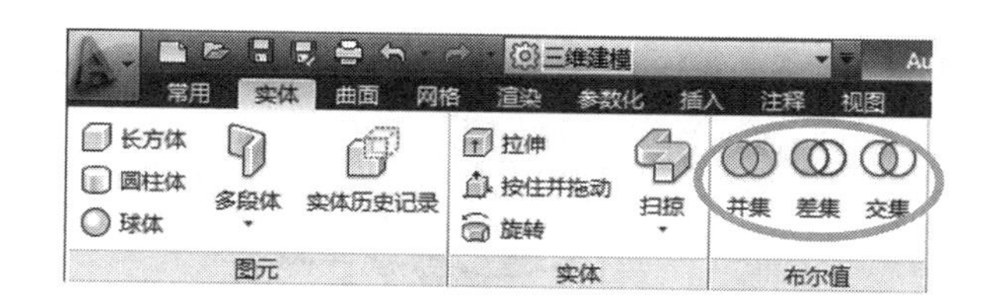

图 18.7　“布尔运算”图标

【操作方法】

• 并集:左键单击→选择所有要合并的对象→空格。

• 差集:左键单击→选择被减去的对象→空格→选择减去的对象→空格。如果两个实体没有相交,则减去的实体将会被删除。

• 交集:左键单击→选择两个(或多个)相交的对象→空格。如果实体没有相交,则被选中的实体将会被删除。

【实例一】

已知图 18.8(a)所示图形,用布尔运算并集将其生成如图 18.8(c)所示的新面域。

操作步骤:

①先分别将两个图形创建成面域。

②左键单击→选择要运算的两个对象→空格,效果如图 18.7(c)所示。

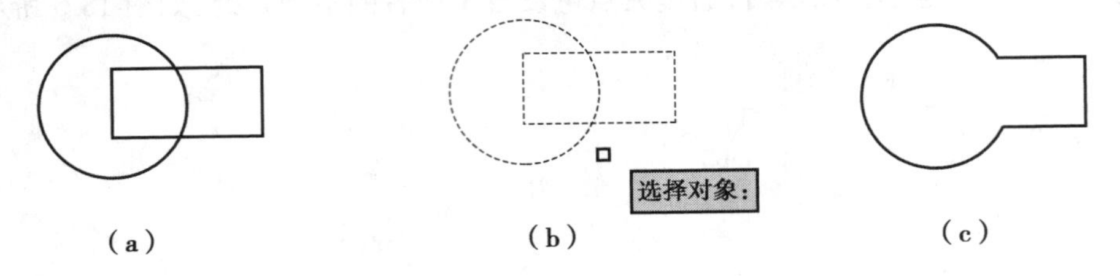

图 18.8 “布尔运算”并集

【实例二】

已知图 18.8(a)所示图形,用布尔运算差集将其生成如图 18.9(d)所示的新面域。

操作步骤:

①先分别将两个图形创建成面域。

②左键单击→选择圆形,如图 18.9(b)所示→空格→选择矩形,如图18.9(c)所示→空格,效果如图 18.9(d)所示。

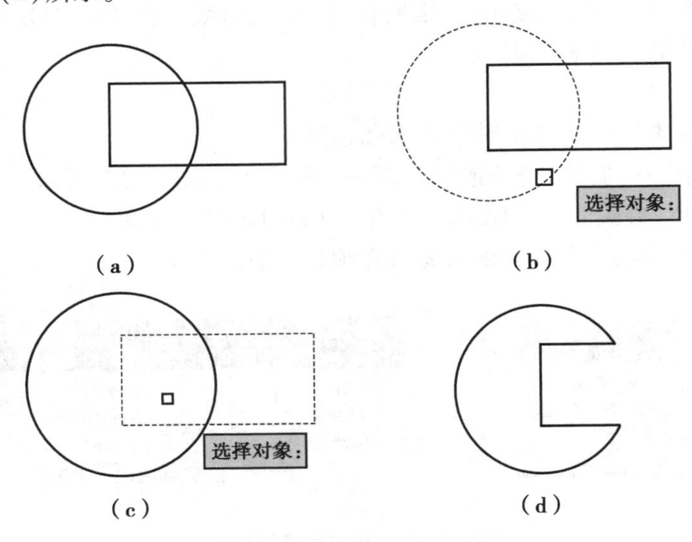

图 18.9 “布尔运算”差集

【实例三】

已知图 18.10(a)所示图形,用布尔运算交集将其生成如图 18.10(c)所示的新面域。

操作步骤:

1)先分别将两个图形创建成面域。

2)左键单击→选择要运算的两个对象,如图 18.10(b)所示→空格,效果如图18.10(c)所示。

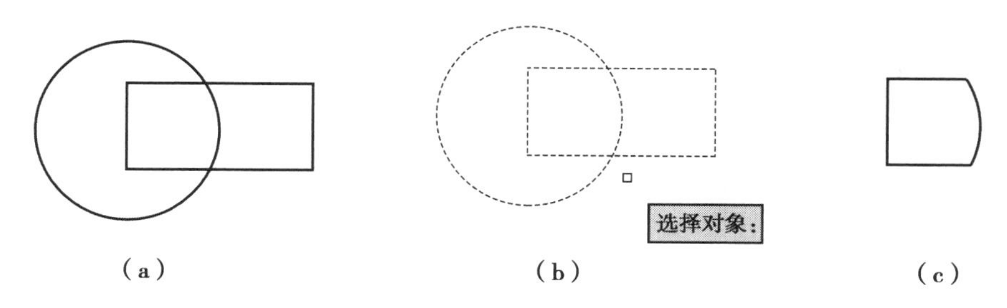

图 18.10　“布尔运算”交集

知识点 4　边界命令

【功能】

用封闭区域创建面域或多段线。

【命令启动方法】

- 面板:单击“常用”菜单中“绘图”上的按钮,如图 18.11 所示
- 命令:BOUNDARY

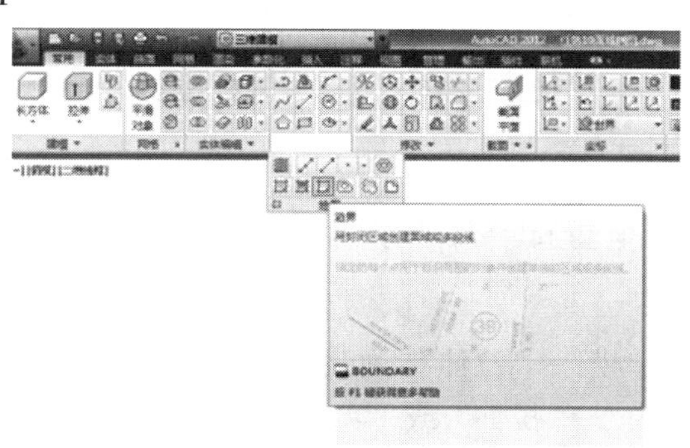

图 18.11　“边界”图标

【操作方法】

单击按钮,弹出边界创建对话框,如图 18.12 所示→选择对象类型(多线段或面域)→左键单击 拾取点(P) →选择闭合图线内部点→空格。

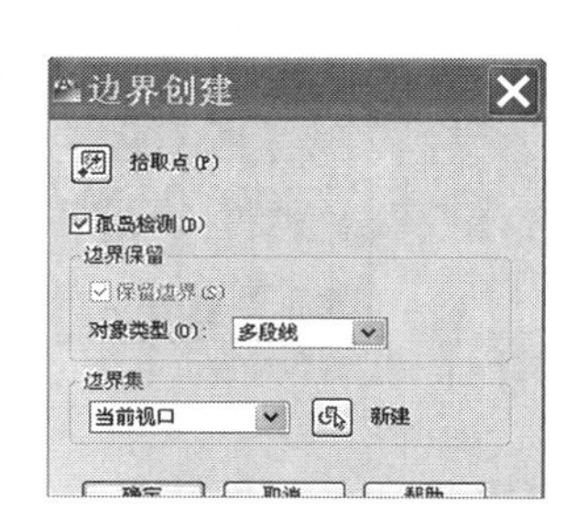

图 18.12　边界创建对话框

【实例】

将二图形相交部分设定为多线段,如图 18.13 所示。

操作步骤:

①单击按钮。

②弹出边界创建对话框,单击“拾取点”。

③移动光标到图形内部，拾取内部点，如图 18.13(b)所示。

④按回车键，此时图形将创建合并为多段线，如图 18.13(c)所示。

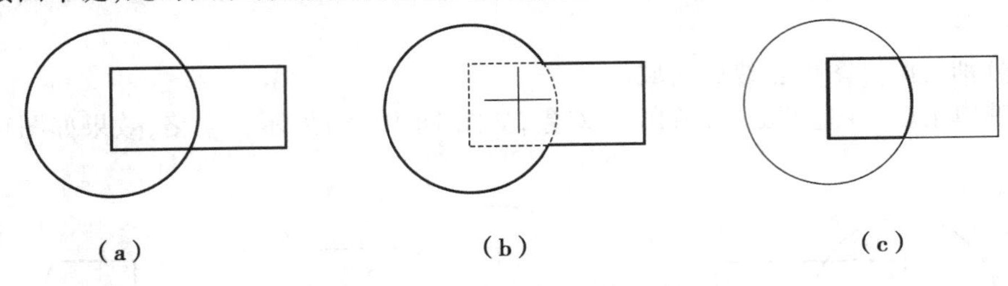

图 18.13　边界命令创建多段线

注意：用边界命令所创建的多段线为一个新生成的单独区域，原图形线条并未发生改变。

知识点 5　拉伸命令

【功能】

用户可以通过“拉伸”命令按指定路径或高度延伸二维对象的形状，从而创建三维实体或曲面。拉伸功能有两种拉伸方式：一种是作高度拉伸，即沿 2D 对象的法线拉伸，当指定拉伸斜角时，可以产生有锥度的实体；另一种是沿指定路径拉伸，当路径是曲线时，可生成弯曲的实体。

如图 18.14 所示，当作高度拉伸时，指定不同的倾斜角度，可以生成不同造型的实体。

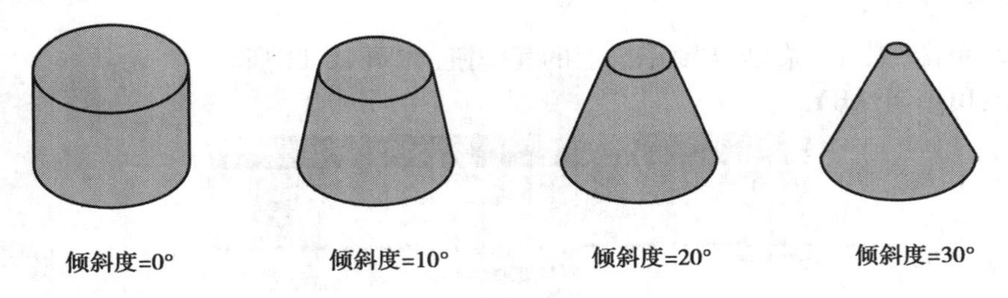

图 18.14　倾斜角度不同时拉伸生成的实体

【命令启动方法】

- 菜单栏：“绘图”→“建模”→“拉伸”，如图 18.15 所示
- 面板：“常用”→“建模”→“拉伸” 或 “实体”→“实体”→“拉伸”
- 命令：EXTRUDE 或快捷键 EXT

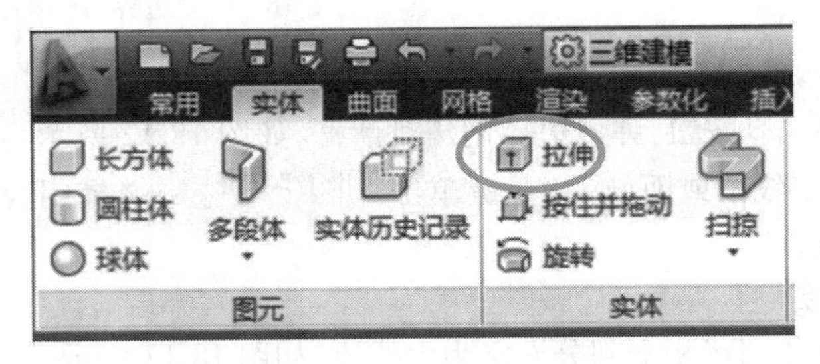

图 18.15　“拉伸”图标

【操作方法】

单击拉伸按钮→选择拉伸对象→空格→输入拉伸高度→空格。

【实例】

沿指定路径拉伸图形,如图 18.16(a)所示。

操作步骤:

①绘制拉伸用的圆及所需拉伸的路径曲线。

②单击拉伸按钮。

③选择要拉伸的对象,按回车键。

④输入“T”,设置倾斜角度。

⑤输入“P”,选择需要拉伸的路径,如图 18.16(b)、(c)所示。

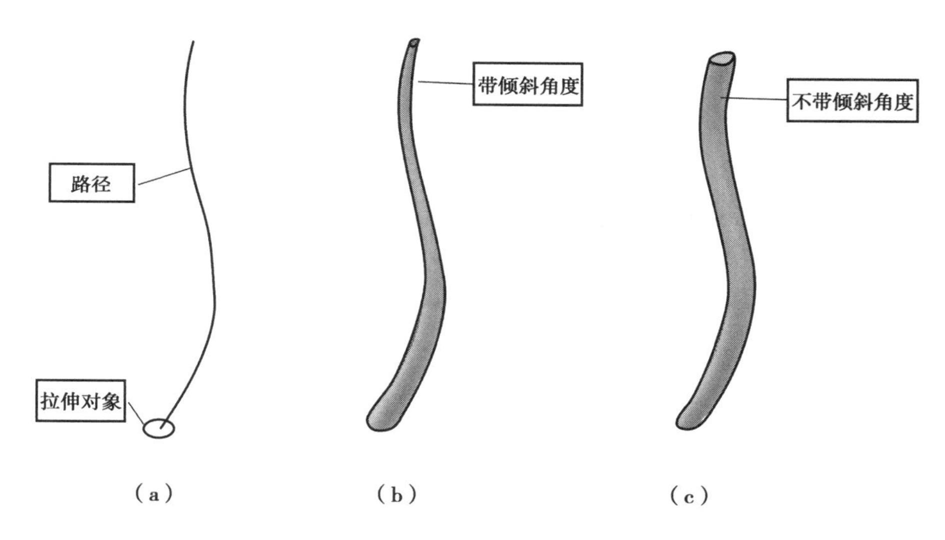

图 18.16　沿指定路径拉伸图形

注意:当沿指定路径拉伸时,拉伸实体起始于拉伸对象所在的平面,终止于路径的终点处的法平面。

【任务实施】

01 选择菜单栏“文件”→“新建”命令,新建空白文档。

02 视图方向右视,视觉样式二维线框,根据图 18.1 中所示尺寸绘制梯子二维线框,如图 18.17 所示。

03 改变视图方向为东南等轴测,如图 18.18 所示。

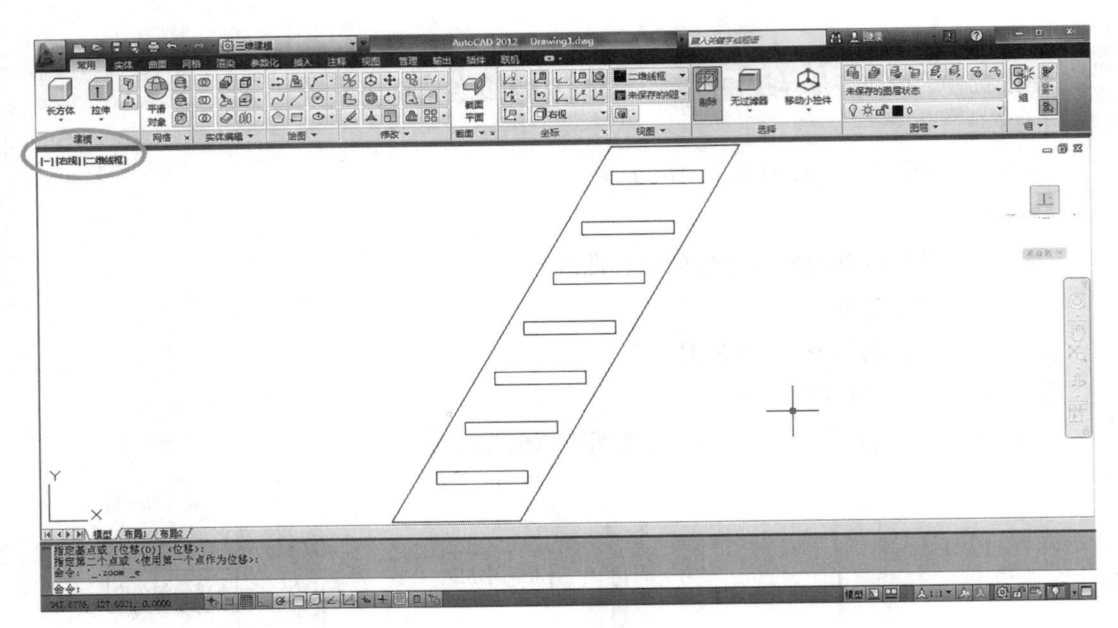

图 18.17　绘图效果

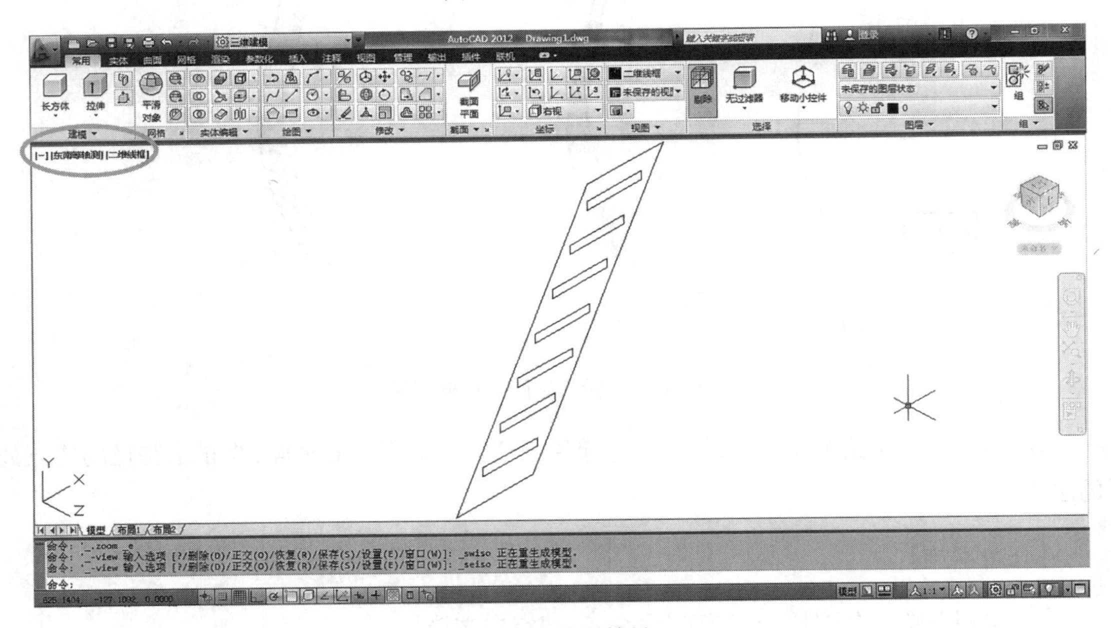

图 18.18　绘图效果

04>创建面域。左键单击图标→选择图 18.18 中 8 个封闭线框→空格。

05>使用拉伸命令,选定大框进行拉伸。左键单击图标→选择大框→空格→-10→空格,效果如图 18.19 所示。

06>按照步骤 5 操作方法将 7 个小框拉伸 100,效果如图 18.19 所示。

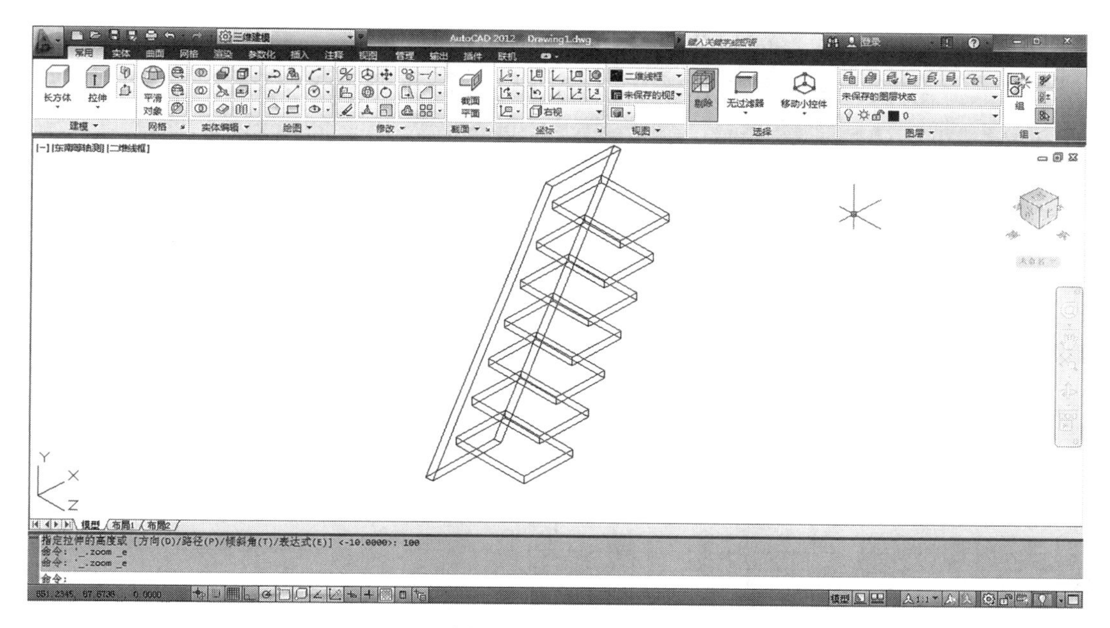

图 18.19　绘图效果

07>使用复制命令对大板进行复制。输入“CP”→空格→选中大板→捕捉基点→打开正交(F8)→110→空格,如图 18.20 所示。

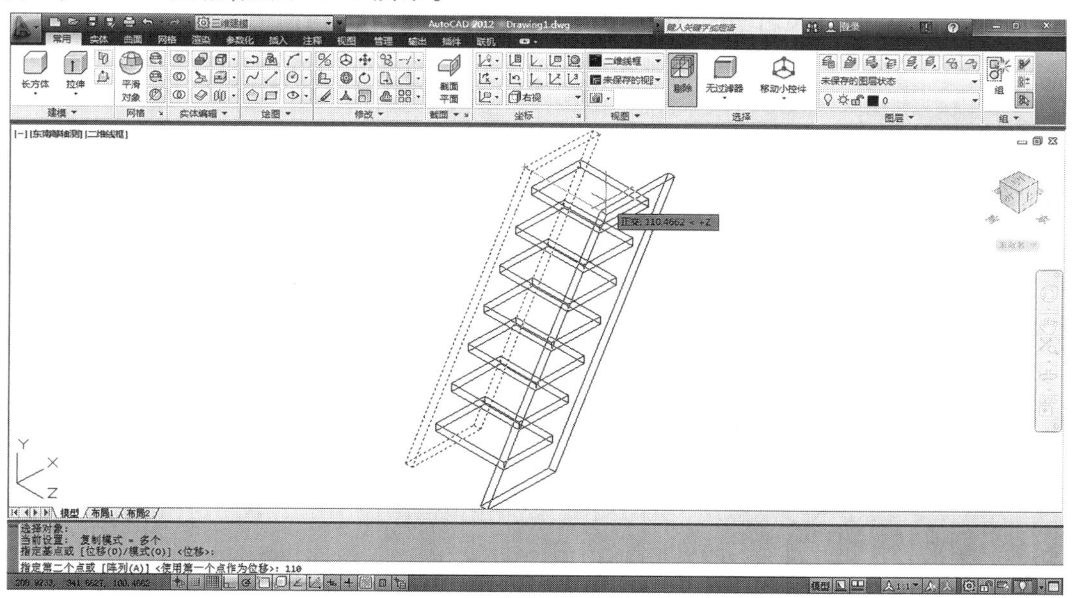

图 18.20　绘图效果

08>进行布尔运算。左键单击→选定所有长方体→空格,将 9 块板合并成一个实体。

09>视觉样式→隐藏→概念,在不同视觉样式下观察实体,如图 18.21 所示。

10>单击“工具栏”中的“保存”按钮,保存图形文件 “18.1 梯子.dwg”。

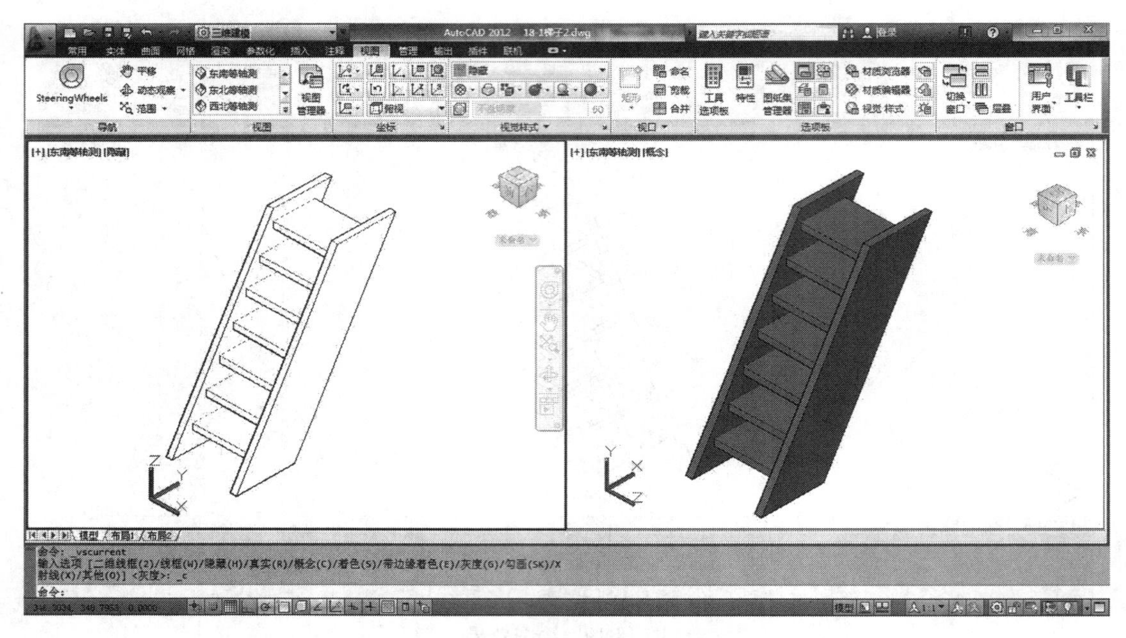

图 18.21　两个视口观察“隐藏”和“概念”视觉样式的梯子视图

任务 19　绘制组合体实体图形

【学习目标】

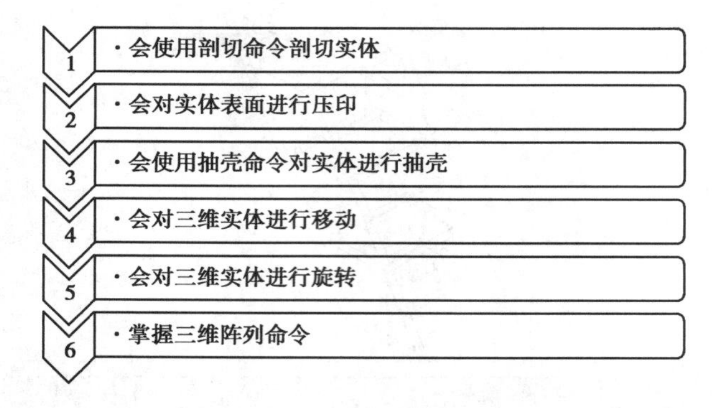

【任务提出】

根据图 19.1(a)所示零件的二维图形，绘制如图 19.1(b)所示的零件三维实体图。

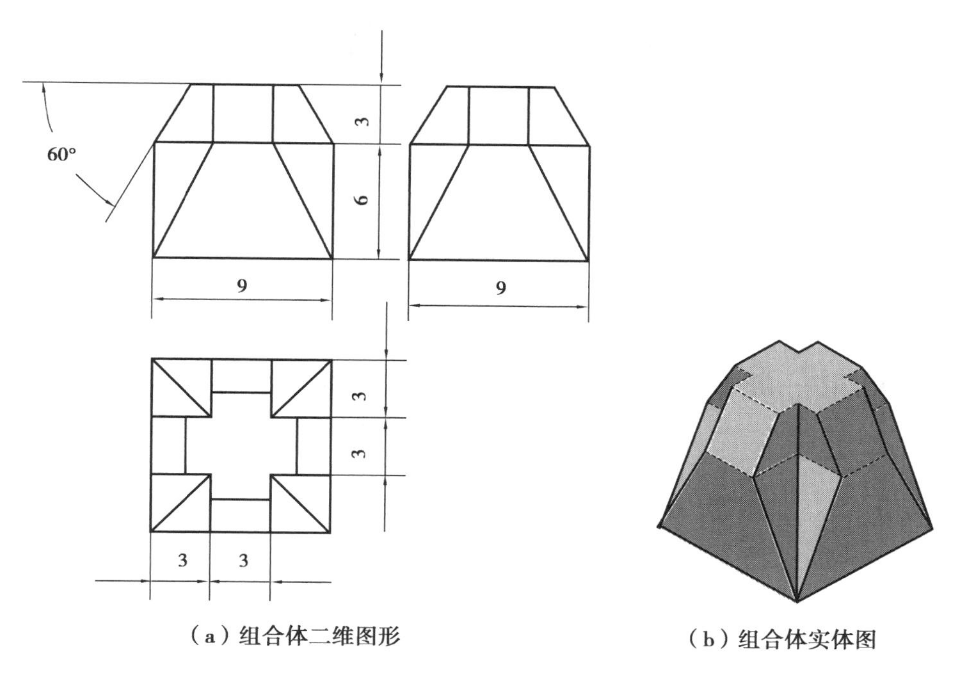

（a）组合体二维图形　　（b）组合体实体图

图 19.1　零件图形

【任务引入】

在三维建模空间中，单纯地使用基本建模命令无法创建复杂的模型，AutoCAD 中提供了诸多关于三维对象的编辑和修改命令。我们可以通过剖切、压印、抽壳等实体编辑命令和三维旋转、三维移动、三维阵列等修改命令对三维实体进行操作。通过这些命令可以轻松地创建复杂的三维实体模型。

在本任务中，在使用基本三维实体绘制命令基础上，增加了多个三维编辑和修改命令操作。

【任务知识点】

知识点 1　剖切命令

【功能】

使用剖切命令可以根据指定的剖切平面将一个实体分割为两个独立的实体，并可以继续剖切，将其任意切割为多个独立的实体。

【命令启动方法】

- 菜单栏："修改"→"三维操作"→"剖切"
- 面板：单击"常用"→"实体编辑"或"实体"→"实体编辑"上的按钮，如图 19.2 所示
- 命令：SLICE 快捷键 SL

图 19.2 “剖切”图标

【操作方法】

以三点剖切为例：单击按钮→选择剖切实体→空格→选择剖切方法（输入对应字符，如输入“3”代表三点剖切）→选择剖切平面上的三个点→左键单击保留的一侧。

【实例】

用三点法剖切实体，如图 19.3 所示。

操作步骤：

①单击图标，选择要剖切的实体。

②按回车键，确定要剖切的实体。

③选择三点剖切输入“3”→空格。

④指定 3 点确定剖切平面。

⑤在要保留的一侧单击鼠标左键。

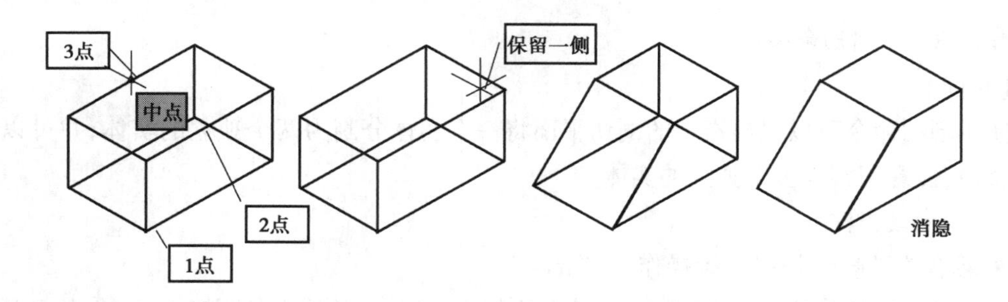

图 19.3 三点法剖切实体

知识点2 压印命令

【功能】

使用压印命令可以在三维实体上创建一个子面。用户可以对这个子面做拉伸、移动、复制等操作。

【命令启动方法】

- 菜单栏："修改"→"实体编辑"→"压印边"
- 面板：单击"常用"→"实体编辑"或"实体"→"实体编辑"上 的按钮，如图19.4所示
- 命令：IMPRINT

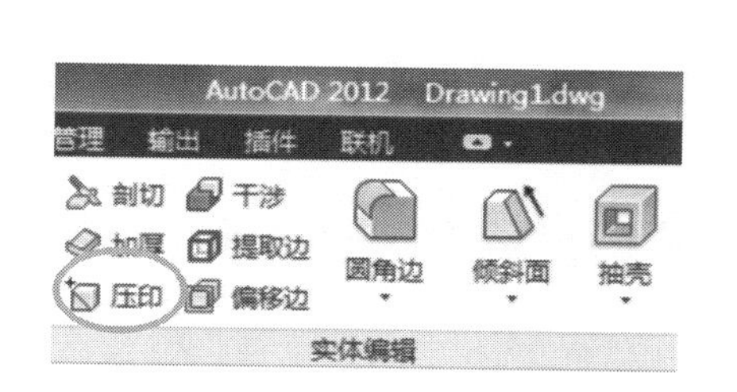

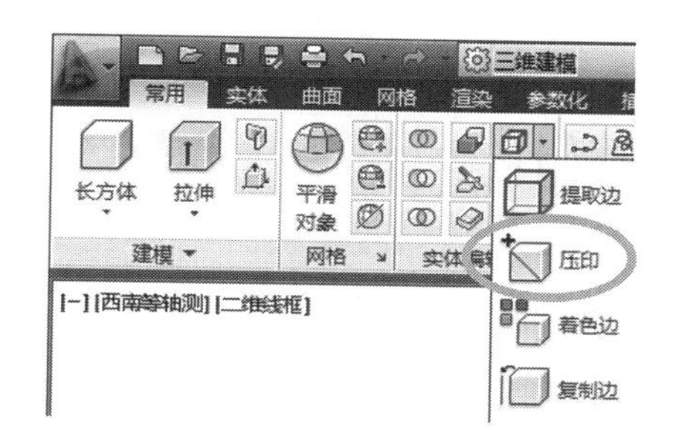

图19.4 "压印"图标

【操作方法】

单击图标→选择要被压印的实体→选择要压印的实体或线→输入"Y"或者"N"→空格。根据图19.5所示流程进行操作。

操作步骤：

①单击图标，选择要被压印的实体。

②选择要压印的实体。

③输入："Y"→空格→空格，表示删除要压印的实体。

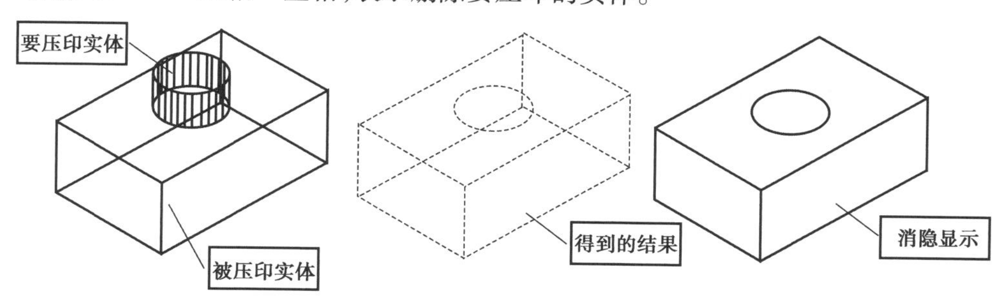

图19.5 压印

知识点3 抽壳命令

【功能】

抽壳命令通过偏移被选中的三维实体的面，将原始面与偏移面之外的实体删除。正的偏移距离使三维实体向内偏移，负的偏移距离使三维实体向外偏移。

【命令启动方法】

- 菜单栏:“修改”→“实体编辑”→“抽壳”
- 面板:单击“常用”→“实体编辑”或“实体”→“实体编辑”上 图标,如图 19.6 所示
- 命令: SOLIDEDIT

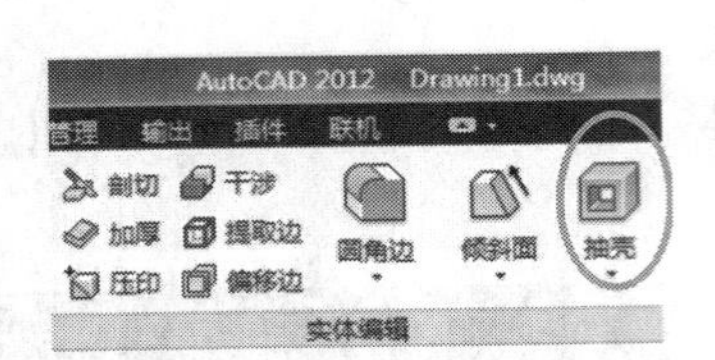

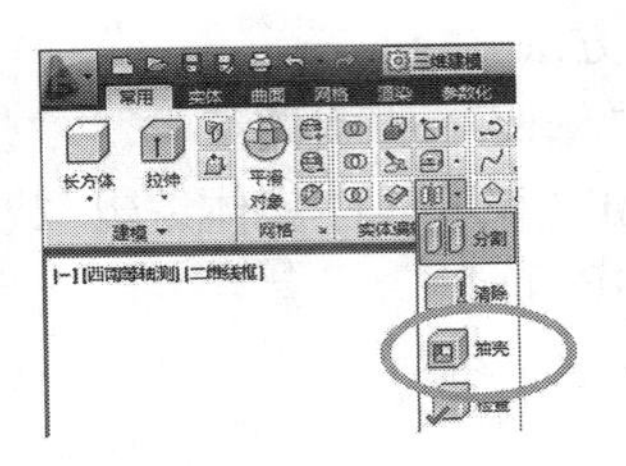

图 19.6 “抽壳”图标

【操作方法】

单击按钮→选择要被抽壳的实体→选择要删除的上表面→空格→输入抽壳距离→空格→空格→空格。

【实例】

根据图 19.7 所示流程进行操作。

①单击图标,选择要被抽壳的实体,如图 19.7(a)所示,选定后如图 19.7(b)所示。

②选择要删除的上表面,选定后如图 19.7(c)所示。

③空格→输入“5”(抽壳距离)→空格→空格→空格,如图 19.7(d)所示。

如偏移距离等于 15,如图 19.17(e)所示;实体下表面未被删除,如图 19.7(f)所示。

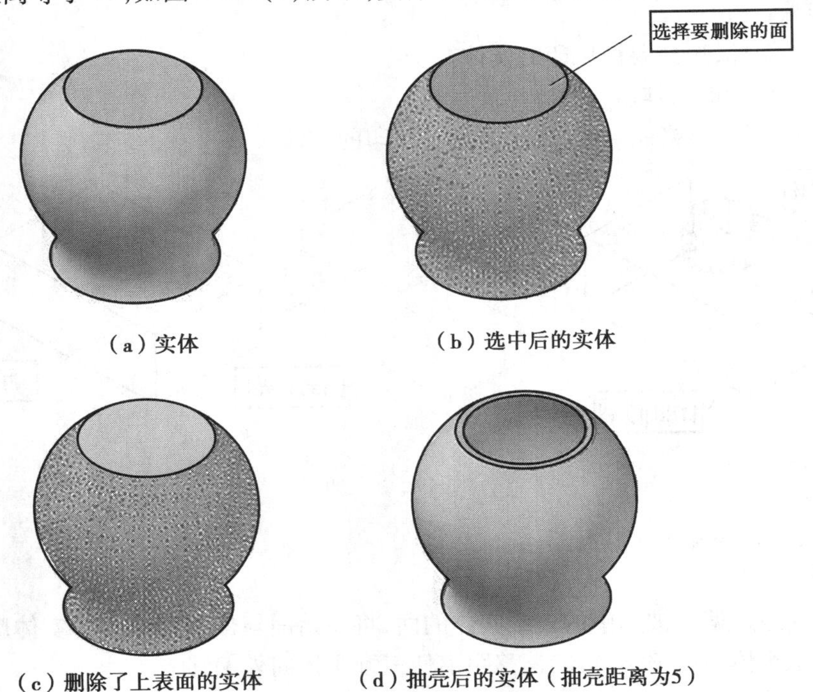

(a)实体

(b)选中后的实体

(c)删除了上表面的实体

(d)抽壳后的实体(抽壳距离为5)

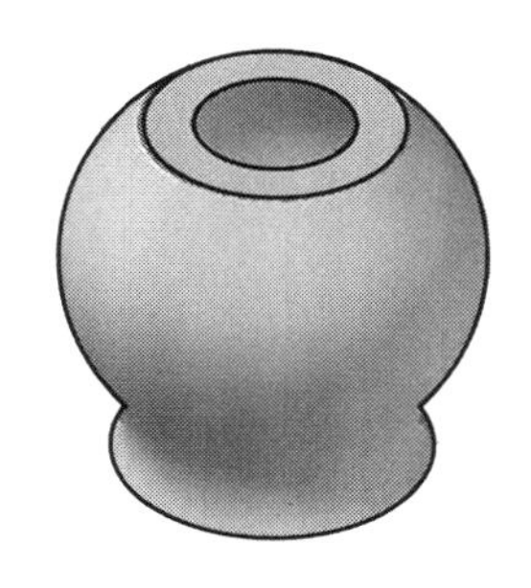

（e）抽壳后的实体（抽壳距离为15）

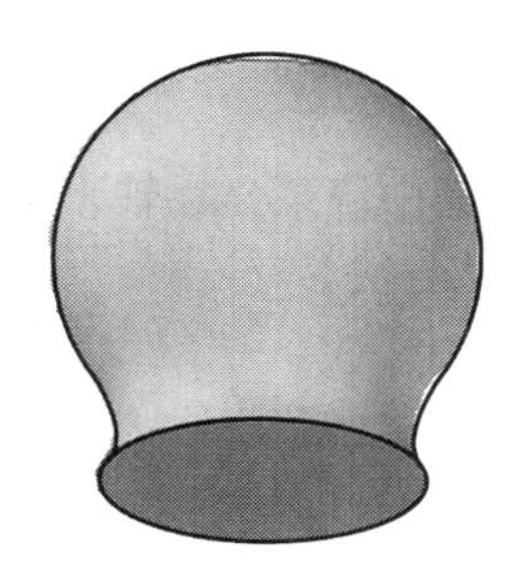

（f）抽壳后的实体下表面

图 19.7　抽壳

知识点4　三维移动

【功能】

使用三维移动命令可以自由移动三维实体模型。

【命令启动方法】

- 菜单栏:"修改"→"三维操作"→"三维移动"
- 面板:单击"常用"→"修改"→"三维移动"中的图标
- 命令:3DMOVE

【操作方法】

单击三维移动按钮→选择要移动的实体→空格→指定移动基点→指定目标点位置。

【实例】

将图 19.5 三维实体移动到任意位置,如图 19.8 所示。

操作步骤:

①单击三维移动按钮,选择要移动的实体。

②按回车键,确定要移动的实体。

③指定移动的基点,确定基点。

④指定第二个点或用第一点作为位移起点。

⑤确定移动的目标点位置。

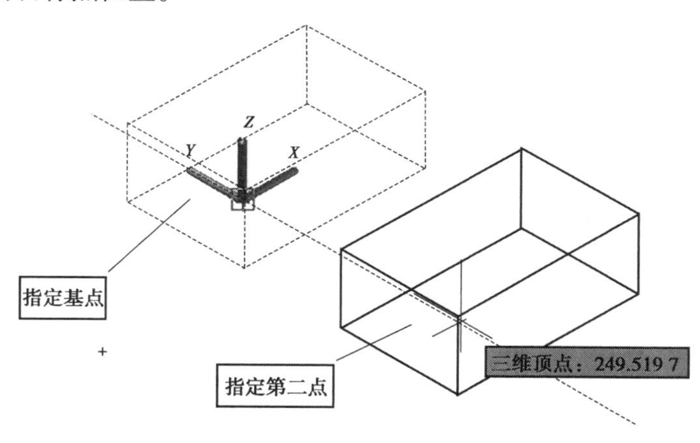

图 19.8　三维移动

知识点 5　三维旋转

【功能】

在三维空间中绕某坐标轴来旋转三维实体。

【命令启动方法】

● 菜单栏："修改"→"三维操作"→"三维旋转"

● 面板：单击"常用"中"修改"菜单上的按钮

● 命令：3DROTATE

【操作方法】

单击三维旋转按钮→选择要旋转的实体→空格→指定选择基点→选取旋转轴→输入旋转角度→空格。

【实例】

将图 19.9 所示三维实体进行三维旋转。

操作步骤：

①单击三维旋转图标，选择要旋转的实体。

②按回车键，确定要旋转的实体。

③指定基点，确定旋转的基点。

④拾取旋转轴，将光标移到旋转夹点工具的任意圆环上，当出现一条轴线时单击左键，即可选定旋转轴。

⑤指定角的起点或键入角度，输入旋转角度。

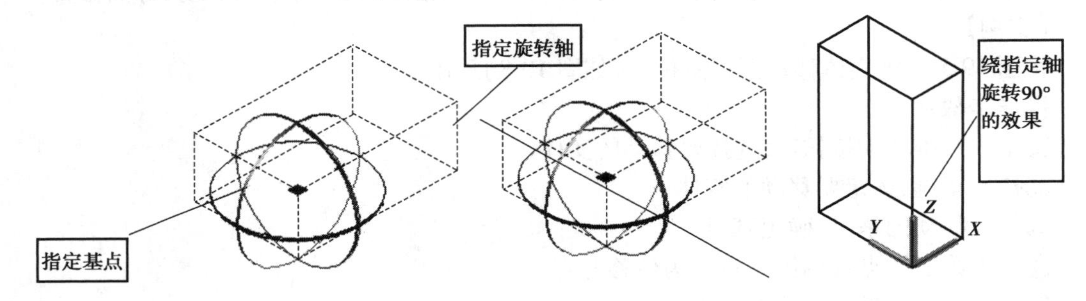

图 19.9　三维旋转

知识点 6　三维阵列

【功能】

使用三维阵列命令可以进行三维阵列复制，即将复制出的多个实体在三维空间按一定阵列排列。该命令既可以复制二维图形，也可以复制三维图形。

【命令启动方法】

● 菜单栏："修改"→"三维操作"→"三维阵列"

● 命令：3DARRAY

AutoCAD 为用户提供了两种阵列方式：矩形阵列、环形阵列

【操作方法】

输入“3DARRAY”→空格→选择要阵列的实体→空格→输入“R”→空格→分别指定行数、列数、层数→分别指定行距、列距、层高。

【实例】

用 3×4×2 矩形阵列复制尺寸为 50 的正方体,行、列、层间距为 80。

操作步骤:

①输入“3DARRAY”→空格,选择要阵列的实体。

②按回车键,确定要阵列的实体。

③选择矩形阵列,输入“R”→空格。

④分别指定行数、列数、层数,输入“3”→空格→输入“4”→空格→输入“2”→空格。

⑤分别指定行距、列距、层高,输入“80”→空格→输入“80”→空格→输入“80”→空格,如图 19.10 所示。

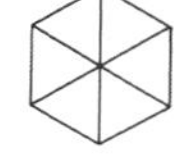
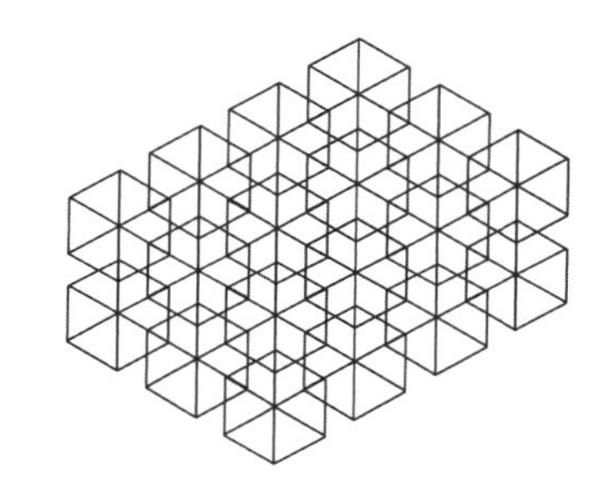
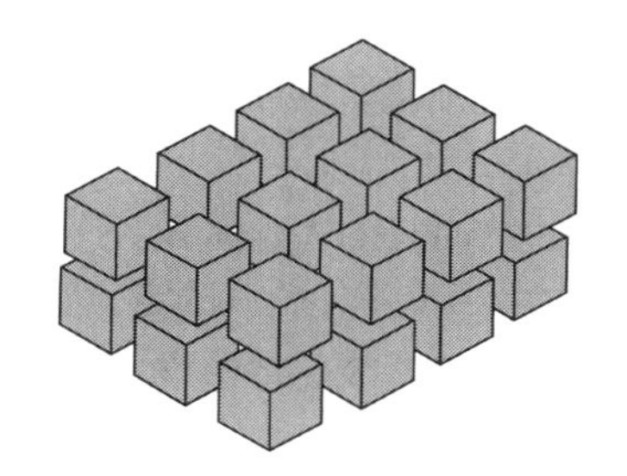

图 19.10　三维阵列

【任务实施】

01 选择“文件”→“新建”命令,新建空白文档。

02 设置视图方向右视,视觉样式二维线框,根据图 19.1(a)中所示组合体尺寸绘制下半部梯形,如图 19.11(a)所示,复制一个,将两个梯形创建为面域。

03 改变视图方向为西南等轴测,如图 19.11(b)所示。

04 点击三维旋转图标→选中其中一个梯形→空格→选取基点→选取旋转轴(垂直方向)→90°(旋转角度)→空格,如图 19.11(c)所示。

05 移动其中一个梯形,让两梯形下角点重合。输入“M”→空格→选定梯形→空格→选定基点→移动到另一图形角点,效果如图 19.11(d)所示。

06 左键单击建模图标→选定两个梯形→空格→输入“9”→空格,拉伸后如图19.11(e)所示。

07 左键单击布尔运算图标→选定两个梯形→空格(使两梯形成为一个实体),选择消隐,输入“HIDE”,效果如图 19.11(f)所示。

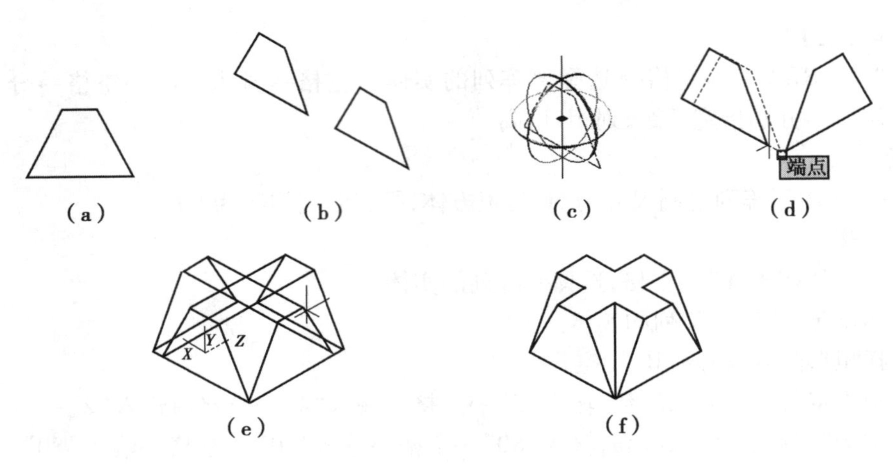

图 19.11　绘图效果

08 根据图 19.12(a)中所示组合体尺寸绘制上半部正方体,复制一个,如图 19.12(a)所示。单击建模图标→打开正交模式→C→空格→任意指定一点→C→空格→输入“3”→空格。

09 创建新的用户坐标系,*XY* 平面平行于正方体前端面,如图 19.12(b)所示。输入:“UCS”→空格→F→空格→选定正方体前端面→空格。

10 绘制 60°直线,如图 19.12(c)所示。输入“L”→选取正方体下角点→@ 5<60→空格。

11 将 60°线压至正方体表面,如图 19.12(d)所示。单击压印图标→选取正方体→选取直线→Y(删除原对象)→空格。

12 将带压印线条的正方体沿压印线剖切成四棱柱,如图 19.12(g)所示。单击剖切图标“”→选取正方体→空格→3→空格→选取 3 点,如图 19.12(e)所示→单击要保留一侧,如图 19.12(f)所示。将四棱柱移动到与另一正方体角点重合,如图 19.12(h)所示。

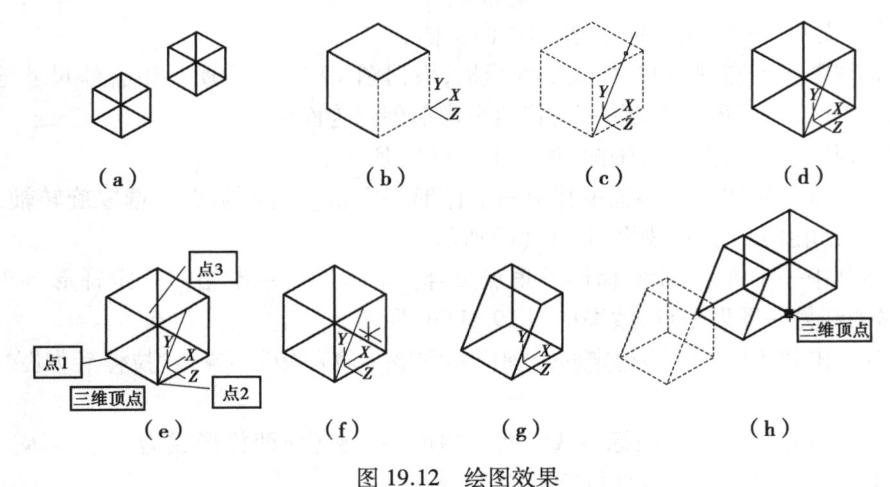

图 19.12　绘图效果

13 单击图标,回到世界坐标系。

14 平面环形阵列四棱柱,输入“3DARRAY”→空格→选定四棱柱,如图 19.13(a)所示→

空格→P(环形阵列)→4→空格→空格→Y→空格→指定正方体上表面中心点为阵列中心点→选定 Z 轴方向,效果如图 19.13(b)所示。

15 单击布尔运算图标→选定四个棱柱和正方体→空格,使五个几何体成为一个实体,选择消隐,输入"HIDE",效果如图 19.13(c)所示。

16 视觉样式→灰度,移动上半部分与下半部分角点重合。输入"M"→空格→上半部分实体→空格→选定基点→移动到另一图形角点,效果如图 19.13(d)所示。

17 点击布尔运算图标→选定所有实体→空格,上下两部分并成一个实体。效果如图 19.13(e)所示。

18 单击工具栏中的"保存"按钮,保存图形文件"19.1 组合体.dwg"。

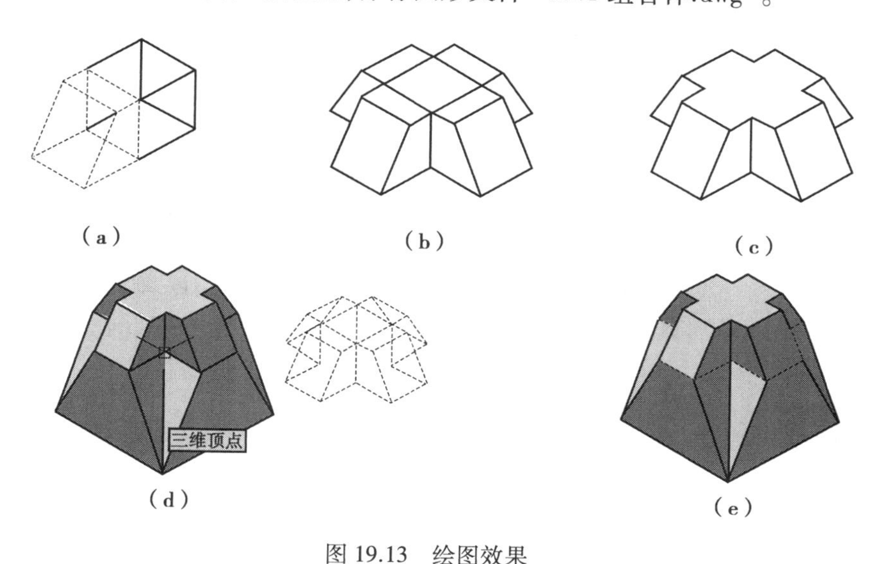

图 19.13　绘图效果

任务 20　绘制零件实体图形

【学习目标】

1. 会使用旋转命令建模
2. 会对三维实体倒角边
3. 会对三维实体边倒圆角
4. 会使用三维移动命令移动三维实体
5. 掌握三维对齐命令
6. 掌握三维镜像命令

【任务提出】

根据图 20.1(a)所示零件的二维图形,绘制如图 20.1(b)所示的零件三维实体图。

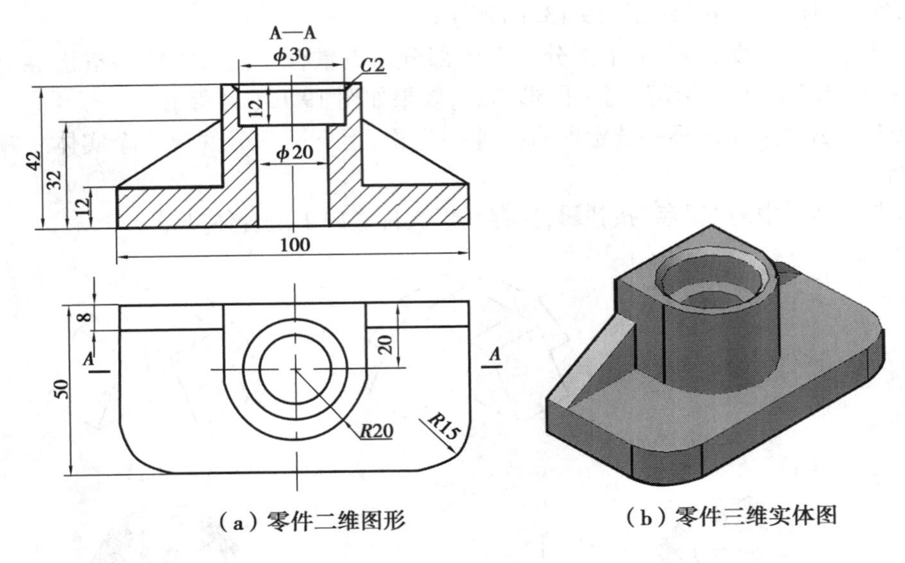

(a)零件二维图形　　(b)零件三维实体图

图 20.1　零件图形

【任务引入】

用户在现实应用中面对的是零件,零件相对于组合体来说只是多了工艺结构和技术要求,且相当多的零件具有对称性。在三维建模空间中,AutoCAD 提供了诸多更简捷的命令来完成这些结构的绘制。在本任务中,除了使用前面任务中所述的知识点外,还增加了旋转命令、倒角边和圆角边命令以及三维镜像和三维对齐的操作。

【任务知识点】

知识点 1　旋转命令

【功能】

通过旋转命令旋转一个二维图形来生成一个三维实体模型,该功能经常用于生产具有异形断面的旋转体。

【命令启动方法】

- 菜单栏:“绘图”→“建模”→“旋转”
- 面板:单击“常用”→“建模”或“实体”→“实体”上 的按钮,如图 20.2 所示。
- 命令:REVOLVE 快捷键 REV

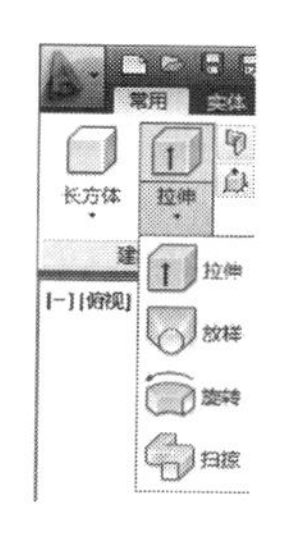

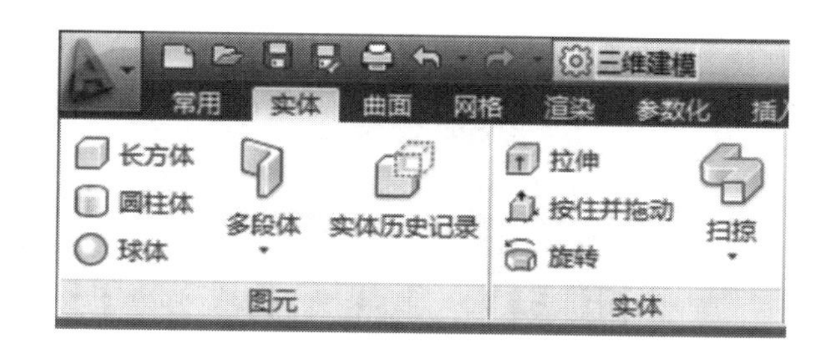

图 20.2　“旋转”图标

【操作方法】

左键单击按钮→选择要旋转的对象(一般是面域)→空格→左键单击旋转轴的起点→选择旋转轴的端点→输入旋转角度(默认 360°)→空格。

【实例】

已知图 20.3(a)所示图形,用旋转命令将其创建为一个实体。

操作步骤:

①用直线命令和修剪命令绘出图 20.3(a)所示图形。

②左键单击按钮,将封闭线框创建为面域。

③左键单击按钮→选择刚绘制的皮带轮截面→空格→左键单击旋转轴的起点→选择旋转轴的端点→输入旋转角度(默认 360°)→空格。效果如图 20.3(b)、(c)所示。

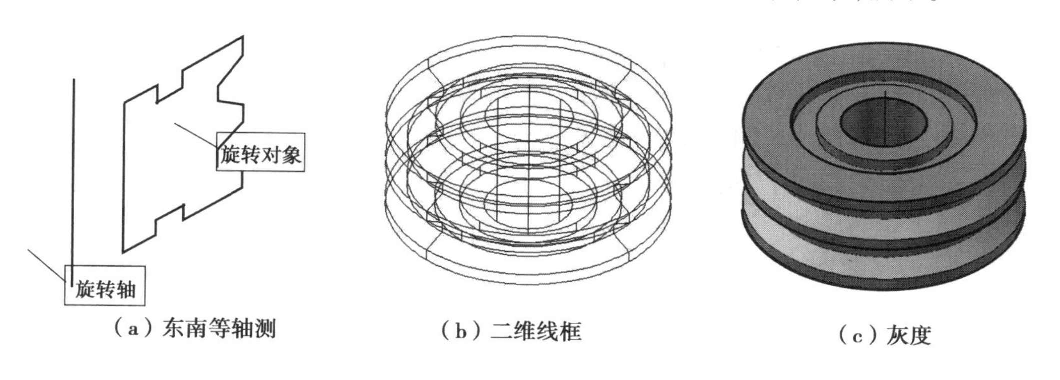

(a)东南等轴测　(b)二维线框　(c)灰度

图 20.3　旋转建模

知识点 2　倒角边命令

【功能】

使用倒角边命令不仅可以对平面图形进行倒角,还可以对三维实体进行倒角。在对三维实体进行倒角时,必须要先指定一个基面,然后才能对由基面形成的边进行倒角,而不能对非基面上的边进行倒角。

【命令启动方法】

- 菜单栏:“修改”→“实体编辑”→“倒角边”
- 面板:单击“常用”→“修改”或“实体”→“实体编辑”上 的按钮,如图 20.4 所示。
- 命令:CHAMFER

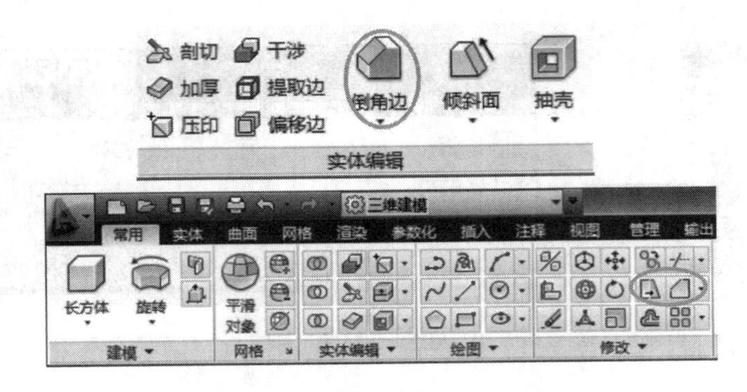

图 20.4 “倒角边”图标

【操作方法】

单击按钮→选择要倒角的边→D→指定第一个倒角距离→空格→指定第二个倒角距离→空格→空格。

【实例】

绘制一个长 30、宽 40、高 10 的长方体，对其前上角进行倒角；倒角距离：前端面距离为 2，上表面距离为 4。

①单击按钮→左键单击绘图区域上任意一点→输入“L”→空格→30→空格→40→空格→10→空格。

②单击按钮，对长方体进行倒角。

③选择要倒角的边如图 20.5a，选定后如图 20.5(b)所示。

④输入“D”→空格→2→空格→4→空格，如图 20.5(c)所示。

⑤空格→空格，结束绘制，如图 20.5(d)所示。

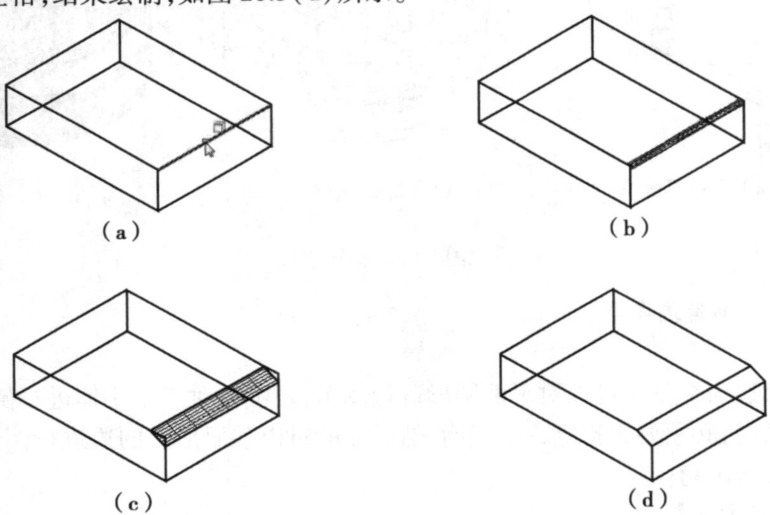

图 20.5 倒角边

知识点3　圆角边命令

【功能】

圆角边命令与倒角边命令类似，不仅可以对平面图形进行圆角，还可以对三维实体进行圆角。

【命令启动方法】

- 菜单栏："修改"→"实体编辑"→"圆角边"
- 面板：单击"常用"→"修改"或"实体"→"实体编辑"上的按钮，如图20.6所示。
- 命令：FILLET

【操作方法】

图20.6　"圆角边"图标

【操作方法】

单击按钮→选择要圆角的边→R→空格→输入倒圆角半径→空格→空格→空格。

【实例】

给零件几条棱边进行圆角边处理。

①单击按钮，对零件进行圆角边处理。

②选择要圆角的边，如图20.7(a)所示，选定后如图20.7(b)所示。

③输入"R"→10(所需圆角半径)→空格，如图20.7(c)所示。

④空格→空格，结束绘制，如图20.7(d)所示。

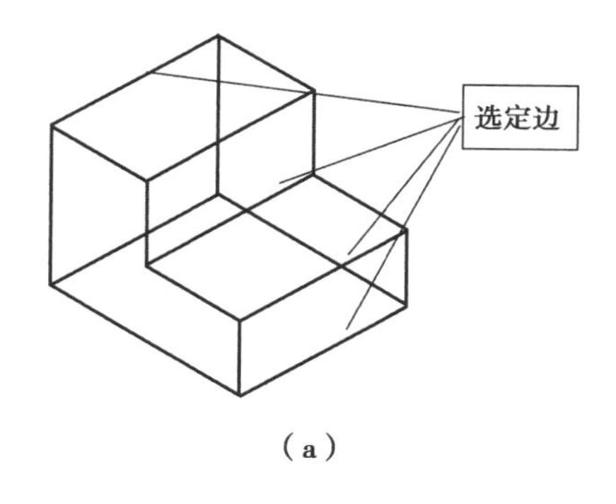

(a)

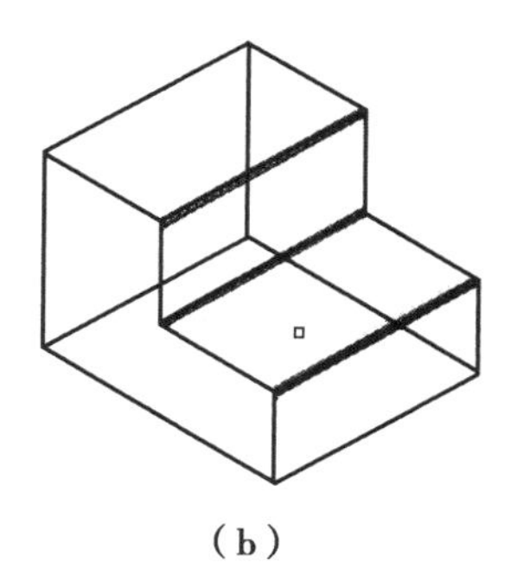

(b)

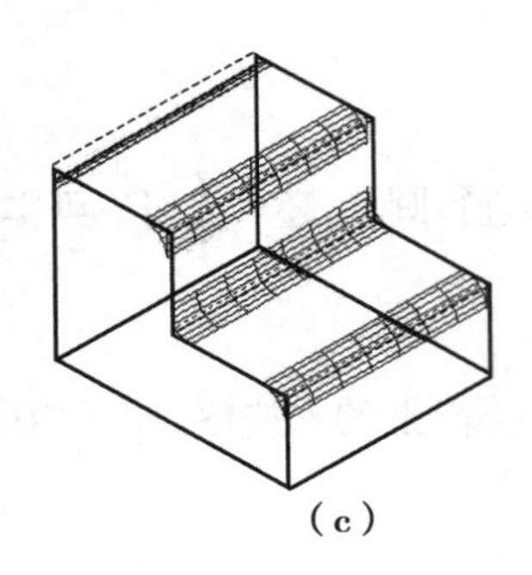

(c)

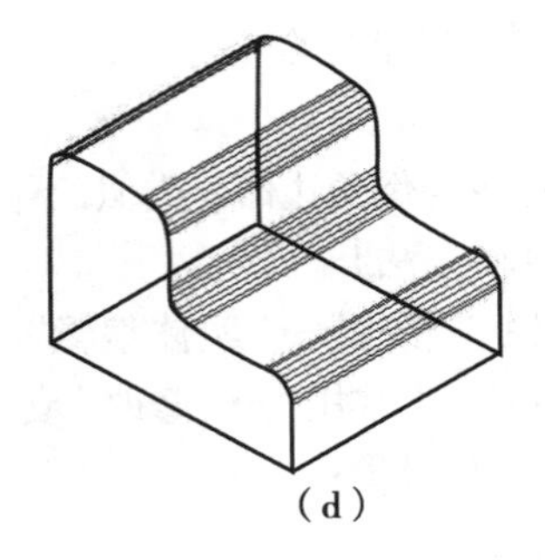

(d)

图 20.7　圆角边

知识点 4　三维对齐

【功能】

使用三维对齐命令可以在三维空间中将两个图形按指定的方式对齐，AutoCAD 将根据用户指定的对齐方式来改变对象的位置或进行缩放，以便能够与其他对象对齐。

AutoCAD 为用户提供了 3 种对齐方式：

- 一点对齐（共点）：当只设置一对点时，可实现点对齐。
- 两点对齐（共线）及放缩：当设置两点对齐时，可实现线对齐。使用这种对齐方式，被调整的对象将做两个运动，先按第一对点平移，作点对齐；然后再旋转，使第一、第二起点的连线与第一、第二终点的连线共线。
- 三点对齐（共面）：当选择 3 点时，选定对象可在三维空间移动和旋转，并与其他对象对齐，第一对点一一对应。

【命令启动方法】

- 菜单栏："修改"→"三维操作"→"三维对齐"
- 面板：单击"常用"中"修改"菜单上按钮
- 命令：3DALIGN

【操作方法】

①单击按钮，选择调整对象，按回车键。

②确定被调整对象的对齐点（起点），按 C 键。

③确定基准对象的对齐点（终点），按 X 键。

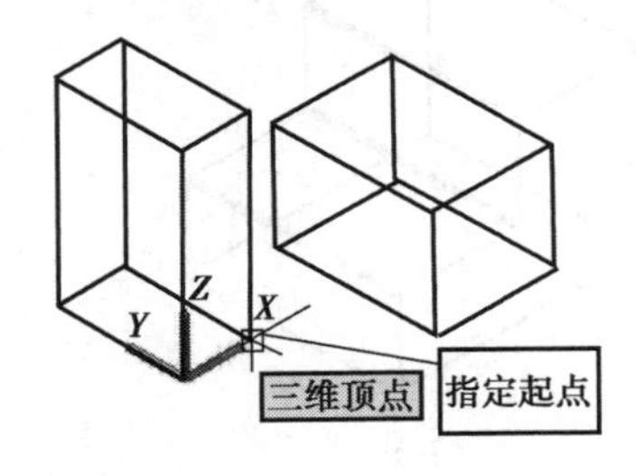

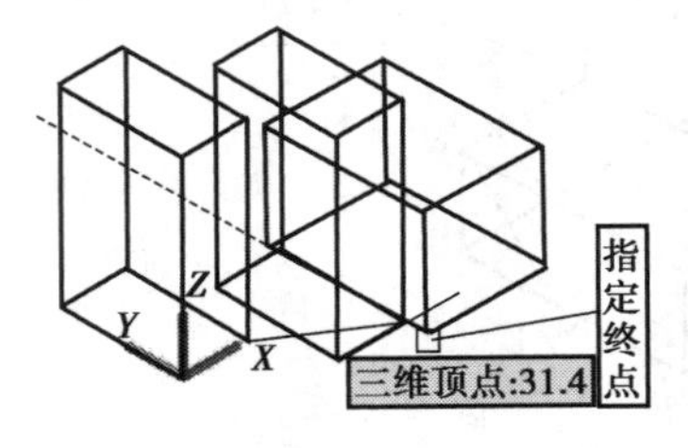

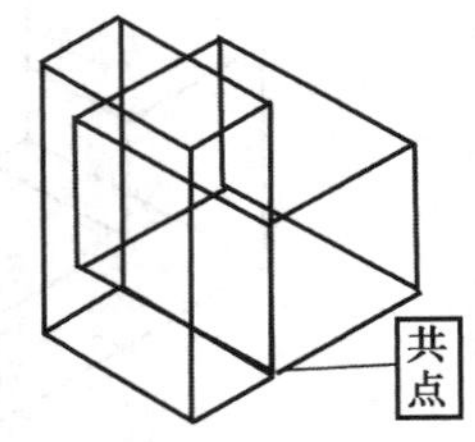

图 20.8　三维对齐（共点）

【操作方法】

①单击图标，选择调整对象，按回车键。

②确定被调整对象的 2 个对齐点（起点），按 C 键。

③确定基准对象的2个对齐点(终点),按X键。

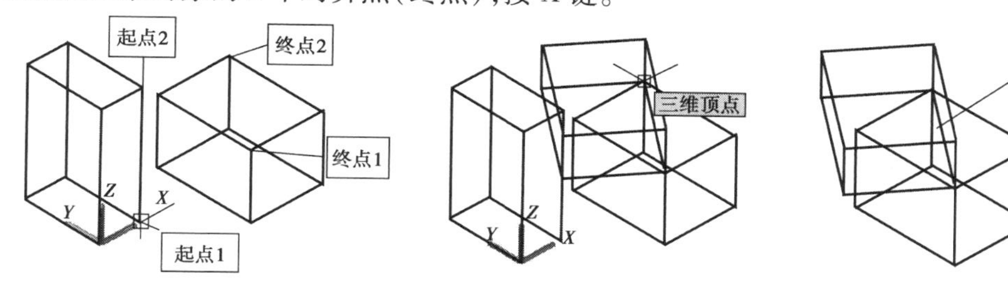

图20.9　三维对齐(共线)

【操作方法】

①单击图标,选择调整对象,按回车键。

②确定被调整对象的3个对齐点(起点)。

③确定基准对象的3个对齐点(终点)。

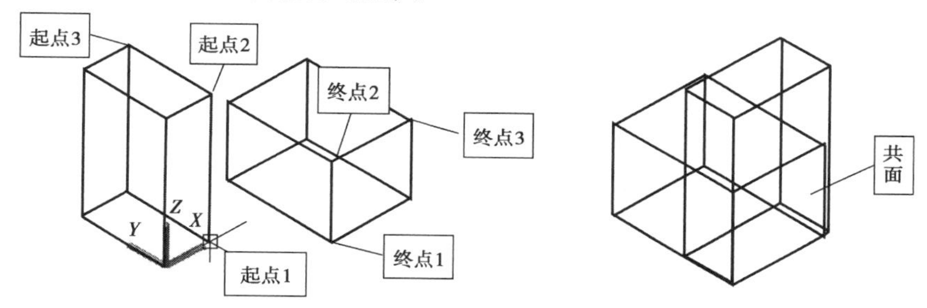

图20.10　三维对齐(共面)

知识点5　三维镜像

【功能】

使用三维镜像命令可以以任意空间平面为镜像面,创建指定对象的镜像副本,源对象与镜像副本相对于镜像面彼此对称。

【命令启动方法】

- 菜单栏:“修改”→“三维操作”→“三维镜像”
- 面板:单击“常用”→“修改”菜单上的按钮
- 命令:MIRROR3D

AutoCAD为用户提供了8种镜像方式:“对象”“最近的”“*Z*轴”“视图”“*XY*平面”“*YZ*平面”“*ZX*平面”“三点”。

【操作方法】

以三点法为例镜像对象。

①单击图标,选择要镜像的实体。

②按回车键,确定要镜像的实体。

③输入“3”→空格。

④指定3个点作为镜像平面。

⑤输入“N”→空格,确认保留原始对象。

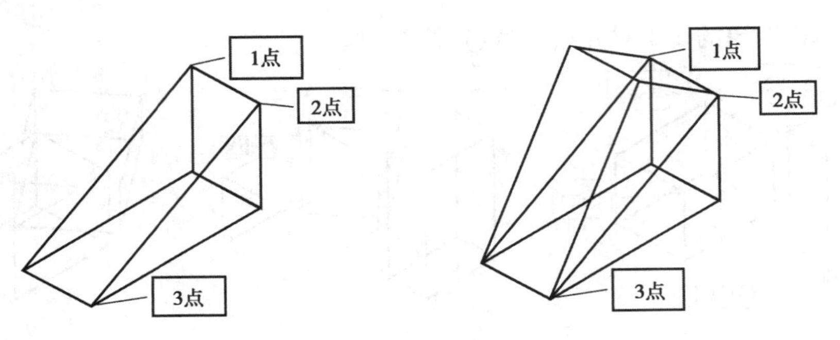

图 20.11　三维镜像

【任务实施】

01选择“文件”→“新建”命令,新建空白文档。

02设置视图方向为俯视,视觉样式为二维线框,根据图 20.1(a)中所示组合体尺寸绘制半圆台俯视图并创建为面域,切换看图方向至西南等轴测。

03单击按钮→选中图形→空格→30(半圆台高度)→HIDE(消隐)→空格,效果如图 20.12(a)所示。

04创建底板,单击按钮→任意点取一点为起点→L→100→空格→50→空格→12→空格,效果如图 20.12(b)所示。

05对长方体前面两角进行圆角,单击按钮→选取长方体前面二条竖直棱线→R→空格→15→空格→空格→空格,效果如图 20.12(c)所示。

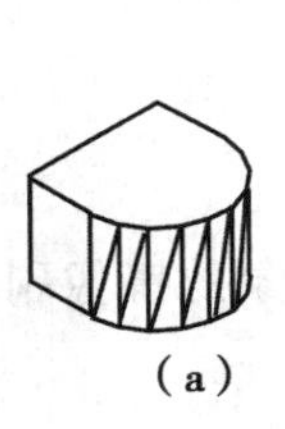

(a)

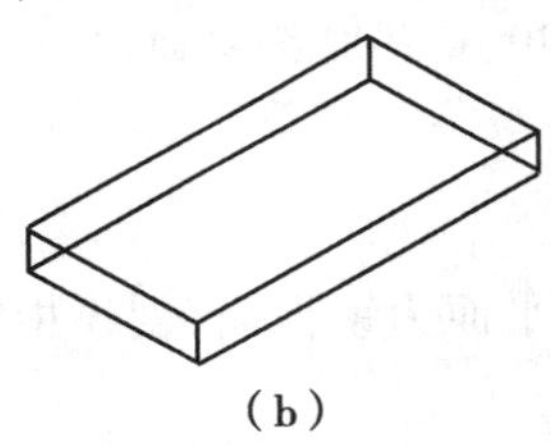

(b)

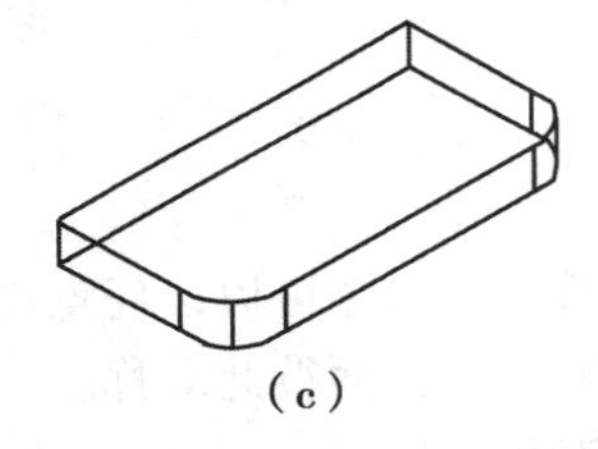

(c)

图 20.12　绘图效果

06对二实体进行二点对齐,单击按钮→选定半圆台→空格→点取半圆台下表面 X 方向 2 个中心点→C→空格→点取底板上表面 X 方向 2 个中心点,如图 20.13(a)所示→X→空格→HIDE(消隐)→空格,如图 20.13(b)所示。

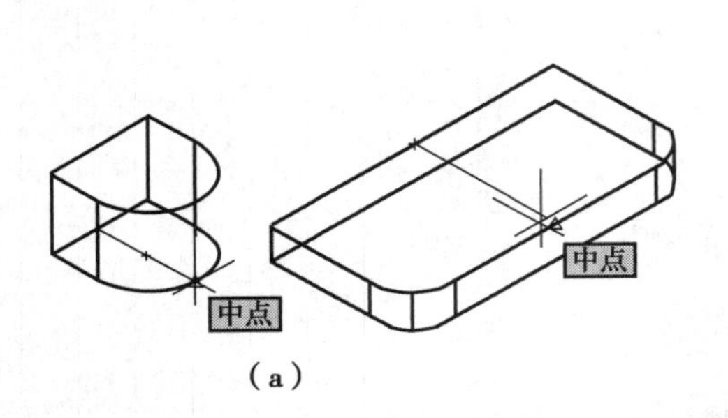

(a)

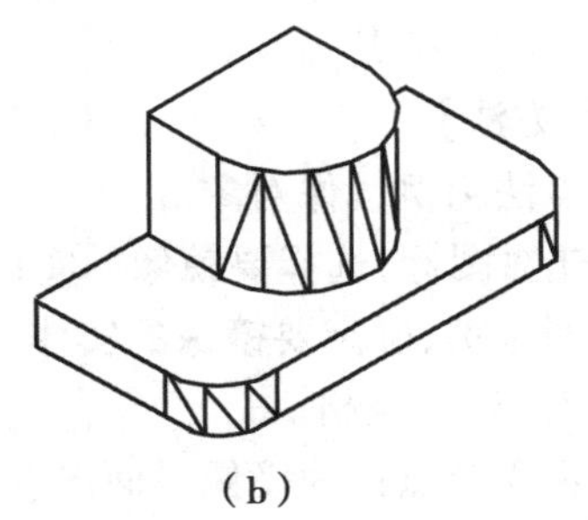

(b)

图 20.13　绘图效果

07>单击布尔运算 按钮→选定二个实体→空格，使之成为一个实体，选择消隐，输入“HIDE”。

08>创建 UCS，使 *XY* 平面竖直，单击坐标按钮 →空格，坐标系转换为如图 20.14(a)所示。

09>绘制台阶孔二维线框，创建面域。单击旋转按钮 →选中图形→空格→拾取左方竖线两端点→空格→输入“HIDE”(消隐)→空格，如图 20.14(b)所示。

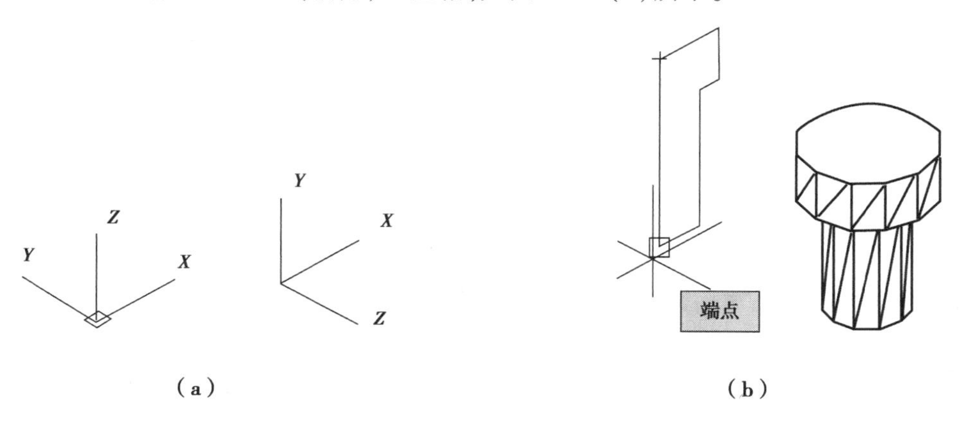

图 20.14　绘图效果

10>单击 按钮，回到世界坐标系，对二实体进行一点对齐，单击三维对齐按钮 →选定圆台→空格→点取圆台上表面圆心→C→空格→选取零件上表面圆心→X→空格→HIDE(消隐)→空格，效果如图 20.15 所示。

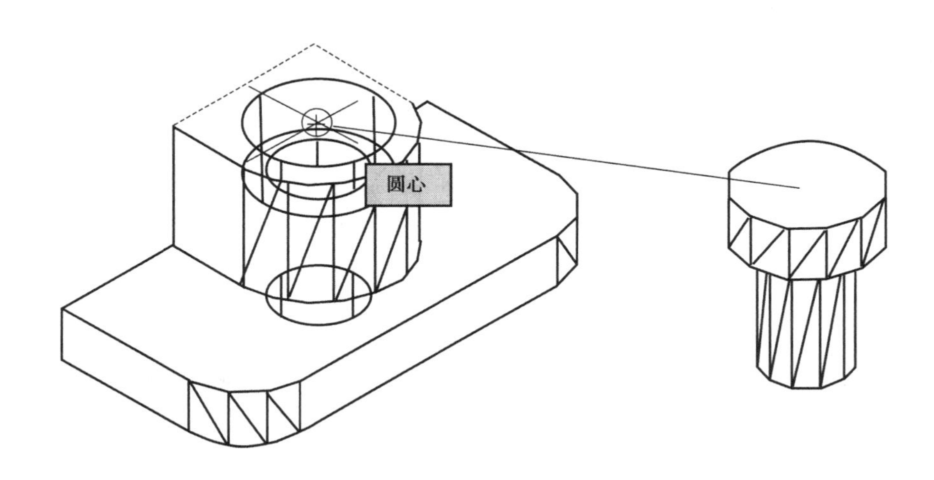

图 20.15　绘图效果

11>单击布尔运算按钮 →选定大实体→空格→选定小实体→空格→HIDE→空格，如图 20.16(a)所示。

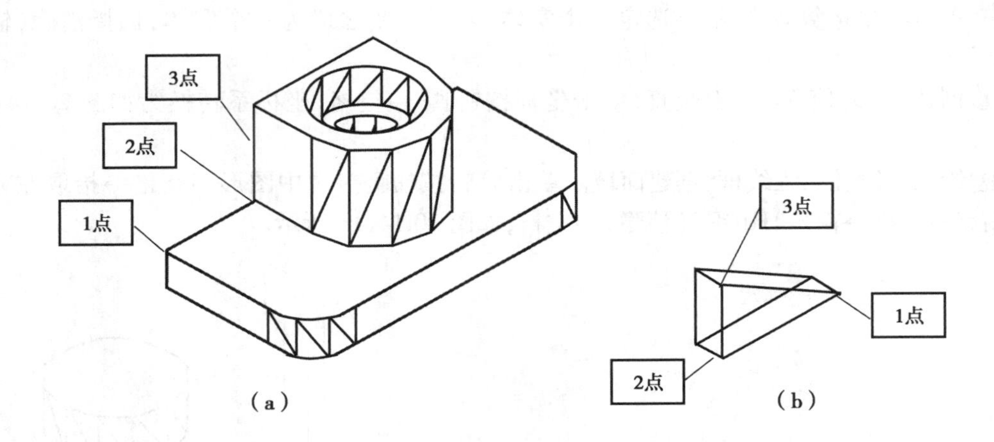

图 20.16 绘图效果

12 绘制二侧肋板,单击建模楔体按钮→任意点取一点为起点→ L→30→空格→8→空格→20→空格,效果如图 20.17 所示。

13 将肋板与零件进行三点对齐,单击三维对齐按钮→选定肋板→空格→点取三角形 3 个角点,如图 20.16(b)所示→点选零件表面 3 个中心点,如图 20.16(a)所示→HIDE(消隐)→空格,效果如图 20.17(a)所示。

14 左右肋板相对中心面对称,单击三维镜像按钮→选取肋板→空格→3→空格→选取如图 20.17(a)所示三个中点→空格。

15 单击布尔运算按钮→选定所有实体→空格,使三个实体成为一个实体,选择消隐,输入"HIDE",效果如图 20.17(b)所示。

16 单击"工具栏"中的按钮,保存图形文件 "20.1 零件.dwg"。

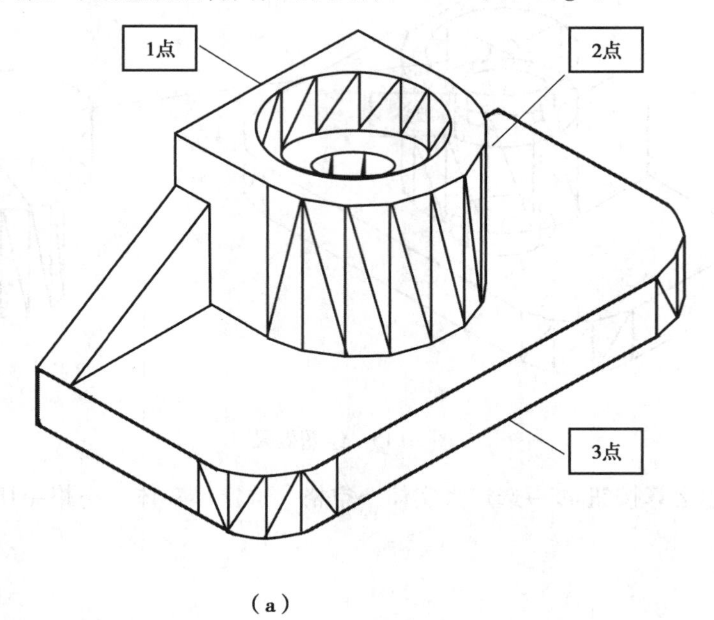

(a)

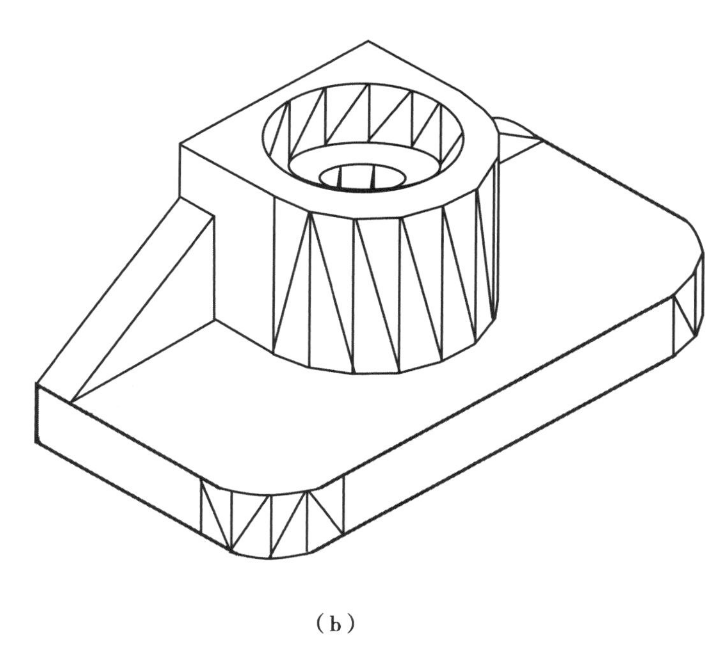

（b）

图 20.17　绘图效果

任务 21　输出与打印 AutoCAD 文件

【学习目标】

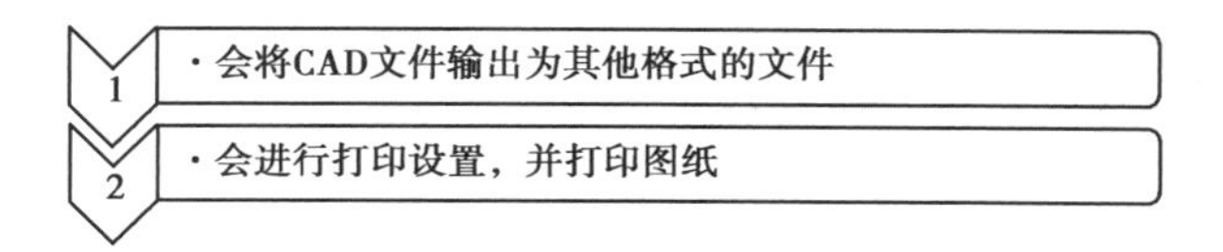

【任务提出】

打印任务三所绘制的图框,要求如下:

● 打印设备:HP LaserJet Professional P1108(用户可选择自己电脑安装的打印机)。

● 图纸大小:A4

● 创建颜色相关打印样式表。样式表名称:“A4-PLOT”;线宽设置:粗实线为0.7 mm,其余均采用默认值。

● 将页面设置命名为“A4 打印”。

【任务引入】

应用 AutoCAD 软件绘完图纸后,除了可以保存为 AutoCAD 文件,还可以另存为其他格式的文件,也可以用打印机或者绘图仪输出。本次任务中,要求学生把绘制好的 AutoCAD 文件打印输出。

【任务知识点】

知识点 1　输出图形

【功能】

AutoCAD 以 DWG 格式保存自身的图形文件,但这种格式不能适用于其他软件平台或应用程序,要在其他应用程序中使用 AutoCAD 图形,必须将其转换为特定的格式。AutoCAD 可以输出多种格式的文件,供用户在不同软件之间交换数据。AutoCAD 可以输出包括 DXF(图形交换格式)、EPS(封装 Postscript)、ACIS(实体造型系统)、3DS(3D Studio)、WMF(Windows 图元)、BMP(位图)、STL(平版印刷)DXX(属性数据提取)等类型格式的文件。

【命令启动方法】

- 菜单栏:"文件"→"输出"
- 命令:EXPORT

【操作方法】

EXPORT→空格。系统会弹出"输出数据"对话框,如图 21.1 所示。在"文件类型"下拉列表框中选择想要保存格式的文件类型。

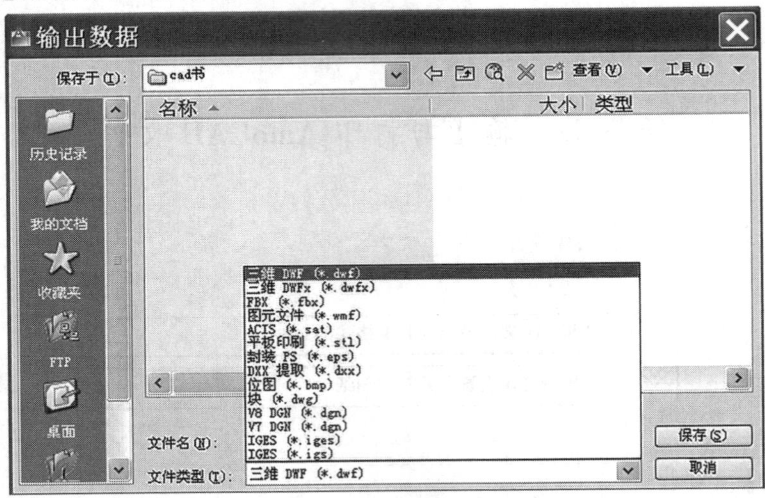

图 21.1　"输出数据"对话框

知识点 2　打印图形

【功能】

模型空间是指用户绘图的工作空间。模型空间用来绘制二维或三维图形,以及标注、文字说明等,前面的任务都是在模型空间完成绘图的。在模型空间中还可以直接打印输出图形。

【命令启动方法】

- 菜单栏:"文件"→"打印"
- 工具栏:单击工具栏上按钮
- 命令:PLOT

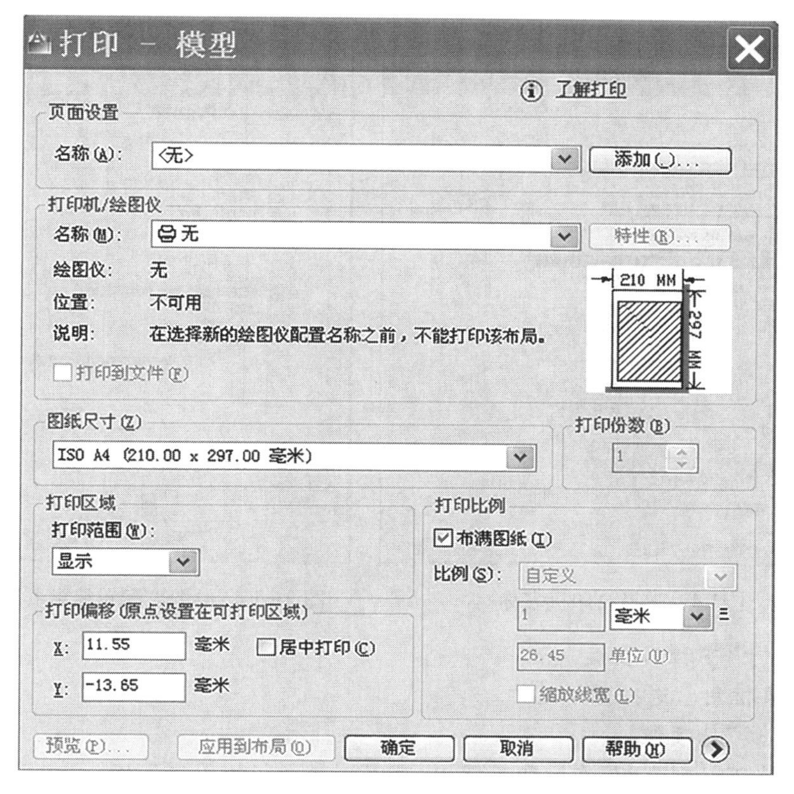

图21.2　“打印-模型”对话框

【操作方法】

PLOT→空格。打开“打印-模型”对话框，如图21.2所示。

在该对话框中，包含了“页面设置”“打印机/绘图仪”“打印区域”“打印偏移”“打印比例”等选项组和“图纸尺寸”下拉列表框、“打印份数”文本框、“着色视口选项”选项组、“打印样式表”选项组、“打印选项”选项组、“预览”按钮等。

- “页面设置”选项组

“名称”下拉列表：用于选择已有的页面设置。

“添加”按钮：用于打开“用户定义页面设置”对话框，用户可以新建、删除、输入页面设置，如图21.3所示。

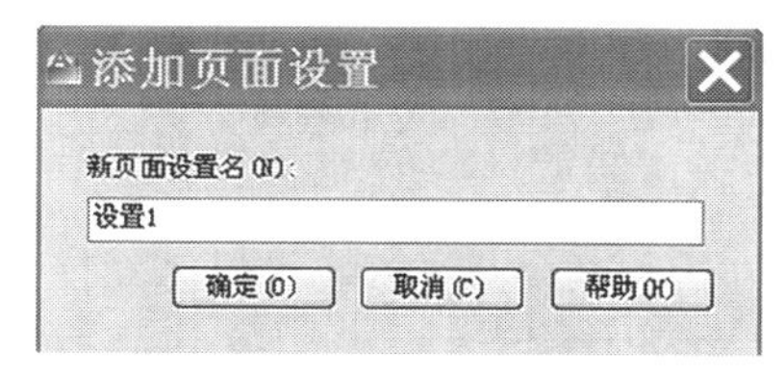

图21.3　“新建页面设置”对话框

- “打印机/绘图仪”选项组

“名称”下拉列表框：用于选择已经安装的打印设备，如图21.4所示。

“特性”按钮：用于打开“绘图仪配置编辑器”对话框，如图21.5所示。

选择“自定义特性”按钮可以对纸张、效果等进行调整，如图 21.6 所示。

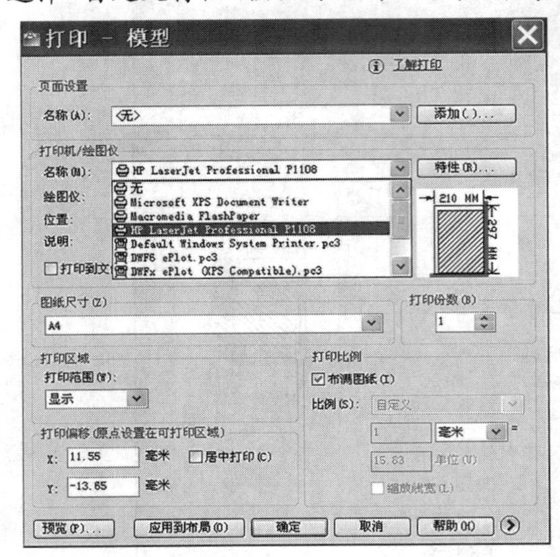

图 21.4　选择打印机名称

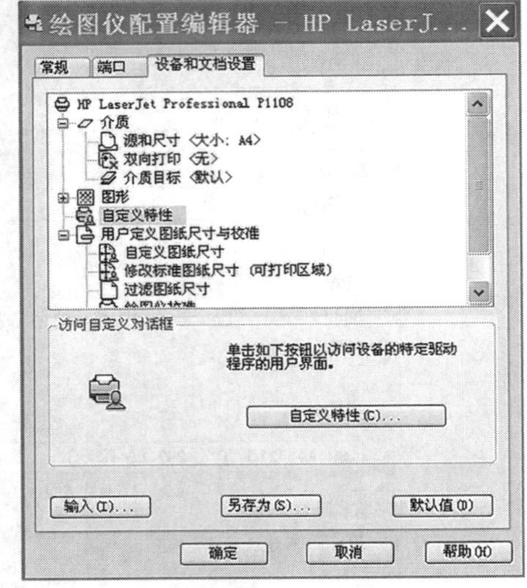

图 21.5　“绘图仪配置编辑器”对话框

●“图纸尺寸”下拉列表框

该下拉列表框用于选择图纸尺寸。

●“打印区域”选项组

“打印范围”下拉列表框：在打印范围内，可以选择打印的图形区域。

●“打印偏移”选项组

“居中打印”复选框：用于居中打印图形。

“X”、“Y”文本框：用于设定在 X 和 Y 方向上的打印偏移量。

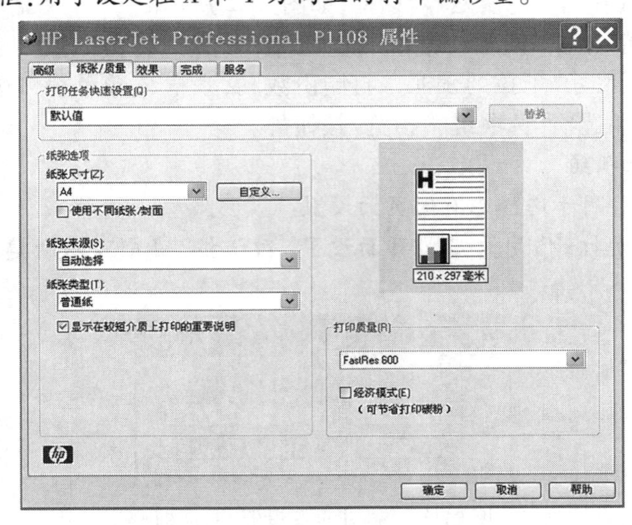

图 21.6　自定义特性

●“打印份数”

“打印份数”文本框：用于指定打印的份数。

●“打印比例”选项组

“打印比例”选项组用于控制图形单位与打印单位之间的相对尺寸，打印布局时，默认缩放比例设置为1∶1。从“模型”选项卡打印时，默认设置为“布满图纸”。

“比例”下拉列表框：用于选择设置打印的比例。

“毫米”“单位”文本框：用于自定义输出单位。

“缩放线宽”复选框：用于控制线宽输出形式是否受到比例的影响。

●“打印样式表”选项组对话框

“打印样式表”选项组用来确定准备输出的图形相关参数。左键单击按钮即可打开“打印样式编辑器”对话框，如图21.7所示，在该对话框中对相关参数进行编辑。

图21.7　“打印样式编辑器”

●“着色视口选项”选项组

“着色视口选项”选项组用来指定着色和渲染视口的打印方式，并确定它们的分辨率大小和DPI值。

●“打印选项”选项组中，“打印对象线宽”复选框用来设置打印时是否显示打印线宽。“按样式打印”复选框选用在打印类型选项组中规定的打印样式打印。“最后打印图纸空间”复选框表示首先打印模型空间，最后打印图纸空间。通常情况下，系统首先打印图纸空间，再打印模型空间。“隐藏图纸空间对象”复选框指定是否在图纸空间视口中的对象应用“隐藏”操作。此选项仅在“布局”选项卡上可用。此设置的效果反映在打印预览中，而不反映在布局中。

●“图形方向”选项组

“图形方向”选项组用来确定打印方向，其中“纵向”单选按钮表示用户选择纵向打印方向；“横向”单选按钮表示用户选择横向打印方向；“反向打印”复选框控制是否将图形旋转180°打印。

●“预览”按钮用于预览整个图形窗口中将要打印的图形。

完成上述参数设置后，单击“确定”按钮，AutoCAD将开始输出图形并动态显示绘图进度。如果图形输出错误或用户要中断图形输出，可按ESC键，AutoCAD将结束图形输出。

【任务实施】

01 单击工具栏上的按钮，打开“打印-模型”对话框。

02 在“打印机/绘图仪”选项组的“名称”下拉列表框选择已经安装的HP LaserJet Professional P1108打印设备（用户可选择自己电脑安装的打印机）。

03 左键单击打印样式表的下拉菜单→选择“新建”→选择创建新打印样式表选项→左键单击“下一步”按钮，如图21.8所示→在文本框输入“A4”-PLOT→左键单击“下一步”→左键单击“完成”按钮。

04 左键单击，弹出图21.7所示对话框→选择“品红”色→线宽改为0.7 mm，其他为默认值，如图21.9所示→左键单击“保存并关闭”按钮。

05打印范围选择“图形界限”。

06打印偏移,X 方向输入“0”;Y 方向输入“0”。

07左键单击页面设置“添加”按钮,新建名称为“A4 打印”,如图 21.10 所示。

08左键单击“打印预览”按钮,效果如图 21.11 所示。

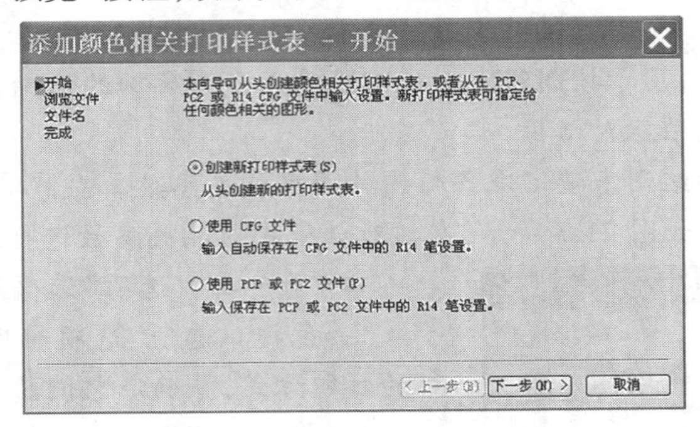

图 21.8　创建新打印样式表

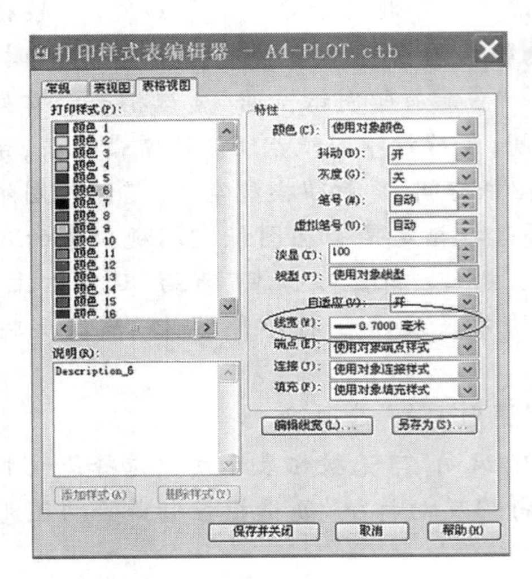

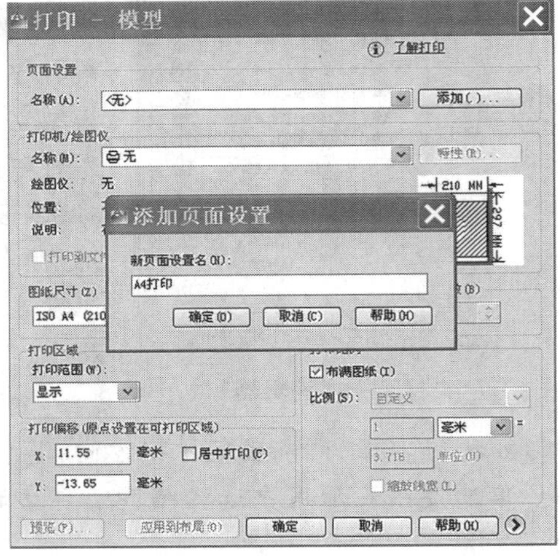

图 21.9　更改粗实线线宽　　　　图 21.10　新建页眉设置

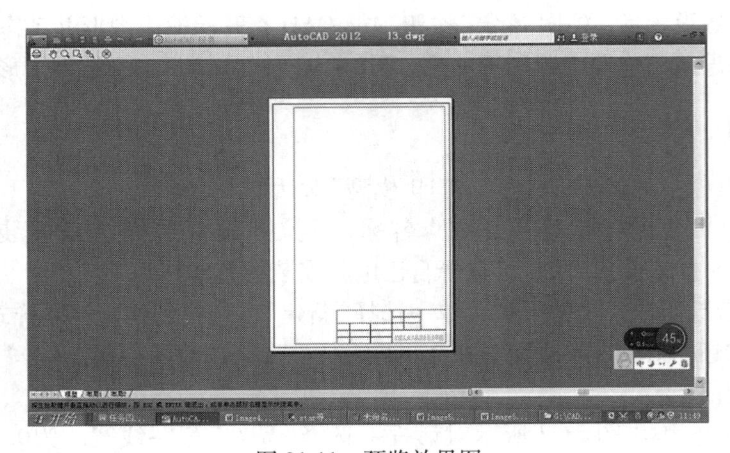

图 21.11　预览效果图

09 左键单击打印预览状态下的⊖或者退出预览，左键单击“确定”按钮完成打印。

拓展练习三

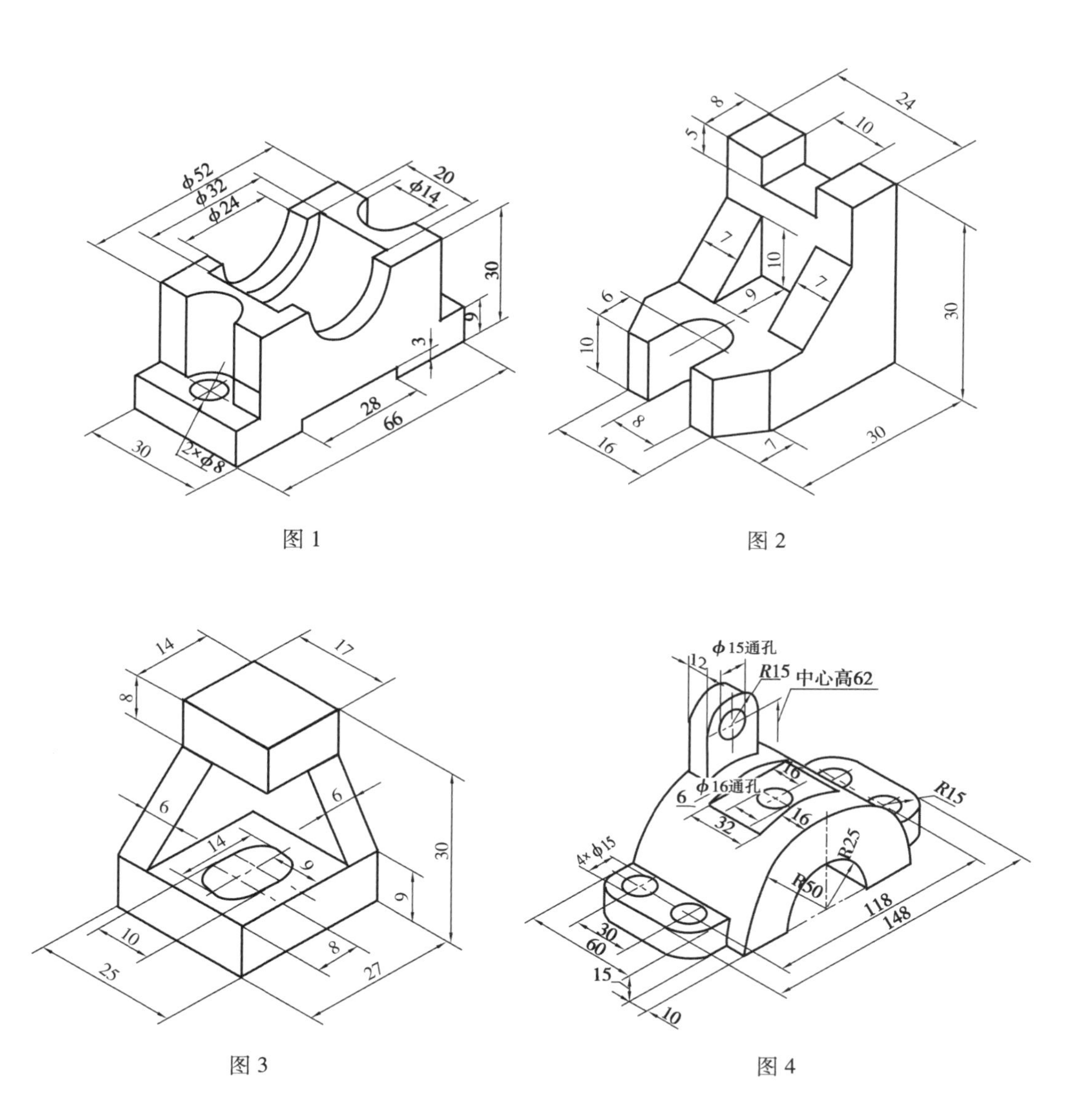

图 1　图 2

图 3　图 4

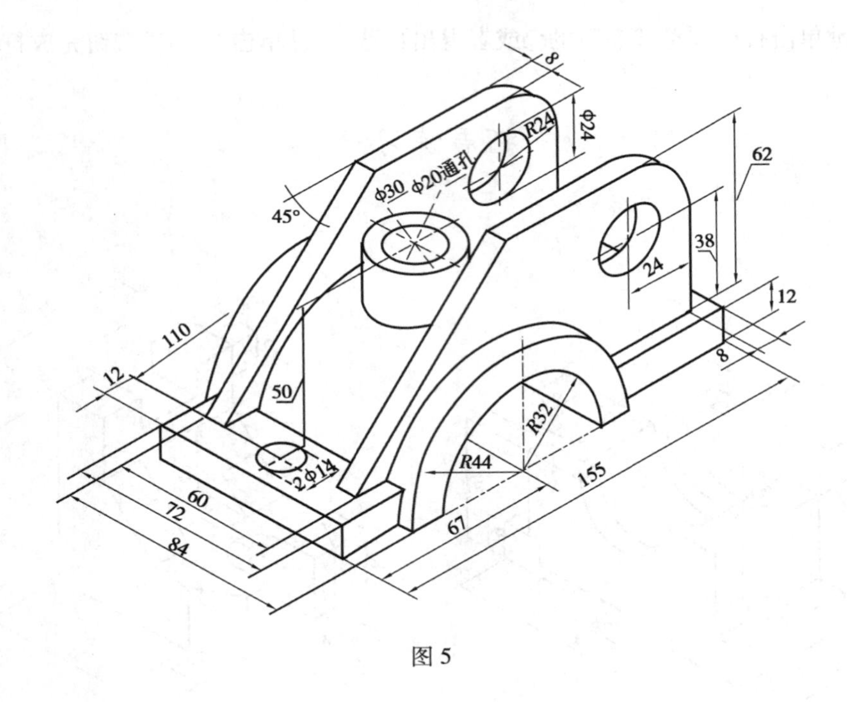
8
R24
φ24
62
φ30
φ20通孔
45°
38
24
12
110
12
8
50
R32
R44
155
60
72
84
67
2φ14

图 5